Förderfibel Energie

Förderfibel Energie

Öffentliche Finanzhilfen für den Einsatz erneuerbarer Energiequellen und die rationelle Energieverwendung

Herausgeber

FORUM FÜR ZUKUNFTSENERGIEN E.V.

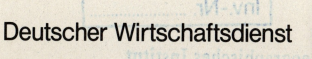

Die **Förderfibel Energie** wird gemeinsam vom Forum für Zukunftsenergien e.V. mit Unterstützung des Bundesministeriums für Wirtschaft und von BINE, einem vom Bundesministerium für Forschung und Technologie geförderten Informationsdienst des Fachinformationszentrums Karlsruhe, zusammengestellt und herausgegeben.

Alle Angaben erfolgen ohne Gewähr.

CIP-Kurztitelaufnahme der Deutschen Bibliothek

Hinz, Susanne:
Förderfibel Energie: Öffentliche Finanzhilfen für den Einsatz erneuerbarer Energiequellen und die rationelle Energieverwendung / [Bearb.: Susanne Hinz; Jörg Fischer; Bernhard Beck] Hrsg.: Fachinformationszentrum Karlsruhe, Gesellschaft für Wissenschaftlich-Technische Information mbH; Forum für Zukunftsenergien e.V. - 3. Aufl. - Köln: Dt. Wirtschaftsdienst, 1993
ISBN 3-87156-177-0
NE: Fischer, Jörg; Beck, Bernhard; HST

---

3. aktualisierte und erweiterte Auflage, Stand: September 1993
ISBN 3-87156-177-0

Herstellung und Vertrieb:
Deutscher Wirtschaftsdienst, Köln
Marienburger Straße 22
50968 Köln (Marienburg)
Tel. 0221/37695-0 Fax 0221/37695-17

Satz: BINE, Bonn

Printed in Germany

Vorwort

Der sparsame Umgang mit Energie und der Einsatz erneuerbarer Energiequellen, wie der Sonnen- und Windenergie, der Wasserkraft, der Geothermie oder der Energie aus der Verwertung biologischer Abfälle, gewinnen eine immer größere Bedeutung. Der Umsetzung in die Praxis stehen jedoch noch zahlreiche Hemmnisse entgegen. Ein wichtiger Faktor ist, daß viele der neuen Techniken, insbesondere für den Einsatz erneuerbarer Energiequellen, am Anfang ihrer Entwicklung stehen und in Konkurrenz mit den z.Zt. niedrigen Energiepreisen unwirtschaftlich sind. Trotz ihres gegenwärtigen Nachteils am Markt müssen die Nutzung erneuerbarer Energiequellen und Maßnahmen zur rationellen Energieverwendung erprobt und weiterentwickelt werden. Dabei sollte neben Forschungs- und Entwicklungsprojekten zunehmend auch die Markteinführung ressourcenschonender Energietechnologien auf breiter Ebene gefördert werden.

Viele öffentliche Stellen bei EG, Bund, Ländern und Kommunen sowie zahlreiche Energieversorgungsunternehmen bieten spezielle Förderprogramme an. Diese können und sollen allerdings nur einen ersten Anschub leisten. Das eigentliche Ziel muß sein, die politischen Rahmenbedingungen so zu verändern, daß sich ressourcenschonende Energietechnologien auch ohne Subventionen am Markt etablieren können. Als ein erster Schritt ist in diesem Zusammenhang das Stromeinspeisegesetz zu nennen, das am 01.01.1991 in Kraft getreten ist. Es verpflichtet die Energieversorgungsunternehmen dazu, Betreibern von Anlagen zur Energieerzeugung aus erneuerbaren Energiequellen die eingespeiste Energie zu einem Mindestsatz zu vergüten.

Die vorliegende, gemeinsam vom Forum für Zukunftsenergien und von BINE zusammengestellte und herausgegebene **Förderfibel Energie** soll einen breiten Kreis von Interessenten über geeignete Programme und die jeweilige Ansprechadresse informieren. Etwa im vierteljährlichen Abstand wird der Förderfibel Energie ein 4-seitiges Ergänzungsblatt mit aktuellen Informationen beigelegt, um damit dem schnellen Wandel in diesem Bereich Rechnung zu tragen. Gleichzeitig ist die Förderfibel Energie auch als **PC-Datenbank FISKUS** erhältlich. Nähere Informationen hierzu erhalten Sie bei BINE.

Abschließend ist noch der Hinweis nötig, daß trotz aller Sorgfalt bei der Erstellung der Broschüre die Angaben zu den einzelnen Programmen ohne Gewähr für ihre Vollständigkeit oder Richtigkeit erfolgen. Maßgebend sind letztlich die Richtlinien oder Gesetzestexte sowie im Zweifelsfall die Entscheidung der Bewilligungsstelle. Korrekturen und Hinweise auf Änderungen oder neue Programme nimmt die Redaktion gerne entgegen.

Die Herausgeber   Bonn, im September 1993

Bürger-Information Neue Energietechniken, Nachwachsende Rohstoffe, Umwelt (BINE)

BINE ist ein vom Bundesministerium für Forschung und Technologie geförderter Informationsdienst des Fachinformationszentrums Karlsruhe. BINE informiert seit 1979 die interessierte Öffentlichkeit über neue Energietechniken, ihre Anwendung in Wohnungsbau, Industrie, Gewerbe, Agrarwirtschaft und Kommunen sowie über nachwachsende Rohstoffe und Umweltthemen. Ziel ist, die Vielzahl brauchbarer Forschungsergebnisse aus den genannten Bereichen entsprechend dem Informationsbedarf der Zielgruppen aufzubereiten und zur Verfügung zu stellen. Der Informationsfluß von der Grundlagenforschung über die Planung bis zur praktischen Anwendung soll wirkungsvoll unterstützt werden. Für nähere Informationen wenden Sie sich an BINE im:

Fachinformationszentrum Karlsruhe
Gesellschaft für wissenschaftlich-technische Information mbH
Büro Bonn
Mechenstr. 57
53129 Bonn
Tel.: 0228/23 20 86

Forum für Zukunftsenergien e.V.

Von Unternehmen und Verbänden der Wirtschaft, Institutionen der Wissenschaft und Repräsentanten aus Verwaltung und Politik wurde im Juni 1989 das Forum für Zukunftsenergien gegründet. Es will eine Plattform für den permanenten Dialog über erneuerbare und nicht erneuerbare Energien sowie die rationelle Energieverwendung zwischen Wirtschaft, Wissenschaft, Verwaltung und Politik bilden und einen tragfähigen Konsens über eine sichere, umweltfreundliche, ressourcenschonende und preisgünstige Energieversorgung der Zukunft zwischen den unterschiedlichen und zum Teil kontroversen Standpunkten und Interessen herbeiführen. Als Arbeitsschwerpunkt hat sich das Forum für Zukunftsenergien für die ersten fünf Jahre die erneuerbaren Energien gesetzt, um diesen einen zusätzlichen Impuls zu geben. Die rationelle Energieverwendung ist angesichts ihrer großen Bedeutung für die erneuerbaren Energien darin eingeschlossen. Nähere Informationen erhalten Sie bei:

Forum für Zukunftsenergien e.V.
Godesberger Allee 90
53175 Bonn
Tel.: 0228/37 69 42

Inhalt

1.	Hinweise zum Gebrauch der Förderfibel	11
2.	Förderprogramme der Europäischen Gemeinschaften (EG)	17
3.	Förderprogramme des Bundes	35
4.	Förderprogramme der Bundesländer	81
	4.1 Baden-Württemberg	83
	4.2 Bayern	91
	4.3 Berlin	106
	4.4 Brandenburg	116
	4.5 Bremen	122
	4.6 Hamburg	131
	4.7 Hessen	146
	4.8 Mecklenburg-Vorpommern	152
	4.9 Niedersachsen	164
	4.10 Nordrhein-Westfalen	165
	4.11 Rheinland-Pfalz	172
	4.12 Saarland	174
	4.13 Sachsen	178
	4.14 Sachsen-Anhalt	190
	4.15 Schleswig-Holstein	205
	4.16 Thüringen	214
5.	Förderprogramme von Kommunen	223
6.	Förderprogramme von Energieversorgungsunternehmen	251
7.	Register	261
	7.1 Antragsberechtigte	263
	7.2 Fördergegenstand	266

1. Hinweise zum Gebrauch der Förderfibel

1.1 Wegweiser zum geeigneten Förderprogramm

Die **Förderfibel Energie** enthält in erster Linie Hinweise auf Programme zur Förderung der Nutzung erneuerbarer Energiequellen oder der rationellen Energieverwendung. Darüber hinaus sind aber auch Umwelt-, Modernisierungs- und Instandsetzungsprogramme sowie Existenzgründungsprogramme und Programme im Bereich Forschung und Entwicklung berücksichtigt worden, sofern sie energietechnische Aspekte berühren oder einbeziehen.

Die Förderprogramme sind den Programmträgern entsprechend in **fünf Kapitel** gegliedert: Europäische Gemeinschaften (EG); Bund; Bundesländer; Kommunen; Energieversorgungsunternehmen.

Die Bundesländer, Kommunen und Energieversorgungsunternehmen sind innerhalb der jeweiligen Kapitel in alphabetischer Reihenfolge aufgeführt.

Unter der Rubrik "Informations- und Antragsstelle(n)" sind jeweils die zuständigen Stellen mit vollständiger Adresse und Telefonnummer aufgeführt. Die **Postleitzahl** bezieht sich entweder auf die Postfach- oder Straßenangabe. Ist Postfach und Straße angegeben, wird nur die Postleitzahl des Postfaches genannt.

Eine gezielte Erschließung der Förderprogramme nach Sachbegriffen ermöglichen zwei **Schlagwortregister**, die sich am Ende der Förderfibel befinden:

- Das erste Register erschließt den Adressatenkreis eines Förderprogramms, also den Bereich der Antragsberechtigten (z.B. Private; Unternehmen; Gemeinden).
- Das zweite Register erschließt die Fördermaßnahmen (z.B. Thermische Sonnenenergienutzung; Kraft-Wärme-Kopplung; Windkraftanlagen; Wärmedämmung).

Die Schlagworte der Register sind alphabetisch angeordnet und verweisen auf die Seitenzahl im Hauptteil. Vor den entsprechenden Seitenzahlen gibt zugleich ein Länderkürzel den Geltungsbereich des Programms zu erkennen (z.B. **EG** 19; **Bund** 39; **Ba-Wü** 101).

1.2 Was für alle Förderprogramme gleichermaßen zu beachten ist

Die Förderprogramme sind unterschiedlich gestaltet, Antragsverfahren und Antragsweg sind in der Regel so verschieden, daß sich eine allgemeingültige und einheitliche Anleitung für das Vorgehen nicht aufstellen läßt. Es bestehen jedoch einige Gemeinsamkeiten. Wichtig ist in jedem Fall, daß man die in den Richtlinien oder sonstigen Vorschriften geforderten Schritte und Bedingungen genau einhält; Formfehler können unter Umständen zur Folge haben, daß die Förderung versagt werden muß.

Wer ein Förderprogramm nutzen will, sollte so früh wie möglich die Richtlinien und ergänzende Unterlagen mit allen Einzelvorschriften durchsehen, um sein Vorhaben auch im Hinblick auf die Förderung bestmöglich zu planen. Eine frühzeitige Beratung mit der bewilligenden oder anderen sachkundigen Stellen ist angezeigt. Dafür kommen neben den für die einzelnen Programme genannten Adressen für Private insbesondere die Beratungsstellen der Energieversorgungsunternehmen, kommunale Beratungsstellen, die Beratungsstellen der Arbeitsgemeinschaft der Verbraucherverbände e.V. (AGV) sowie die örtlichen Handwerksbetriebe und andere einschlägige Unternehmen in Betracht. Unternehmen können sich an die örtliche Industrie- und Handelskammer (IHK) oder Handwerkskammer wenden. Daneben besteht die Möglichkeit, vereidigte Sachverständige (Listen sind oft bei der IHK erhältlich) heranzuziehen oder einen Unternehmensberater einzuschalten. Für die entstehenden Kosten bestehen einige Fördermöglichkeiten.

Für sehr viele Programme gilt:

- Ein Rechtsanspruch auf Förderung besteht in der Regel nicht; Ausnahmen sind Steuervergünstigungen.
- Die Förderung unterliegt der ordnungsgemäßen Entscheidung der bewilligenden Stelle.
- Bewilligungen können nur im Rahmen der verfügbaren Haushaltsmittel gewährt werden.
- Die Bearbeitung und Bewilligung erfolgt meistens in der Reihenfolge der Antragseingänge.
- Die Bewilligung der Förderung muß ausgesprochen sein, bevor die Maßnahme begonnen wird. Dabei gilt die Vergabe von Ausführungsaufträgen als Beginn. Planungsarbeiten, auch Aufträge hierzu, fallen in der Regel nicht hierunter. Häufig kann diese Bedingung auf (frühzeitigen) Antrag hin ausgesetzt werden.
- Für den Antrag und auch für die Abwicklung existieren in der Regel Formvorschriften, z.B Verwendung bestimmter Antragsformulare.
- Zusammen mit dem schriftlichen Antrag sind in der Regel eine ausführliche Beschreibung des Vorhabens, Kostenvoranschläge, Planungsunterlagen sowie ggf. baurechtliche Genehmigungen einzureichen.

- Die wirtschaftliche Durchführbarkeit der Maßnahme muß von der Förderung abhängen, d.h. Maßnahmen, die ohne Fördermittel bereits wirtschaftlich sind, werden nicht gefördert.
- Die Förderprogramme sind sämtlich dahingehend eingeschränkt, daß die Maßnahme der jeweiligen Kommune, dem Bundesland bzw. bei Bundesprogrammen der Bundesrepublik Deutschland Vorteile erbringen muß. Meistens wird die Förderung deshalb nur gewährt, wenn die Maßnahme in der entsprechenden Gemarkung bzw. dem entsprechenden Land durchgeführt wird.
- Gelegentlich wird ein zeitlicher Rahmen gesetzt, innerhalb dessen die Maßnahme nach der Bewilligung fertiggestellt sein muß; dieser wird hier nur erwähnt, wenn der Zeitraum kürzer als 24 Monate ist.
- In einigen Programmen werden Anträge danach bewertet, ob die Projekte dem Sinn des Förderprogramms besonders gut entsprechen. Bei knappen Haushaltsmitteln kann nach diesem Kriterium entschieden werden, ob ein Projekt noch gefördert wird oder hinter andere zurücktreten muß. Es sollte daher anhand der Richtlinien des jeweiligen Programms sorgfältig geprüft werden, ob das Projekt solchen besonderen Förderungsbedingungen genügt bzw. ob es im Sinne der Förderung umgestaltet werden kann.

2. Europäische Gemeinschaften (EG)

Europäische Gemeinschaften (EG)

THERMIE/Energietechnologien

Für: Unternehmen; Institutionen; Öffentliche Körperschaften; Private Anwender; Forschungseinrichtungen.

Förderung: Das THERMIE-Programm zur Förderung europäischer Energietechnologie ist wesentlicher Bestandteil der Strategie der Europäischen Gemeinschaften (EG) zur Bewältigung folgender Herausforderungen:

- Gewährleistung einer sicheren Energieversorgung für die Zukunft;
- Verringerung des Energieverbrauchs;
- Förderung der praktischen Verbreitung europäischer Energietechnologien in Europa und weltweit;
- Verbesserung der Umwelt, insbesondere Verringerung des Ausstoßes von CO_2, SO_2 und NO_x;
- Förderung der industriellen Wettbewerbsfähigkeit im europäischen Binnenmarkt;
- Stärkung des wirtschaftlichen und sozialen Zusammenhaltes der EG.

THERMIE zielt deshalb auf:

- Verbesserung der Energieeffizienz;
- Erschließung neuer Anwendungsbereiche für die Nutzung erneuerbarer Energiequellen;
- Erschließung umweltfreundlicher Nutzungsmöglichkeiten für Kohle und andere feste Brennstoffe;
- Optimierung des Einsatzes der Öl- und Gasressourcen der EG.

THERMIE konzentriert sich auf drei Hauptschwerpunkte:

- Finanzielle Unterstützung von Vorhaben zur Förderung der Einsatzreife innovativer Energietechnologien: Darunter fallen neuartige Technologien, Verfahren oder Erzeugnisse, für die das Stadium der Forschung und Entwicklung im wesentlichen abgeschlossen ist und die zur Einsatzreife geführt werden sollen sowie neuartige Anwendungen bereits bekannter Technologien, Verfahren oder Erzeugnisse, deren technische und wirtschaftliche Durchsetzbarkeit durch eine erste Realisierung in hinreichender Größenordnung unter Beweis gestellt werden soll.
- Maßnahmen zur Markteinführung und Verbreitung von Energietechnologien: Hierunter fallen innovative Technologien, Verfahren oder Erzeugnisse, die bereits Gegenstand einer ersten Realisierung waren, die aber wegen fortbestehender Risiken sich noch nicht auf dem Markt durchgesetzt haben, und zwar im Hinblick auf ihre breitere Nutzung in der Gemeinschaft, sei es unter anderen wirtschaftlichen oder geographischen Bedingungen, sei es mit technischen Varianten.

Europäische Gemeinschaften (EG)

THERMIE/Energietechnologien (Fortsetzung)

- Koordinierung der EG-weiten und nationalen, regionalen und lokalen Tätigkeiten auf diesem Gebiet: Wenn erforderlich, und insbesondere bei offensichtlichen Bedarfslücken oder, wo signifikante technologische Fortschritte durch Zusammenarbeit zwischen Personen und Unternehmen in wenigstens zwei Mitgliedstaaten erzielt werden können, kann auf Initiative der Kommission das Zustandekommen sogenannter gezielter Vorhaben gefördert und koordiniert werden.

In der Ausschreibung für 1993 wurden besonders solche Projekte berücksichtigt, die sich den folgenden Gebieten widmen:

- Energieeinsparung und CO_2-Minderung in Gebäuden;
- Integrierte Systeme für das städtische Verkehrsmanagement.

Die fünfte und letzte Aufforderung zur Einreichung von Vorschlägen im Rahmen von THERMIE - für 1994 - legt den Schwerpunkt auf solche Energietechnologien, die die Umwelt entlasten, und speziell solche, die geeignet erscheinen, dem drohenden Treibhauseffekt durch Verringerung des CO_2-Ausstoßes entgegenzuwirken. Dazu gehören die folgenden Sektoren:

- Gezielte Vorhaben: Vergasung von Biomasse zur Erzeugung von Elektrizität oder Wärme;
- Rationelle Energienutzung in Industrie, Gebäuden und im Verkehr;
- Erneuerbare Energiequellen: Sonnenenergie, Energie aus Biomasse und Abfällen, Windenergie, Erdwärme, Wasserkraft;
- Feste Brennstoffe: Verbrennung, Vergasung und Abfälle;
- Kohlenwasserstoffe: Sicherheit und Umweltschutz, Exploration und Gewinnung.

Zuschuß 40% für innovative Vorhaben; 35% für Vorhaben zur Verbreitung.

Kumulation: Die Summe aller Zuschüsse der öffentlichen Hände darf 49% der Gesamtkosten eines Vorhabens nicht überschreiten.

Besondere Hinweise: THERMIE ist das Nachfolgeprogramm der bis 1989 unter den bisherigen Verordnungen 3640/85 und 3639/85 laufenden Programme Energie-Demonstrationsvorhaben und Technologische Entwicklung im Kohlenwasserstoffbereich. Jährliche Ausschreibung. Die Förderung im Rahmen des spezifischen Programms THERMIE ist der Förderung von Projekten der Forschung und technologischen Entwicklung im Rahmen des spezifischen Programms JOULE II nachgeordnet. Zur Vermittlung ihrer Energiepolitik und entsprechender Förderprogramme hat die EG 35 Organisationen aus allen EG-Ländern ausgewählt, sog. OPETs (Organisations for the Promotion of Energy Technology). Zu diesem informationellen Netzwerk gehört als einer der bundesdeutschen Ansprechpartner das Fachinformationszentrum Karlsruhe. Laufzeit: 1990 bis 1994.

Europäische Gemeinschaften (EG)

THERMIE/Energietechnologien (Fortsetzung)

Informationsmaterial: Umfassende Informationsbroschüre "THERMIE 1994 - Förderung von Energietechnologien für Europa" der Kommission der Europäischen Gemeinschaften, Generaldirektion Energie, vom Juli 1994.

Informations- und Antragstelle(n):

Kommission der Europäischen
Gemeinschaften
Generaldirektion Energie (GD XVII)
- Programm THERMIE -
200, rue de la Loi
B-1049 Brüssel
Tel.: 00322/235-7471
Fax: 00322/295-0577

Forschungszentrum Jülich GmbH
Projektträger Biologie, Energie,
Ökologie (BEO)
Postfach 19 13
D-52425 Jülich
Tel.: 02461/61-3883
Fax: 02461/61-6999

Antragstellung: Die Ausschreibung zur Einreichung von Förderanträgen für 1994 wurde am 13.07.1993 im Amtsblatt der EG Nr. 93/C 189/25 veröffentlicht. Stichtag für die Ausschreibung 1994 ist der 01.12.1993, 16:00 Uhr.

Grundlage der Förderung: Programm THERMIE, Verordnung EWG Nr. 2008/90, Abl. L 185 vom 17.07.1990 bzw. Mitteilung der Kommission betreffend die Gewährung einer finanziellen Unterstützung für Vorhaben zur Förderung der Energietechnologien - Programm THERMIE (93/C 189/25) vom 13.07.1993, veröffentlicht im Amtsblatt der EG, Nr. C 189/16.

Europäische Gemeinschaften (EG)

JOULE II/Nichtnukleare Energien

Für: Unternehmen; Universitäten; Forschungseinrichtungen.

Förderung: Die EG koordiniert seit 1983 ihre Aktivitäten im Bereich der Forschung und technologischen Entwicklung (FuE) in mehrjährigen Rahmenprogrammen, die wiederum über spezifische FuE-Programme in ausgewählten Forschungsbereichen abgewickelt werden. Bisher wurden zwei solcher Rahmenprogramme durchgeführt. Das zur Zeit laufende Dritte Rahmenprogramm wurde am 23.04.1990 mit einer Laufzeit von fünf Jahren (1990-1994) und einem Gesamtvolumen von 5,7 Mrd. ECU vom Rat der EG beschlossen. Mit Beschluß vom 15.03.1993 hat der Rat den Etat um 900 Mio. ECU aufgestockt.

Das Dritte Rahmenprogramm umfaßt 15 spezifische FuE-Programme. Bei der Mehrzahl dieser Programme handelt es sich um Forschungsprogramme mit Kostenteilung, wobei die EG i.d.R. 50% der Gesamtprojektkosten übernimmt, sowie um konzertierte Forschungsaktionen, bei denen die EG lediglich die durch die Koordinierung entstehenden Kosten, wie Sitzungskosten, Reisespesen usw. übernimmt. Im Falle von Universitäten und entsprechenden Einrichtungen kann die Gemeinschaft allerdings bis zu 100% der zusätzlich entstehenden Kosten übernehmen.

Im Bereich "Energie" sollen u.a. FuE-Tätigkeiten auf dem Gebiet der nichtnuklearen Energie durchgeführt werden. Hierzu wurde im Anschluß an "JOULE I - Nichtnukleare Energie und Rationelle Energienutzung (1989-1992)" das spezifische Programm "JOULE II - Nichtnukleare Energie (1991-1994)" aufgelegt.

Gefördert werden neue, wirtschaftlich sinnvollere und umweltfreundlichere Energieoptionen sowie Technologien zur Energieeinsparung in folgenden Bereichen:

1. Strategieanalyse und Modellentwicklung.

2. Energieerzeugung aus fossilen Brennstoffen bei möglichst geringen Emissionen.

3. Erneuerbare Energiequellen:
- Solarhaus (Solarheizung, -ventilation, -kühlung, Solarkomponenten, photovoltaische Anlagen);
- Kraftwerke zur Nutzung erneuerbarer Energien (Wind-, Sonnen-, Wellen-, Gezeitenenergie, Energiespeicher);
- Biomasse;
- Erneuerbare Energien für die Versorgung ländlicher Gebiete mit Elektrizität, Brennstoff und Wasser;
- Geothermische Energie.

Europäische Gemeinschaften (EG)

JOULE II/Nichtnukleare Energien (Fortsetzung)

4. Energienutzung und -einsparung:
- Neue Möglichkeiten der Energieumwandlung (Brennstoffzellen);
- Technologien zur Energieeinsparung in Industrie und Gebäuden;
- Wirksamer Einsatz von Energie im Verkehr und geeignete Ersatzbrennstoffe (u.a. Elektrofahrzeuge).

Kumulation: Keine Angabe.

Besondere Hinweise: Beteiligung von mindestens zwei voneinander unabhängigen Partnern mit Sitz in verschiedenen Mitgliedstaaten. Die Förderung von Energietechnologien, die den FuE-Projekten nachgeordnet sind, erfolgt im Rahmen des Programms THERMIE. Energiebezogene Umweltschutzthemen fallen unter das FuE-Umweltschutzprogramm. Vorhaben auf dem Gebiet der Biomasse im Zusammenhang mit Biomasse-Vorprodukten und deren biologischer oder biochemischer Umwandlung fallen unter das Programm für Landwirtschaft und Agrarindustrie. Laufzeit: 1991 bis 1994 (Fortführung ist geplant).

Informationsmaterial: Umfassendes Informationspaket "Nichtnukleare Energie - JOULE II (1991-1994)" der Kommission der EG, Generaldirektion XII, Wissenschaft, Forschung und Entwicklung.

Informations- und Antragstelle(n):

Kommission der Europäischen
Gemeinschaften
Generaldirektion Energie (GD XVII)
- Programm JOULE II -
200, Rue de la Loi
B-1049 Brüssel
Tel.: 00322/235-3978
Fax: 00322/235-0150

Forschungszentrum Jülich GmbH
Projektträger Biologie, Energie,
Ökologie (BEO)
Postfach 19 13
D-52425 Jülich
Tel.: 02461/61-3883
Fax: 02461/61-5837

Antragstellung: Stichtag für die Ausschreibung 1994 war der 25.06.1993. JOULE II soll im 4. Rahmenprogramm fortgesetzt werden. Eine entsprechende Ausschreibung ist für frühestens Ende 1994 zu erwarten.

Grundlage der Förderung: Drittes gemeinschaftliches Rahmenprogramm im Bereich der Forschung und technologischen Entwicklung (1990-1994), Beschluß 90/221/Euratom/EWG, Amtsblatt der EG, Nr. L 117, Bd. 33, vom 08.05.1990; Spezifisches Programm "Nichtnukleare Energie - JOULE II (1991-1994)", einschließlich "Ergänzendes Arbeitsprogramm" sowie Aufforderung zur Einreichung von Vorschlägen zum spezifischen Programm für Forschung und technologische Entwicklung im Bereich der Nichtnuklearen Energie (1991-1994) - JOULE II, veröffentlicht im Amtsblatt der EG, Nr. C 119 vom 29.04.1993, S. 10-11.

Europäische Gemeinschaften (EG)

SAVE/Energieeinsparungsprogramm

Für: Öffentliche Energieversorgungsunternehmen.

Förderung: Das Programm SAVE wurde im Oktober 1991 mit einer Laufzeit von fünf Jahren und einem Fördervolumen von 35 Mio. ECU verabschiedet. Es zielt darauf ab, die Energieeffizienz in der EG und eine bessere Nutzung der Energieressourcen zu fördern. Vorrangiges Ziel ist die Reduzierung des CO_2-Ausstoßes.

Gefördert werden Pilotaktionen im Bereich der kostenoptimalen Planung bezüglich Energieeffizienz und Umweltziele, die darauf gerichtet sind, neuartige Planungstechniken zu erproben und einzuführen.

Die Ausschreibung 1993 setzt folgende Schwerpunkte:

1. Reduzierung des Energieverbrauchs im Transportsektor;

2. Konsumentenverhalten bezüglich Energieeffizienz;

3. Modernisierung des Altbaubestandes bezüglich Energieeffizienz;

4. Übernahmen aus der Ausschreibung 1992:
- Global angelegte Informations- bzw. Schulungsaktionen zur Energieeffizienz;
- Schulungsaktivitäten speziell unter Einbeziehung Osteuropas;
- Least cost planning;
- Drittmittelfinanzierung.

Darüber hinaus fördert SAVE Investitionen im Bereich der Energieeinsparung in Gebäuden der öffentlichen Hand durch Drittmittelfinanzierung.

Zuschuß bis zu 50% der Gesamtkosten, max. 250.000,- ECU.

Kumulation: Keine Angabe.

Besondere Hinweise: Laufzeit 1991 bis 1995.

Informationsmaterial: Keine Angabe.

Europäische Gemeinschaften (EG)

SAVE/Energieeinsparungsprogramm (Fortsetzung)

Informations- und Antragstelle(n):

Kommission der Europäischen
Gemeinschaften
Generaldirektion Energie (GD XVII)
Neue und erneuerbare Energie-
quellen und rationelle
Energienutzung
200, rue de la Loi
B-1049 Brüssel
Tel.: 00322/235-3978
Fax: 00322/235-0150

Forschungszentrum Jülich GmbH
Projektträger Biologie, Energie,
Ökologie (BEO)
Postfach 19 13
D-52425 Jülich
Tel.: 02461/61-3883
Fax: 02461/61-5837

Bundesministerium für Wirtschaft
Referat III A5
Postfach 14 02 60
Villemombler Straße 76
D-53107 Bonn
Tel.: 0228/615-4441
Fax: 0228/615-4436

Antragstellung: Im Zusammenhang mit Projektvorschlägen bei der EG-Kommission. Die Ausschreibung für 1994 wird voraussichtlich Ende März 1994 veröffentlicht.

Grundlage der Förderung: Programm SAVE (Specific Actions for Vigorous Energy Efficiency), Energieeinsparungsprogramm der EG, Dokument: Com (90) 365; bzw. Entscheidung des Rates vom 29.10.1991 zur Förderung der Energieeffizienz in der Gemeinschaft (Programm SAVE), veröffentlicht im Amtsblatt der Europäischen Gemeinschaften, Nr. L 307 vom 08.11.1991, S. 34-36, Ausschreibung für 1993.

Europäische Gemeinschaften (EG)

Regionale und städtische Energieplanung

Für: Regionalbehördliche Stellen; Städte (ab 100.000 Einw.); Städteverbund; Städtische Energiewirtschaftsunternehmen; Städtische Verkehrsunternehmen; Öffentliche Körperschaften; Halböffentliche Körperschaften; Öffentliche Unternehmen mit regionalen, kommunalen, interkommunalen Aufgaben.

Förderung:

1. Untersuchungen zur regionalen oder städtischen Energieplanung, sofern sie u.a. alle folgenden Aspekte einschließen: Energiebestandsaufnahme, Energieanalysen, Energiebilanzen, mittel- und langfristige Prognosen und Wahl von Energiestrategien.

2. Durchführbarkeitsstudien zu konkreten Vorhaben, die sämtliche technischen, wirtschaftlichen, finanziellen, rechtlichen und institutionellen usw. Fragen einbeziehen, die sich im Vorfeld einer Investition im Energiebereich stellen. Schwerpunkte sind:

- Energieeinsparungen und Energiesubstitutionen im Verkehrsbereich;
- Dezentralisierte Energieerzeugung;
- Bereitstellung von Energie, Steigerung der Energieeffizienz beim Endverbrauch in den Städten;
- Energetische Nutzung von Abfällen;
- Energiepflanzenkulturen;
- Grenzüberschreitende Zusammenarbeit zur Verbesserung des Energiemanagements oder zur Verbesserung und Diversifizierung der Versorgung durch einen stärkeren Verbund der Energienetze (Elektrizität, Gas, Wärme).

3. Hilfe zur Schaffung lokaler und regionaler Teams von Animateuren und Beratern.

Zuschuß bis zu 40% der zuwendungsfähigen Kosten von max. 100.000,- ECU.

Kumulation: Keine Angabe.

Besondere Hinweise: Verpflichtung zur Verbreitung der Studienergebnisse. Koordinierung mit den Programmen THERMIE und SAVE. Laufzeit: 1991 bis 1993 (Verlängerung bis 1995 geplant). Jährliche Ausschreibung.

Informationsmaterial: Keine Angabe.

Europäische Gemeinschaften (EG)

Regionale und städtische Energieplanung (Fortsetzung)

Informations- und Antragstelle(n):

>Kommission der Europäischen
Gemeinschaften
Generaldirektion Energie (GD XVII)
Referat Begleitende Maßnahmen
200, Rue de la Loi
B-1049 Brüssel
Tel.: 00322/235-3978
Fax: 00322/235-0150

Antragstellung: Mit Antragsvordruck bei der EG-Kommission. Stichtag für die Ausschreibung 1993 war der 30.04.1993. Eine Ausschreibung für 1994 folgt voraussichtlich im Frühjahr 1994, sofern das Programm, wie geplant, tatsächlich bis 1995 verlängert wird.

Grundlage der Förderung: Programm Regionale und städtische Energieplanung der Europäischen Gemeinschaften. Aufforderung der Kommission zur Vorschlagsabgabe, veröffentlicht im Amtsblatt der EG Nr. C 12/12 vom 18.01.1991 bzw. Aufforderung zur Vorschlagsabgabe für 1993.

Europäische Gemeinschaften (EG)

ALTENER/Erneuerbare Energien

Für: Kleine und mittlere Unternehmen; Unternehmen der Industrie; Forschungseinrichtungen; Universitäten.

Förderung: Im Rahmen des ALTENER-Programms, für das die Kommission jährlich Förderleitlinien aufstellt, werden die erneuerbaren Energiequellen sowie die Vergrößerung ihres Marktanteils in vier Bereichen gefördert:

1. Volle Übernahme der Kosten für Studien und technische Bewertungen zur Aufstellung von Normen und technischen Vorschriften.

2. Zuschuß zwischen 30% und 50% der Gesamtkosten für Aktionen zur Unterstützung der Maßnahmen der Mitgliedstaaten, mit denen diese ihre Infrastruktur für die erneuerbaren Energiequellen ausbauen oder erst schaffen wollen. Dazu gehören:

- Schulung und Unterrichtung über die erneuerbaren Energiequellen, die womöglich in der Nähe der Wirtschaftsbeteiligten und der Energieendverbraucher durchgeführt werden sollen;
- Pilotaktionen zur Einführung einer "Garantie für die Solarenergieausbeute" auf dem Markt für Sonnenkollektoren und solare Warmwasserbereiter;
- Pilotaktionen zur Einführung von Biokraftstoffen als Ersatz für Erdölprodukte im Verkehrssektor;
- Pilotstudien im Bereich der integrierten Mittelplanung und der Nachfragesteuerung;
- Garantie für finanzielle Risiken, insbesondere bei geologischen Unsicherheitsfaktoren bei der Entwicklung geothermischer Ressourcen;
- Aufstellung lokaler Pläne für die Entwicklung der erneuerbaren Energieträger;
- Schaffung und Verbesserung der Infrastruktur in den Mitgliedstaaten für die Unterstützung der Investoren bei der Erstellung von Pre-feasibility-Studien.

3. Zuschuß zwischen 30% und 50% der Gesamtkosten für Maßnahmen, die einen Anreiz schaffen für die Errichtung eines Informationsnetzes, das durch einen entsprechenden Informationsaustausch die Zusammenarbeit auf nationaler, gemeinschaftlicher und internationaler Ebene fördern und eine Beurteilung der Auswirkung der verschiedenen Aktionen im Rahmen von ALTENER gestatten soll.

4. Zuschuß bis zu 30% der Gesamtkosten für industrielle Pilotaktionen für den Einsatz von Biomasse zum Zwecke der Energiegewinnung, insbesondere für die Herstellung von Biokraftstoffen und Biogas sowie für den Niederwaldbetrieb mit Kurzumtrieb und den Einsatz von C4-Pflanzen.

Europäische Gemeinschaften (EG)

ALTENER/Erneuerbare Energien (Fortsetzung)

Der Entwurf des ALTENER-Programms für 1993 nennt folgende Förderbereiche:
- Pilotaktionen zur Einführung einer Ausbeutegarantie von Solarkollektoren und solaren Warmwasserbereitern;
- Flottenversuche zur Nutzung und Einführung von Biodiesel als Substitute für Kraftstoffe im Verkehrssektor;
- Lokale Entwicklungspläne für erneuerbare Energien;
- Einrichtung und Verbesserung einer Infrastruktur in den Mitgliedstaaten für die Erstellung von Pre-feasibility-Studien.

Kumulation: Zulässig.

Besondere Hinweise: Im Haushaltsjahr 1993 stehen 8 Mio. ECU für alle Mitgliedstaaten zur Verfügung. Laufzeit: 01.01.1993 bis 31.12.1997.

Informationsmaterial: Keine Angabe.

Informations- und Antragstelle(n):

Kommission der Europäischen
Gemeinschaften
Generaldirektion Energie (GD XVII)
Referat Begleitende Maßnahmen
200, Rue de la Loi
B-1049 Brüssel
Tel.: 00322/235-3978
Fax: 00322/235-0150

Bei Verfahrensfragen:

Bundesministerium für Wirtschaft
Referat III D4
Postfach 14 02 60
Villemombler Straße 76
D-53107 Bonn
Tel.: 0228/615-4289
Fax: 0228/615-4436

Bei fachlichen Fragen:

Forschungszentrum Jülich GmbH
Projektträger Biologie, Energie,
Ökologie (BEO)
Postfach 19 13
D-52425 Jülich
Tel.: 02461/61-3883, -3266
Fax: 02461/61-5837

Antragstellung: Mit Vordruck. Stichtag für die Ausschreibung 1993 war der 24.06.1993. Die Ausschreibung 1994 wird voraussichtlich im März 1994 veröffentlicht.

Grundlage der Förderung: Vorschlag der Kommission für eine Entscheidung des Rates zur Förderung der erneuerbaren Energieträger in der Gemeinschaft (ALTENER-Programm), veröffentlicht im Amtsblatt der EG, Nr. C 179 vom 16.07.1992, S. 4-7.

Europäische Gemeinschaften (EG)

INTERREG - Initiative für Grenzregionen

Für: Private; Öffentliche Antragsteller; EG-Mitgliedstaaten.

Förderung: INTERREG zielt darauf ab, Gebiete an den Außengrenzen auf ihre neue Rolle innerhalb des europäischen Binnenmarktes vorzubereiten, indem die Möglichkeiten für eine Zusammenarbeit mit Drittländern untersucht werden.

Gefördert werden alle Wirtschafts- und Handelstätigkeiten in den Grenzregionen mit spezifischem grenzüberschreitendem Charakter, die dem folgenden Maßnahmenkatalog entsprechen:

- Unterstützung der Wasser-, Gas- und Stromversorgung, der lokalen Infrastrukturen im Energiebereich und der Entwicklung der Telekommunikation;
- Entwicklung des Fremdenverkehrs und des Agrartourismus;
- ländliche Entwicklung;
- Unterstützung der Ausbildung und Beschäftigung von Personen in grenzüberschreitendem Rahmen;
- Verkehrsinfrastruktur zur Erleichterung des grenzüberschreitenden Verkehrs;
- Verhütung und Überwachung des Umweltschutzes und Kommunikationssysteme;
- Entwicklung und Unterstützung der kleinen und mittleren Unternehmen.

Kumulation: Keine Angabe.

Besondere Hinweise: Die neuen Bundesländer können bis Ende 1993 an diesem Programm nicht teilnehmen, sondern erst an dem zur Zeit in Vorbereitung befindlichen Nachfolgeprogramm für 1994.

Informationsmaterial: Keine Angabe.

Informations- und Antragstelle(n):

Kommission der Europäischen
Gemeinschaften
Generaldirektion VI
200, rue de la Loi
B-1049 Brüssel

Antragstellung: An die Kommission.

Grundlage der Förderung: Programm INTERREG - Initiative für Grenzgebiete, veröffentlicht im Amtsblatt der EG, Nr. C 215 vom 30.08.1990.

Europäische Gemeinschaften (EG)

Neues Gemeinschaftsinstrument - NGI

Für: Unternehmen innerhalb der EG (vorzugsweise kleine und mittlere Unternehmen).

Förderung: Im Rahmen diese Programms werden Darlehen gewährt, die der industriellen Anpassung von Unternehmen in der EG dienen. Besonders berücksichtigt werden Investitionen, die die Anwendung neuer Technologien, Innovationen und Energieeinsparung beinhalten.

Die Investitionen müssen den von der EG-Kommission gesteckten Zielen entsprechen. Regionale Auswirkungen, Arbeitsplatzbeschaffung und Wettbewerbsfähigkeit der Gemeinschaft spielen dabei eine wichtige Rolle.

Immaterielle Wirtschaftsgüter wie Patente, Lizenzen, Know-how sowie Forschungs- und Entwicklungsausgaben können ebenfalls über die Darlehen finanziert werden, sofern sie zu den Investitionen gehören.

Die Europäische Investitionsbank entscheidet über die Darlehensgewährung in Form von Beteiligungen oder Direkt-, Global- und Unterdarlehen und die Konditionen.

Kumulation: Keine Angabe.

Besondere Hinweise: Laufzeit 1989 bis 1993.

Informationsmaterial: Keine Angabe.

Informations- und Antragstelle(n):

Kommission der Europäischen
Gemeinschaften
Generaldirektion II
200, rue de la Loi
B-1049 Brüssel

Antragstellung: An die Kommission.

Grundlage der Förderung: NGI- Neues Gemeinschaftsinstrument, veröffentlicht im Amtsblatt der EG, Nr. L 71 vom 14.03.1987.

Europäische Gemeinschaften (EG)

Biowissenschaften für Entwicklungsländer

Für: Forschungseinrichtungen.

Förderung: Ziel ist die verstärkte Zusammenarbeit zwischen europäischen Wissenschaftlern und Wissenschaftlern aus Entwicklungsländern, damit diese Länder die in der EG vorhandenen Kenntnisse besser nutzen und eigene Forschungskapazitäten entwickeln können.

Forschungsbreiche:

1. Verbesserung des Lebensstandards:
- Reduzierung des Nahrungsdefizits;
- Entwicklung der landwirtschaftlichen Erzeugung mit hohem wirtschaftlichem Wert auf lokaler Ebene und für den Export (herkömmliche Exportkulturen, sekundäre Kulturen mit hohem Mehrwert, insbesondere als Alternativen zum Anbau von Drogenkulturen, Wald- und Forstwirtschaft, Bioenergieerzeugung).

2. Verbesserung des Gesundheitszustandes.

Kumulation: Keine Angabe.

Besondere Hinweise: Laufzeit: 07.06.1991 bis 31.12.1994.

Informationsmaterial: Keine Angabe.

Informations- und Antragstelle(n):

Kommission der Europäischen
Gemeinschaften
200, rue de la Loi
B-1049 Brüssel

Antragstellung: Mit Antragsvordruck bei der EG-Kommission.

Grundlage der Förderung: Biowissenschaften für Entwicklungsländer. Entscheidung des Rates, veröffentlicht im Amtblatt der Europäischen Gemeinschaften, Nr. L 196 vom 19.07.1991.

Europäische Gemeinschaften (EG)

Darlehens- und Bürgschaftsprogramm (Europäische Investitionsbank)

Für: Gemeinden sowie andere Körperschaften und Anstalten des öffentlichen Rechts; Private Projektträger (gewerbliche Unternemen); Gebietskörperschaften; Zweckverbände.

Förderung: Die Europäische Investitionsbank (EIB) hat zur Aufabe, eine ausgewogene Regionalentwicklung innerhalb der EG zu fördern. Sie konzentriert ihre Aktivitäten daher auf die wirtschaftlich schwächeren Regionen der Gemeinschaft, zu denen derzeit auch das gesamte Gebiet der neuen Bundesländer gehört.

Die EIB gewährt mittel- und langfristige Darlehen bis zu 50% der Investitionssumme (in Ausnahmen auch 75%) oder Garantien für Investitionen in den folgenden Bereichen:

- Modernisierung und Umstellung von Unternehmen der Industrie, Agrarindustrie, Landwirtschaft, Energieversorgung und des Fremdenverkehrs sowie industrieller Dienstleister, die für die Entwicklung und Einführung fortschrittlicher Technologien im Hinblick auf eine Stärkung der internationalen Wettbewerbsfähigkeit von Bedeutung sind;
- Umweltschutz: Abwasserentsorgung, Verbesserung der Wasserqualität, Abfallentsorgung, Schutz der Böden, Verringerung der Luftverschmutzung, Recycling, Rohstoffeinsparung, Altlastsanierung;
- Rationelle Energieverwendung: Förderung von Erdöl und Erdgas, Erdwärme, Bau von Wasserkraftanlagen, Solarenergie, Windkraft, Energiegewinnung durch Recycling und Biogas;
- Fortgeschrittene Technologien;
- Wirtschaftsnahe Infrastruktur: Verkehrs- und Fernmeldenetze, Brückenbau, Bahnverbindungen usw.

Für Investitionen kleiner und mittlerer Unternehmen werden in Zusammenarbeit mit den Partnerinstituten der EIB Globaldarlehen vergeben. Die Partnerinstitute bzw. zwischengeschaltete Kreditinstitute müssen das Risiko voll übernehmen und bankübliche Sicherheiten erbringen. Die Konditionen sind etwas günstiger als Kapitalmarktkonditionen.

Für einzelne Großvorhaben auf dem Industrie- oder Dienstleistungssektor mit einem Investitionsvolumen von mindestens 50 Mio. DM vergibt die EIB Einzeldarlehen zu folgenden Konditionen:

- Zinssatz: Entspricht den direkten Mittelbeschaffungskosten zuzüglich einer Marge von 0,15% zur Deckung der Betriebskosten;
- Kredithöhe: Nicht begrenzt;
- Laufzeit: Bei Industrieprojekten 7 bis 12 Jahre, davon bis zu 5 Jahre tilgungsfrei; bei Infrastruktur- und Energievorhaben bis zu 20 Jahren oder mehr;
- Auszahlung: I.d.R. 100%.

Europäische Gemeinschaften (EG)

Darlehens- und Bürgschaftsprogramm (Europäische Investitionsbank) (Fortsetzung)

Kumulation: Insgesamt dürfen durch Darlehen und Zuschüsse maximal 70% (unter Umständen künftig auch 90%) der Investitionssumme abgedeckt werden.

Besondere Hinweise: Vorhaben, an denen Partner aus verschiedenen europäischen Ländern beteiligt sind, werden vorrangig gefördert.

Informationsmaterial: Broschüre "Wirtschaftliche Förderung in den neuen Bundesländern" des Bundesministeriums für Wirtschaft; Stand: März 1992.

Informations- und Antragstelle(n):

Bei Einzeldarlehen direkt an die:	Anerkanntes Partnerinstitut der EIB:
Europäische Investitionsbank	IKB Deutsche Industriebank AG
100, Boulevard Konrad Adenauer	Bismarkstraße 105
L-2950 Luxemburg	D-10625 Berlin
Tel.: 00325/4379-1	Tel.: 030/31009-0
Fax: 00325/43 77 04	Fax: 030/31009-112

Antragstellung: Anträge auf Globaldarlehen (= spezielle Kreditlinien) sind vor Beginn der Investition über ein anerkanntes Partnerinstitut der EIB an diese zu richten. Anträge auf Einzeldarlehen sind vor Beginn der Investition formlos direkt an die EIB oder an ein anerkanntes Partnerinstitut der EIB zu richten.

Grundlage der Förderung: Darlehens- und Bürgschaftsprogramm der Europäischen Investitionsbank.

3. Bund

Bund

DtA-Existenzgründungsprogramm (ehem.: Ergänzungsprogramm I der DtA)

Für: Existenzgründer im Bereich der gewerblichen Wirtschaft.

Förderung: Im Rahmen von Neugründung, Erweiterung, Betriebsübernahme u.a. Investitionen zur Energieeinsparung und zur Verwendung neuer Energietechnologien. Zinsgünstige Darlehen bis zu 75% der förderungsfähigen Kosten zu folgenden Konditionen (Angaben in Klammern betreffen die neuen Bundesländer):

- Zinssatz: Nominalzins 6,1% p.a. (5,9%), Effektivzins 6,67% p.a. (6,45%) (Stand: 07.09.1993);
- Laufzeit: bis 10 Jahre (15 Jahre), bei Bauvorhaben 15 Jahre (20 Jahre), davon höchstens 2 (5) tilgungsfreie Jahre;
- Auszahlung: 98%, für Aussiedler 100%;
- Höchstbetrag: 1 Mio. DM.

Darüber hinaus besteht die Möglichkeit einer 40%-igen Haftungsfreistellung der durchleitenden Bank je Einzelkredit bis zu 1 Mio. DM für Vorhaben in den neuen Bundesländern und in Berlin/Ost.

Kumulation: Keine Angabe.

Besondere Hinweise: Das DtA-Existenzgründungsprogramm umfaßt seit September 1992 auch die Förderung von Existenzgründungen durch Aussiedler, die bisher im Rahmen des Ergänzungsprogramms II erfolgte. Für diesen Personenkreis gelten besondere Vergünstigungen. Es wird empfohlen, vor Antragstellung die jeweils aktuellen Konditionen zu erfragen.

Informationsmaterial: Merkblätter "Richtlinie für ERP-Darlehen zur Förderung der Existenzgründung (ERP-Existenzgründungsprogramm)"; "DtA-Existenzgründungsprogramm - Richtlinie der Deutschen Ausgleichsbank (DtA)"; "ERP-Existenzgründungsprogramm - Merkblatt für Aussiedler".

Informations- und Antragstelle(n):

Deutsche Ausgleichsbank
Postfach 20 04 48
Wielandstraße 4
D-53134 Bonn
Tel.: 0228/831-2398, -2549, -2352
Fax: 0228/831-255

Antragstellung: Mit Antragsvordruck (1V-003 1/93 mit blauem Rand).

Grundlage der Förderung: Richtlinie für ERP-Darlehen zur Förderung der Existenzgründung (ERP-Existenzgründungsprogramm der Deutschen Ausgleichsbank). Bekanntmachungen des Bundesministeriums für Wirtschaft im Bundesanzeiger Nr. 17 vom 25.01.1992, Nr. 231 vom 09.12.1992 und Nr. 37 vom 24.02.1993.

Bund

ERP-Energiesparprogramm (Deutsche Ausgleichsbank)

Für: Kleinere und mittlere Unternehmen der gewerblichen Wirtschaft.

Förderung: Investitionen zur Energieeinsparung, rationellen Energieverwendung oder Nutzung erneuerbarer Energiequellen.

Zinsgünstige Darlehen bis zu 50% der förderungsfähigen Kosten zu folgenden Konditionen (Angaben in Klammern betreffen die neuen Bundesländer):

- Zinssatz 6,5% (6,25%) p.a. (Stand: 01.06.1993);
- Laufzeit bis 15 (20) Jahre; 2 (5) Jahre tilgungsfrei;
- Auszahlung 100%;
- Höchstbetrag 1 Mio. DM (kann bei umweltpolitisch bedeutsamen Vorhaben überschritten werden).

Darüber hinaus besteht die Möglichkeit einer 40%-igen Haftungsfreistellung der durchleitenden Bank je Einzelkredit bis zu 1 Mio. für Vorhaben in den neuen Bundesländern und in Berlin/Ost.

Kumulation: Mehrfachförderung je Haushaltsjahr möglich; Förderung desselben Vorhabens aus verschiedenen ERP-Programmen ist nicht zulässig.

Besondere Hinweise: Zwischenbetriebliche Zusammenarbeit und Anlagen mit Modellcharakter bevorzugt. Es wird empfohlen, vor Antragstellung die jeweils aktuellen Konditionen zu erfragen.

Informationsmaterial: Broschüre der Deutschen Ausgleichsbank "Programme, Richtlinien, Merkblätter".

Informations- und Antragstelle(n):

Deutsche Ausgleichsbank
Postfach 20 04 48
Wielandstraße 4
D-53134 Bonn
Tel.: 0228/831-2398, -2549, -2352
Fax: 0228/831-255

Deutsche Ausgleichsbank
Niederlassung Berlin
Sarrazinstraße 11-15
D-12159 Berlin
Tel.: 030/85085-0

Antragstellung: Mit Formblatt 2AV 050/10/92 über Hausbank an die Deutsche Ausgleichsbank.

Grundlage der Förderung: ERP-Darlehen zur Förderung der Energieeinsparung (ERP-Energiesparprogramm der Deutschen Ausgleichsbank) in Verbindung mit den allgemeinen Bedingungen für die Vergabe von ERP-Mitteln. Bekanntmachungen des Bundesministeriums für Wirtschaft, Bundesanzeiger Nr. 63 vom 04.04.1991.

Bund

ERP-Abfallwirtschaftsprogramm (Deutsche Ausgleichsbank)

Für: Unternehmen der gewerblichen Wirtschaft (bevorzugt kleine und mittlere Unternehmen).

Förderung: Investitionen zur (z.B. energetischen) Abfallverwertung, Abfallbeseitigung und -vermeidung.

Zinsgünstige Darlehen bis zu 50% der förderungsfähigen Kosten zu folgenden Konditionen (Angaben in Klammern betreffen die neuen Bundesländer):

- Zinssatz 6,5% (6,25%) p.a. (Stand: 01.06.1993);
- Laufzeit bis 15 (20) Jahre, davon höchstens 2 (5) tilgungsfreie Jahre;
- Auszahlung 100%;
- Höchstbetrag 1 Mio. DM (kann ggf. überschritten werden).

Darüber hinaus besteht die Möglichkeit einer 40%-igen Haftungsfreistellung der durchleitenden Bank je Einzelkredit bis zu 1 Mio. DM für Vorhaben in den neuen Bundesländern und in Berlin/Ost.

Kumulation: Keine Angabe.

Besondere Hinweise: Es wird empfohlen, vor Antragstellung die jeweils aktuellen Konditionen zu erfragen.

Informationsmaterial: Broschüre der Deutschen Ausgleichsbank "Programme, Richtlinien, Merkblätter".

Informations- und Antragstelle(n):
Deutsche Ausgleichsbank
Postfach 20 04 48
Wielandstraße 4
D-53134 Bonn
Tel.: 0228/831-2398, -2549, -2352
Fax: 0228/831-255

Antragstellung: Mit Vordruck "Darlehensantrag für Umweltprogramme" (2AV-050 10/92 mit grünem Rand); Bei jedem Kreditinstitut.

Grundlage der Förderung: ERP-Darlehen zur Förderung von abfallwirtschaftlichen Investitionen (ERP-Abfallwirtschaftsprogramm der Deutschen Ausgleichsbank) in Verbindung mit den allgemeinen Bedingungen für die Vergabe von ERP-Mitteln. Bekanntmachungen des Bundesministeriums für Wirtschaft, Bundesanzeiger Nr. 63 vom 04.04.1991.

Bund

Kommunalkredit-Programm für die neuen Bundesländer (Deutsche Ausgleichsbank)

Für: Gemeinden; Landkreise; Gemeindeverbände; Zweckverbände; sonstige Körperschaften und Anstalten des öffentlichen Rechts; Eigengesellschaften kommunaler Gebietskörperschaften mit überwiegend kommunaler Trägerschaft n den neuen Bundesländern.

Förderung: Finanzierung von kommunalen Sachinvestitionen, insbesondere zur Verbesserung der wirtschaftlichen Infrastruktur im Gebiet der früheren DDR, u.a. mit den Schwerpunkten:

- kommunale Umweltschutzmaßnahmen der Abfallwirtschaft;
- Energieeinsparung;
- Gewerbeflächenerschließung;
- Stadt- und Dorferneuerung.

Kredite i.d.R. bis zu 2/3 des Investitionsbetrages zu folgenden Konditionen:

- Laufzeit von bis zu 30 Jahren;
- Auszahlung 100%;
- Tilgung nach 5 tilgungsfreien Jahren in Halbjahresraten;
- Zinssatz: wird am Tag der Kreditauszahlung festgelegt (Zinssatzansage unter Tel. 0228/831-307), auf 10 Jahre fest, danach am Kapitalmarkt orientiert; Zinszahlungen erfolgen halbjährlich nachträglich.

Kumulation: Kredite aus diesem Programm können zusammen mit Eigenmitteln, Finanzzuweisungen und anderen öffentlichen Finanzierungshilfen bis zur Höhe des Gesamtfinanzierungsvolumens eingesetzt werden.

Besondere Hinweise: Keine Angabe.

Informationsmaterial: Keine Angabe.

Informations- und Antragstelle(n):

Deutsche Ausgleichsbank
Postfach 20 04 48
Wielandstraße 4
D-53134 Bonn
Tel.: 0228/8312-398, -2549, -2352
Fax: 0228/831-255

Deutsche Ausgleichsbank
Niederlassung Berlin
Sarrazinstraße 11-15
D-12159 Berlin
Tel.: 030/85085-0
Fax: 030/85085-299

Antragstellung: Mit Vordruck vor Beginn der Maßnahme bei der DtA.

Grundlage der Förderung: Kommunalkreditprogramm für die neuen Bundesländer und Berlin (Ost).

Bund

DtA-Umweltprogramm (ehem.: Ergänzungsprogramm III der Deutschen Ausgleichsbank)

Für: Kleine und mittlere Unternehmen der gewerblichen Wirtschaft; Freiberufler; Kommunale Wirtschaftsunternehmen; Gemeinden; Gemeindeverbände; Öffentlich-rechtliche Körperschaften und Anstalten.

Förderung: Investitionen im Bereich des Umweltschutzes in der Bundesrepublik Deutschland.

Vorhaben zur Vermeidung oder Verminderung von Umweltbelastungen - präventiver, integrierter Umweltschutz - werden bevorzugt gefördert. Die Maßnahmen müssen geeignet sein, Umweltbelastungen auf Dauer deutlich zu verringern.

Die Deutsche Ausgleichsbank (DtA) fördert insbesondere Vorhaben, die der Zielsetzung des ERP-Abfallwirtschafts-, Abwasserreinigungs-, Luftreinhaltungs- und Energiesparprogramms entsprechen oder vom Bundesministerium für Umwelt, Naturschutz und Reaktorsicherheit als förderungswürdige Modellvorhaben anerkannt sind.

Zinsgünstige Darlehen bis zu 75% der Investitionssumme; Auszahlung 98%. Bei Antragstellern aus den alten Bundesländern wird eine Bereitstellungsprovision von 0,25% pro Monat erhoben, wenn die Darlehen nicht fristgerecht abgerufen werden.

- Bei einer Laufzeit bis zu 20 Jahren: 3 tilgungsfreie Jahre; Zinssatz: Nominalzins 5,9% p.a., Effektivzins 6,45% p.a., für die ersten 10 Jahre fest, anschließend unterschiedlich lange Zins- und Laufzeit-Festschreibungszeiträume, ab 2 Jahre Mindestlaufzeit.
- Bei einer Laufzeit bis zu 10 Jahren: 2 tilgungsfreie Jahre; Zinssatz: Nominalzins 5,9% p.a., Effektivzins 6,45% p.a. für die gesamte Laufzeit fest.

Darüber hinaus besteht die Möglichkeit einer 40%-igen Haftungsfreistellung der durchleitenden Bank je Einzelkredit bis zu 1 Mio. DM für Vorhaben in den neuen Bundesländern und in Berlin/Ost.

Kumulation: In Kombination mit einem der ERP-Umweltprogramme beträgt das Darlehen max. 75% der Investitionssumme.

Besondere Hinweise: Es wird empfohlen, vor Antragstellung die jeweils aktuellen Konditionen zu erfragen.

Informationsmaterial: Keine Angabe.

Bund

DtA-Umweltprogramm (ehem.: Ergänzungsprogramm III der Deutschen Ausgleichsbank)
(Fortsetzung)

Informations- und Antragstelle(n):

Deutsche Ausgleichsbank
Postfach 20 04 48
Wielandstraße 4
D-53134 Bonn
Tel.: 0228/831-2398, -2549, -2352
Fax: 0228/831-255

Deutsche Ausgleichsbank
Niederlassung Berlin
Sarrazinstraße 11-15
D-12159 Berlin
Tel.: 030/85085-0

Antragstellung: Mit Vordruck "Darlehensantrag für Umweltprogramme" (2AV-050 10/92 mit grünem Rand).

Grundlage der Förderung: DtA-Umweltprogramm (ehem.: Ergänzungsprogramm III der Deutschen Ausgleichsbank zur Finanzierung von Umweltschutzmaßnahmen).

Bund

Umweltschutz-Bürgschaftsprogramm (Deutsche Ausgleichsbank)

Für: Kleine und mittlere Unternehmen der gewerblichen Wirtschaft.

Förderung: Investitionen zur Herstellung innovativer umweltfreundlicher Produkte und Produktionsanlagen. Förderfähig sind Anlauf- und Markteinführungskosten inklusive.

Haftungsfreistellung in Höhe von 80% des Kreditbetrages. Die Höhe des Kreditbetrages ist auf 80% der Investitionssumme, max. 1 Mio. DM begrenzt. Laufzeit bis 12 Jahre, davon bis zu 3 Freijahren.

Voraussetzung ist, daß die Produkte von den Herstellern bereits bis zur Marktreife entwickelt wurden und daß für diese Produkte nachhaltige Vermarktungschancen bestehen.

Kumulation: Keine Angabe.

Besondere Hinweise: Es wird empfohlen, vor Antragstellung die jeweils aktuellen Konditionen zu erfragen. Laufzeit bis 31.12.1997.

Informationsmaterial: Keine Angabe.

Informations- und Antragstelle(n):

Deutsche Ausgleichsbank
Postfach 20 04 48
Wielandstraße 4
D-53134 Bonn
Tel.: 0228/831-2398, -2549, -2352
Fax: 0228/831-255

Antragstellung: Vordruck "Darlehensantrag für Umweltprogramme" (2AV-050 10/92 mit grünem Rand).

Grundlage der Förderung: Umweltschutz-Bürgschaftsprogramm (Haftungsfreistellung bei Darlehen aus dem DtA-Umweltprogramm zur Förderung von Herstellern innovativer Umweltschutztechnik).

Bund

DtA-Umweltprogramm mit Zinszuschuß des BMU bzw. KfW/BMU-Programm "Demonstrationsvorhaben zur Verminderung von Umweltbelastungen"

Für: Unternehmen der gewerblichen Wirtschaft; Natürliche und juristische Personen des privaten Rechts; Gemeinden; Kreise; Gemeindeverbände; Körperschaften und Anstalten des öffentlichen Rechts; Eigengesellschaften kommunaler Gebietskörperschaften; Zweckverbände.

Förderung: Das Bundesministerium für Umwelt, Naturschutz und Reaktorsicherheit (BMU) fördert Investitionen mit Demonstrationscharakter zur Verminderung von Umweltbelastungen mit Zinszuschüssen auf Darlehen der Deutschen Ausgleichsbank (DtA) aus dem DtA-Umweltprogramm sowie auf Darlehen der Kreditanstalt für Wiederaufbau (KfW).

1. Zuständigkeitsbereich der DtA:

Im Rahmen des DtA-Umweltprogramms mit Zinszuschuß des BMU werden Demonstrationsvorhaben im großtechnischen Maßstab, u.a. zur Abfallverwertung, rationellen Energieverwendung und Nutzung erneuerbarer Energiequellen gefördert.

2. Zuständigkeitsbereich der KfW:

Im Rahmen des KfW/BMU-Programms werden modellhafte Anlagen und Verfahren in den Bereichen Luftreinhaltung, umweltfreundliche Energieversorgung und -verteilung, Bodenschutz sowie Abwasserreinigung/Wasserbau gefördert.

Die Konditionen sind für beide Zuständigkeitsbereiche gleich:

- Zinsgünstiges Darlehen bis zu 70% der förderungsfähigen Kosten, ohne Höchstbetrag;
- Laufzeit: Bis zu 30 Jahre, davon bis zu 5 tilgungsfreie Anlaufjahre entsprechend der jeweiligen Darlehensverwendung;
- Auszahlung: 98%;
- Bereitstellungsprovision: 0,25% p.M. beginnend ein Monat nach dem Zusagedatum für noch nicht ausgezahlte Kreditbeträge;
- Zinssatz: z.Z. 6,5% p.a. (Stand: 01.06.1993).

Das Bundesministerium für Umwelt, Naturschutz und Reaktorsicherheit (BMU) verbilligt diesen ohnehin schon günstigen Zinssatz für die Darlehen aus dem DtA- bzw. dem KfW-Umweltprogramm für die ersten fünf Jahre um weitere i.d.R. 5% p.a. Nach Ablauf der fünf Jahre gelten die zum Zeitpunkt der Kreditzusage bestehenden Zinskonditionen aus dem DtA- bzw. dem KfW-Umweltprogramm. Nach Ablauf von zehn Jahren gelten Kapitalmarktkonditionen.

Kumulation: Keine Angabe.

Bund

DtA-Umweltprogramm mit Zinszuschuß des BMU bzw. KfW/BMU-Programm "Demonstrationsvorhaben zur Verminderung von Umweltbelastungen" (Fortsetzung)

Besondere Hinweise: Hat das BMU einen Zinszuschuß gebilligt, erfolgt die weitere Antragsprüfung je nach Zuständigkeitsbereich durch die DtA bzw. durch die KfW. In Ausnahmefällen kann das BMU auch Zuschüsse zu den Investitionskosten gewähren.

Informationsmaterial: Keine Angabe.

Informations- und Antragstelle(n):

Antragstelle:

Umweltbundesamt (UBA)
Bismarckplatz 1
D-13585 Berlin
Tel.: 030/8903-0
Fax: 030/8903-2285

Deutsche Ausgleichsbank
Postfach 20 04 48
Wielandstraße 4
D-53134 Bonn
Tel.: 0228/831-2398
Fax: 0228/831-255

Kreditanstalt für Wiederaufbau
Postfach 11 11 41
Palmengartenstraße 5-9
D-60046 Frankfurt am Main
Tel.: 069/7431-0
Fax: 069/7431-2944

Bewilligungsstelle:

Bundesministerium für Umwelt,
Naturschutz und Reaktorsicherheit
Postfach 12 06 29
Kennedyallee 5
D-53175 Bonn
Tel.: 0228/305-2240

Deutsche Ausgleichsbank
Niederlassung Berlin
Sarrazinstraße 11-15
D-12159 Berlin
Tel.: 030/85985-0

Kreditanstalt für Wiederaufbau
Büro Berlin
Internationales Handelszentrum
Friedrichstraße 95
D-10117 Berlin
Tel.: 030/26 43 20 65
Fax: 030/26 43 20 84

Antragstellung: Auf amtlichem Antragsformlar an das Umweltbundesamt.

Grundlage der Förderung: Richtlinien des Bundesministers für Umwelt, Naturschutz und Reaktorsicherheit zur Förderung von Investitionen mit Demonstrationscharakter zur Verminderung von Umweltbelastungen vom 11.11.1991, in Verbindung mit den entsprechenden Merkblättern der DtA und der KfW.

Bund

KfW-Modernisierungsprogramm für die neuen Bundesländer

Für: Private; Unternehmen; Gemeinden; Kreise; Gemeindeverbände; Zweckverbände; sonstige Körperschaften und Anstalten des öffentlichen Rechts.

Förderung: Modernisierung und Instandsetzung von vermietetem und eigengenutztem Wohnraum, Schaffung neuer Mietwohnungen durch Um- und Ausbaumaßnahmen an bestehenden Gebäuden (u.a. zur Energieeinsparung, Heizungsmodernisierung, Wärmedämmung) und speziell Investitionen an industriell gefertigten Mietwohnungsbauten ("Plattenbauten") in den neuen Ländern und Berlin (Ost). Zinsgünstige Kredite bis zu 500,- DM/m^2 Wohnfläche zu folgenden Konditionen:

- Zinssatz 5% p.a., bei "Plattenbauten" 4% p.a. (Stand: 09.09.1993), fest für die ersten 10 Jahre, danach Kapitalmarktkonditionen;
- Auszahlung 100%;
- Laufzeit 25 Jahre, davon 5 Jahre tilgungsfrei;
- Rückzahlung in gleichen Halbjahresraten.

Darüber hinaus besteht die Möglichkeit einer 40%-igen Haftungsfreistellung der durchleitenden Bank je Einzelkredit bis zu 1 Mio. DM für Vorhaben in den neuen Bundesländern und in Berlin (Ost).

Kumulation: Nur bei Förderung des Denkmalschutzes sowie der Stadt- und Dorferneuerung, die sich ausschließlich auf die Gebäudeumhüllung bezieht, zulässig.

Besondere Hinweise: Keine Angabe.

Informationsmaterial: KFW-Merkblatt.

Informations- und Antragstelle(n):

Kreditanstalt für Wiederaufbau
Postfach 11 11 41
Palmengartenstraße 5-9
D-60046 Frankfurt am Main
Tel.: 069/7431-0
Fax: 069/7431-2944

Kreditanstalt für Wiederaufbau
Büro Berlin
Internationales Handelszentrum
Friedrichstraße 95
D-10117 Berlin
Tel.: 030/26 43 20 65
Fax: 030/26 43 20 84

Antragstellung: Privatpersonen und Unternehmen in privater Rechtsform mit dem Formular "KfW 141660" über ein Kreditinstitut, öffentlich-rechtliche Antragsteller mit dem Formular "KfW 141831" direkt bei der KfW.

Grundlage der Förderung: KfW-Wohnraum-Modernisierungsprogramm. Finanzierung von Investitionen im Wohnungsbau in den fünf neuen Ländern und Berlin (Ost), Programmnummer 121 und Finanzierung von Investitionen an industriell gefertigten Mietwohnungsbauten in den fünf neuen Ländern und Berlin (Ost) ("Plattenbauten"), Programmnummer 122.

Bund

KfW-Mittelstandsprogramm für die gewerbliche Wirtschaft

Für: In- und ausländische Unternehmen der gewerblichen Wirtschaft im mehrheitlichen Privatbesitz und Unternehmen im mehrheitlichen Besitz der Treuhandanstalt bis 1 Mrd. DM Jahresumsatz.; Freiberufler.

Förderung: Investitionen in der BRD, die eine langfristige Mittelbereitstellung benötigen, u.a. innovative Vorhaben und solche der rationellen Energieverwendung. Der Finanzierungsanteil beträgt bei Unternehmen mit einem Jahresumsatz (einschließlich verbundener Unternehmen) unter 100 Mio. DM bis zu 75%, bei Unternehmen mit einem Jahresumsatz von 100 Mio. DM und mehr bis zu zwei Dritteln des Investitionsbetrages. Kredite bis zu 10 Mio. DM (bei Unternehmen mit einem Jahresumsatz bis 100 Mio. DM auch mehr) zu folgenden Konditionen:

- Zinssatz: Für Investitionen in den alten Ländern 5,75% p.a., in den neuen 5,5% p.a., fest für die gesamte Laufzeit (Stand: September 1993);
- Laufzeit: 10 Jahre bei 2 tilgungsfreien Anlaufjahren;
- Auszahlung: 96%;
- Zusageprovision: 0,25% p.M.
- Tilgung nach Ablauf der tilgungsfreien Jahre in halbjährlichen Raten.
- Vom Kreditnehmer sind banktübliche Sicherheiten zu stellen.

Bei Krediten bis zu 1 Mio. DM in die neuen Bundesländer und Berlin (Ost), ist eine 40%-ige Haftungsfreistellung der durchleitenden Bank möglich, die für die gesamte Laufzeit oder für die Dauer von fünf Jahren festgelegt werden kann.

Kumulation: Kombination mit anderen Förderkrediten der KfW ist möglich.

Besondere Hinweise: Es wird empfohlen, vor Antragstellung die jeweils aktuellen Konditionen zu erfragen.

Informationsmaterial: Merkblatt der Kreditanstalt für Wiederaufbau.

Informations- und Antragstelle(n):

Kreditanstalt für Wiederaufbau
Postfach 11 11 41
Palmengartenstraße 5-9
D-60046 Frankfurt am Main
Tel.: 069/7431-0
Fax: 069/7431-2944

Antragstellung: Mit KfW-Formblatt 141660 und statistischem Beiblatt 141661 unter Angabe der Programmnummer 010 vor Maßnahmebeginn bei der Hausbank.

Grundlage der Förderung: KfW-Mittelstandsprogramm (Investitionskredite für kleine und mittlere Unternehmen der gewerblichen Wirtschaft).

Bund

KfW-Umweltprogramm für die gewerbliche Wirtschaft

Für: In- und ausländische Unternehmen der gewerblichen Wirtschaft; Unternehmen, die sich noch mehrheitlich im Besitz der Treuhandanstalt befinden; Freiberufler.

Förderung: Investitionen in der BRD zur Verbesserung der Umweltbedingungen, durch Vermeidung von Luftverschmutzung, Verbesserung der Abfallbeseitigung und -behandlung sowie Energieeinsparung und Nutzung regenerativer Energiequellen. Zinsgünstige Kredite bis zu 75% des Investitionsbetrags, i.d.R. max. 10 Mio. DM, für Unternehmen bis 100 Mio. DM Jahresumsatz (einschließlich Umsatz verbundener Unternehmen), bis zu 2/3 des Investitionsbetrags für Unternehmen mit einem Jahresumsatz von 100 Mio. DM oder mehr, zu folgenden Konditionen:

- Zinssatz: 5,5% p.a. (Stand: 01.09.1993), fest für die gesamte Laufzeit;
- Auszahlung: 96%;
- Laufzeit bis zu 10 Jahren bei höchstens 2 tilgungsfreien Jahren;
- Tilgung nach Ablauf der tilgungsfreien Anlaufjahre in gleichen Halbjahresraten;
- Zusageprovision: 0,25% p.M. ab ein Monat nach Zusagedatum.
- Vom Kreditnehmer sind banktübliche Sicherheiten zu stellen.

Darüber hinaus besteht die Möglichkeit einer 40%-igen Haftungsfreistellung der durchleitenden Bank je Einzelkredit bis zu 1 Mio. DM für Vorhaben in den neuen Bundesländern und in Berlin (Ost).

Kumulation: Kombination mit anderen Förderkrediten der KfW ist möglich.

Besondere Hinweise: Es wird empfohlen, vor Antragstellung die jeweils aktuellen Konditionen zu erfragen.

Informationsmaterial: Broschüre "Kreditprogramme für die gewerbliche Wirtschaft und für Kommunen". Zu beziehen bei der Kreditanstalt für Wiederaufbau

Informations- und Antragstelle(n):

Kreditanstalt für Wiederaufbau
Postfach 11 11 41
Palmengartenstraße 5-9
D-60046 Frankfurt am Main
Tel.: 069/7431-0
Fax: 069/7431-2944

Kreditanstalt für Wiederaufbau
Büro Berlin
Internationales Handelszentrum
Friedrichstraße 95
D-10117 Berlin
Tel.: 030/26432065
Fax: 030/26432084

Antragstellung: Mit KfW-Formular 141660 und statistischem Beiblatt 141661 unter Angabe der Programmnummer 020 vor Maßnahmebeginn bei der Hausbank.

Grundlage der Förderung: KfW-Umweltprogramm (Investitionskredite für Umweltschutzmaßnahmen der gewerblichen Wirtschaft).

Bund

KfW/BMFT-FuE-Darlehensprogramm

Für: Unternehmen der gewerblichen Wirtschaft; Freiberufler; Unternehmen der Treuhandanstalt.

Förderung: Anwendung neuer Technologien im Rahmen von Forschungs- und Entwicklungsvorhaben zur Entwicklung neuer Produkte, Verfahren oder Dienstleistungen.

Zinsgünstige Darlehen bis zu 80% der förderfähigen Kosten zu folgenden Konditionen:

- Höchstbetrag: 3 Mio. DM;
- Zinssatz: 5% (Stand: 01.09.1993), fest für die gesamte Laufzeit;
- Laufzeit bis 10 Jahre, bei höchstens zwei tilgungsfreien Jahren;
- Auszahlung: 100%.

Kumulation: Gleichzeitige Förderung mittels Darlehen aus anderen Programmen zulässig, mittels Zuschuß jedoch ausgeschlossen.

Besondere Hinweise: Das Kreditinstitut kann zwischen voller Haftungsübernahme und teilweiser Haftungsfreistellung wählen. Die Haftungsfreistellung erfolgt für Vorhaben mit dem Investitionsort in den neuen Bundesländern und Berlin (Ost) in Höhe von 75%, mit dem Investitionsort im übrigen Bundesgebiet in Höhe von 50%.

Informationsmaterial: Merkblatt "KfW/BMFT-FuE-Darlehensprogramm".

Informations- und Antragstelle(n):

Kreditanstalt für Wiederaufbau
Postfach 11 11 41
Palmengartenstraße 5-9
D-60046 Frankfurt am Main
Tel.: 069/7431-0
Fax: 069/7431-2944

Kreditanstalt für Wiederaufbau
Büro Berlin
Internationales Handelszentrum
Friedrichstraße 95
D-10117 Berlin
Tel.: 030/26 43 20 65

Antragstellung: Mit Formular "KfW 141660" und statistischem Beiblatt "KfW 141661", unter Angabe der Programmnummer 108, über die Hausbank.

Grundlage der Förderung: KfW/BMFT-FuE-Darlehensprogramm für kleine Unternehmen zur Anwendung neuer Technologien.

Bund

**Sonderkreditprogramm für die Landwirtschaft
(Landwirtschaftliche Rentenbank)**

Für: Landwirtschaftliche Unternehmen; Fisch- und Forstwirte (Eigentümer oder Pächter); Gartenbauunternehmen.

Förderung: Zinsgünstige Darlehen (fünf Kredittypen) bis zu 300.000,- DM u.a. für Investitionen in landwirtschaftlichen Betrieben einschließlich Wohngebäuden. Die Investitionen sollen der nachhaltigen Existenzsicherung, der Modernisierung und Rationalisierung sowie der Verbesserung der Produktions- und Arbeitsbedingungen und Maßnahmen des Umwelt- und Tierschutzes sowie der Energieeinsparung dienen. Dazu gehören auch Beteiligungsfinanzierungen wie z.B. an Kartoffelstärke- und Zuckerfabriken sowie Nachfinanzierungen bereits geförderter Maßnahmen im Rahmen der sonstigen Voraussetzungen und Höchstbeträge. Ausgenommen bleiben Betriebe oder Betriebsteile, aus denen Einkünfte aus Gewerbebetrieb erzielt werden.

Kumulation: Die Sonderkredite dürfen öffentliche Darlehen und zinsverbilligte Kredite ergänzen. Zinszuschüsse aus öffentlichen Mitteln dürfen für die Sonderkredite in Anspruch genommen werden.

Besondere Hinweise: Für Antragsberechtigte aus den neuen Bundesländern ist die Alterskassenzugehörigkeit zur Zeit noch keine Zugangsvoraussetzung.

Informationsmaterial: Keine Angabe.

Informations- und Antragstelle(n):

> Landwirtschaftliche Rentenbank
> Postfach 10 14 45
> Hochstraße 2
> D-60014 Frankfurt am Main
> Tel.: 069/2107-0
> Fax: 069/2107-444

Antragstellung: Über Hausbank oder Sparkasse an die Landwirtschaftliche Rentenbank.

Grundlage der Förderung: Sonderkreditprogramm für die Landwirtschaft (Stand: 12.08.1993).

Bund

Sonderkreditprogramm Junglandwirte (Landwirtschaftliche Rentenbank)

Für: Landwirtschaftliche Unternehmer (bis 40 Jahre); Fisch- und Forstwirte (Eigentümer oder Pächter, bis 40 Jahre); Gartenbauunternehmer (bis 40 Jahre).

Förderung: Zinsgünstige Darlehen bis zu 350.000,- DM je Betrieb für u.a. Investitionen in landwirtschaftlichen Betrieben einschließlich Wohngebäuden. Die Investitionen sollen der nachhaltigen Existenzsicherung, der Modernisierung und Rationalisierung, der Verbesserung der Produktions- und Arbeitsbedingungen, Maßnahmen des Umwelt- und Tierschutzes sowie der Energieeinsparung dienen. Dazu gehören auch Beteiligungsfinanzierungen wie z.B. Kartoffelstärke- und Zuckerfabriken sowie Nachfinanzierungen bereits geförderter Maßnahmen im Rahmen der sonstigen Voraussetzungen und Höchstbeträge. Ausgenommen bleiben Betriebe oder Betriebsteile, aus denen Einkünfte aus Gewerbebetrieb erzielt werden.

Kumulation: Die Sonderkredite dürfen öffentliche Darlehen und zinsverbilligte Kredite ergänzen. Zinszuschüsse aus öffentlichen Mitteln dürfen für die Sonderkredite in Anspruch genommen werden.

Besondere Hinweise: Keine Angabe.

Informationsmaterial: Keine Angabe.

Informations- und Antragstelle(n):

Landwirtschaftliche Rentenbank
Postfach 10 14 45
Hochstraße 2
D-60014 Frankfurt am Main
Tel.: 069/2107-0
Fax: 069/2107-444

Antragstellung: Über Hausbank oder Sparkasse an die Landwirtschaftliche Rentenbank.

Grundlage der Förderung: Sonderprogramm Junglandwirte der Landwirtschaftlichen Rentenbank (Stand: 12.08.1993).

Bund

Gemeinschaftsaufgabe Verbesserung der Agrarstruktur und des Küstenschutzes

Für: Landwirtschaftliche Betriebe (Haupt- und Nebenerwerbslandwirte).

Förderung: Investitionen zur gezielten Energieeinsparung im Wirtschaftsteil landwirtschaftlicher Betriebe:
- Wärmedämmungsmaßnahmen und Regeltechnik;
- Umstellung der Heizanlagen von Heizöl auf Fernwärme;
- bei Unterglasgartenbaubetrieben: von Heizöl auf Kohle oder Gas;
- Wärmerückgewinnungsanlagen;
- Feuerungsanlagen für Holz und Stroh.

Eingetragene Genossenschaften oder gleichartige Vereinigungen werden als Träger von Trocknungsanlagen gefördert.

Die Förderhöchstgrenze beträgt innerhalb von 6 Jahren 140.000,- DM je Arbeitskraft und 250.000,- DM je Unternehmen.

Kumulation: Mehrfachförderung nicht zulässig gleichzeitig und zusätzlich zu Investitionshilfen aus demselben Gesetz oder nach dem Bundesvertriebenen- oder Flüchtlingsgesetz.

Besondere Hinweise: Es gelten gegebenenfalls die besonderen Regelungen des jeweiligen Bundeslandes.

Informationsmaterial: Keine Angabe.

Informations- und Antragstelle(n):

Bundesministerium für Ernährung,
Landwirtschaft und Forsten (BML)
Postfach 14 02 70
Rochusstraße 1
53004 Bonn
Tel.: 0228/529-3641

Antragstellung: Mit Formular.

Grundlage der Förderung: Gemeinschaftsaufgabe Verbesserung der Agrarstruktur und des Küstenschutzes, Gesetz vom 03.09.1964 (BGBl I S. 1673).

Bund

Energieeinsparung/Energieträgerumstellung in der Landwirtschaft im Rahmen der Gemeinschaftsaufgabe "Verbesserung der Agrarstruktur und des Küstenschutzes" (Neue Bundesländer)

Für: Einzelbetriebe (Familienbetriebe) mit Land- und Forstwirtschaft, Gartenbau oder Binnenfischerei im Haupt- und Nebenerwerb; Land- und forstwirtschaftliche, gärtnerische oder binnenfischereiwirtschaftliche Genossenschaften, Kapital- oder Personengesellschaften; Juristische Personen, die einen land- und forstwirtschaftlichen Betrieb bewirtschaften und unmittelbar kirchliche, gemeinnützige oder mildtätige Zwecke verfolgen.

Förderung: Maßnahmen zur Energieeinsparung, Energieträgerumstellung, Nutzung umweltverträglicher und kostengünstiger Energiearten, soweit diese zum Schutz und zur Verbesserung der Umwelt beitragen und nicht zu einer Produktionssteigerung führen.

1. Investitionen für bauliche und technische Wärmedämmungsmaßnahmen und Regeltechnik in
   - beheizten Ställen, Bruträumen und Fischzuchtanlagen sowie zugehörigen Produktionsnebengebäuden,
   - beheizten Trocknungsanlagen für pflanzliche Erzeugnisse der Landwirtschaft,
   - beheizten Gewächshäusern und sonstigen beheizten gartenbaulichen Kulturräumen, einschließlich der Modernisierung der Heizungsanlagen.

2. Investitionen zur Umstellung der Heizungsanlagen von Rohbraunkohle auf umweltverträglichere Energieträger.

3. Investitionen zum Einbau von Umweltschutzeinrichtungen (z.B. Rauchgasreinigungsanlagen) in vorhandenen Energiewandlungsanlagen.

4. Rationelle Energieverwendung und Erneuerbare Energiequellen
   - Wärmerückgewinnungssysteme;
   - Wärmepumpen;
   - Solaranlagen;
   - Biomasseanlagen;
   - Windkraftanlagen;
   - Erneuerung von Kleinwasserkraftanlagen.

Der Zuschuß beträgt für Solar-, Biomasse und Windkraftanlagen sowie für die Erneuerung von Kleinwasserkraftanlagen 40%, für alle übrigen Maßnahmen 30% des förderfähigen Investitionsvolumens von max. 3,5 Mio. DM. Berechnungsgrundlage ist das um die Eigenleistungen von mindestens 10% verminderte förderungsfähige Investitionsvolumen.

Bund

Energieeinsparung/Energieträgerumstellung in der Landwirtschaft im Rahmen der Gemeinschaftsaufgabe "Verbesserung der Agrarstruktur und des Küstenschutzes" (Neue Bundesländer)
(Fortsetzung)

Von der Förderung sind ausgeschlossen die Investitionen nur im Wohnungsbreich sowie in der Verarbeitung landwirtschaftlicher Erzeugnisse.

Kumulation: Eine Förderung nach diesen Grundsätzen kann gleichzeitig und zusätzlich nach den Grundsätzen für die Förderung zur Wiedereinrichtung und Modernisierung bäuerlicher Familienbetriebe im Haupterwerb, des Agrarkreditprogrammms und für die Gewährung von Hilfen zur Umstrukturierung landwirtschaftlicher Unternehmen sowie für neugegründete landwirtschaftliche Unternehmen in Form juristischer Personen und Personengesellschaften gewährt werden. Dabei darf das förderungsfähige Investitionsvolumen von insgesamt 3,5 Mio. DM je Unternehmen nicht überschritten werden.

Besondere Hinweise: Keine Angabe.

Informationsmaterial: Keine Angabe.

Informations- und Antragstelle(n):

Information:
Bundesministerium für Ernährung,
Landwirtschaft und Forsten (BML)
Postfach 14 02 70
Rochusstraße 1
D-53004 Bonn
Tel.: 0228/529-3641

Antragstelle:
Umweltbundesamt (UBA)
Bismarckplatz 1
D-13585 Berlin
Tel.: 030/8903-0
Fax: 030/8903-2285

Antragstellung: Mit Formular.

Grundlage der Förderung: Grundsätze für die neuen Bundesländer für die Förderung von Maßnahmen zur Energieeinsparung und Energieträgerumstellung im Rahmen der Gemeinschaftsaufgabe Verbesserung der Agrarstruktur und des Küstenschutzes, veröffentlicht als Bundestagsdrucksache 12/4207.

Bund/Deutsche Bundesstiftung Umwelt
Rationelle Energieverwendung/Erneuerbare Energiequellen

Für: Natürliche und juristische Personen des privaten und öffentlichen Rechts.

Förderung: Die Deutsche Bundesstiftung Umwelt fördert Vorhaben zum Schutz der Umwelt unter besonderer Berücksichtigung der mittelständischen Wirtschaft. Sie soll hauptsächlich außerhalb der staatlichen Förderprogramme tätig werden, kann diese jedoch ergänzen.

In ihrem Förderbereich 3 fördert die Stiftung Technologien zur rationellen Energienutzung und die umweltgerechte Erschließung und Nutzung erneuerbarer Energien. Die Höhe des Zuschusses, bzw. in Ausnahmefällen des Darlehens oder der Bürgschaft, wird im Einzelfall festgelegt.

Kumulation: I.d.R. nicht zulässig.

Besondere Hinweise: Keine Angabe.

Informationsmaterial: Keine Angabe.

Informations- und Antragstelle(n):

Deutsche Bundesstiftung Umwelt
Postfach 17 05
Im Nahner Feld 1
D-49007 Osnabrück
Tel.: 0541/9522-0
Fax: 0541/952 21 90

Antragstellung: Formlos an die Bundesstiftung Umwelt.

Grundlage der Förderung: Vorläufige Leitlinien für die Förderung durch die Deutsche Bundesstiftung Umwelt vom Dezember 1991.

Bund

Städtebauförderung

Für: Gemeinden; Gemeindeverbände.

Förderung: Städtebauliche Sanierungs- und Entwicklungsmaßnahmen als Einheit: Modernisierungs- und Instandsetzungsarbeiten; Neu- und Ersatzbauten; Gemeinbedarfs- und Folgeeinrichtungen; Maßnahmen im Bereich der Erschließung; Bauliche Verbesserungen im gewerblichen Bereich; Umweltschutz und Stadtökologie; Städtebauliche Dorferneuerung.

Direkte Förderung; steuerliche Erleichterung.

Kumulation: Keine Angabe.

Besondere Hinweise: Keine Angabe.

Informationsmaterial: Keine Angabe.

Informations- und Antragstelle(n): Zuständiger Regierungspräsident.

Antragstellung: Keine Angabe.

Grundlage der Förderung: Baugesetzbuch (BauGB) in der Fassung der Bekanntmachung vom 08.12.1986, BGBl I S. 2253 - § 245 Abs. 11 in Verbindung mit §38, Abs. 2, Satz 2 und 3, §§ 39,40,41 Abs. 1-3, § 43 Abs. 3 und 4 und §§ 44-49 und 58 des Städtebauförderungsgesetzes in der zwischen Bund und Ländern abgeschlossenen Verwaltungsvereinbarung sowie insbesondere in den Förderrichtlinien der Länder, die inhaltlich darauf abgestimmt sind.

Bund

Modernisierung und Instandsetzung von Wohnungen in den neuen Bundesländern

Für: Private; Unternehmen; Öffentlich-Rechtliche Antragsteller.

Förderung: Modernisierungs- und Instandsetzungsmaßnahmen, u.a. zur Energieeinsparung, Heizungsmodernisierung, Wärmedämmung.

Die Förderung erfolgt entweder als zinsgünstiges Darlehen oder als Zuschuß. Zuschuß von 20% der Aufwendungen von max. 500,- DM/m².

Es handelt sich um ein Rahmenprogramm des Bundes, dessen Durchführung den Ländern obliegt. Alle fünf neuen Bundesländer und das Land Berlin haben hierfür Richtlinien erlassen, die die hier genannten allgemeinen Bestimmungen im Einzelfall ergänzen können.

Kumulation: Keine Angabe.

Besondere Hinweise: Siehe auch die entsprechenden Modernisierungs- und Instandsetzungsprogramme der Länder in Kapitel 4 der Förderfibel Energie.

Informationsmaterial: Broschüre des Bundesministeriums für Raumordnung, Bauen und Städteplanung "So hilft der Staat beim Bauen", Bonn 1991.

Informations- und Antragstelle(n): Informations- und Bewilligungsstellen listet die oben genannte Broschüre auf. Sie ist zu beziehen vom:

Bundesministerium für Raumordnung,
Bauwesen und Städtebau
Deichmannsaue 31-37
D-53179 Bonn
Tel.: 0228/337-0
Fax: 0228/337-3060

Antragstellung: Keine Angabe.

Grundlage der Förderung: Verwaltungsvereinbarung zwischen dem Bund und den neuen Bundesländern über die Modernisierung und Instandsetzung von Wohnungen sowie über den Sozialen Wohnungsbau.

Bund

Fernwärme-Sanierungsprogramm für die neuen Bundesländer

Für: Natürliche und juristische Personen des privaten und öffentlichen Rechts, die verfügungsberechtigt über eine Fernwärmeversorgung sind.

Förderung: Sanierung fernwärmetypischer Einrichtungen in den neuen Bundesländern, einschließlich der dazu notwendigen Meß- und Regeltechnik mit den Schwerpunkten Kraft-Wärme-Kopplung und Hausübergabestationen.

1. Fernwärmeerzeugung
- Errichtung von Heizkraftwerken als Ersatz für Altanlagen;
- Errichtung von Heizwerken für den Fall, daß Kraft-Wärme-Kopplung ausscheidet;
- Effizienzverbesserung bei bestehenden Anlagen;
- Umbau bestehender Kraft- oder Heizwerke auf Kraft-Wärme-Kopplung;
- Vorrichtungen zur Auskopplung von Fernwärme aus bestehenden Anlagen.

2. Fernwärmeverteilung: Vollständige oder teilweise Erneuerung bestehender Wärmeverteilanlagen, einschließlich der Betriebstechnik.

3. Übergabestationen: Errichtung von Übergabestationen im Netz oder in Gebäuden als Ersatz bestehender Anlagen, einschließlich des zentralen Warmwasserbereitungsteils sowie der Meß- und Regelungstechnik in Hausübergabestationen.

Der Zuschuß wird je zur Hälfte vom Bund und dem jeweiligen Bundesland getragen. Er beträgt bis zu 35% der förderfähigen Kosten.

Kumulation: Eine kumulative Förderung von Projekten oder Teilvorhaben, die im Rahmen anderer Förderprogramme des Bundes finanziert werden, kommt nicht in Betracht. Investitionszulagen, Beihilfen oder sonstige Finanzierungsbeiträge aus öffentlichen Mitteln mindern den Zuschuß.

Besondere Hinweise: Das Fernwärme-Sanierungs-Programm ist ein Baustein des Gemeinschaftswerks "Aufschwung Ost". Die jährlichen Finanzhilfen des Bundes für das Sanierungsprogramm Fernwärmeversorgung im Beitrittsgebiet betragen 150 Mio. DM. Davon entfallen auf Berlin 23,2 Mio. DM, auf Brandenburg 23,4 Mio. DM, Mecklenburg-Vorpommern 17,3 Mio. DM, Sachsen 40,2 Mio. DM, Sachsen-Anhalt 26,6 Mio. DM und auf Thüringen 19,3 Mio. DM. In den Jahren 1993-1995 stellt jedes Land den gleichen Betrag aus eigenen Mitteln zusätzlich zur Verfügung.

Informationsmaterial: Keine Angabe.

Bund

Fernwärme-Sanierungsprogramm für die neuen Bundesländer (Fortsetzung)

Informations- und Antragstelle(n): Wirtschaftsministerien der Bundesländer.

Information:
Bundesministerium für Wirtschaft
Außenstelle Berlin
Unter den Linden 44-60
D-10117 Berlin
Tel.: 030/39985-0
Fax: 030/39985-250

Bundesministerium für Wirtschaft
Postfach 14 02 60
Villemombler Straße 76
D-53107 Bonn
Tel.: 0228/615-1
Fax: 0228/615-4436

Antragstellung: Vor Maßnahmenbeginn beim Wirtschaftsministerium des jeweiligen Bundeslandes.

Grundlage der Förderung: Verwaltungsvereinbarung zwischen der Bundesrepublik Deutschland und den Ländern Berlin, Brandenburg, Mecklenburg-Vorpommern, Sachsen, Sachsen-Anhalt und Thüringen über die Förderung von Investitionsvorhaben zur Sanierung der Fernwärmeversorgung im Beitrittsgebiet vom 19.12.1991, veröffentlicht im Bundesanzeiger, Nr. 239, S. 8318; Bekanntmachung über das Fernwärme-Sanierungsprogramm im Beitrittsgebiet (Verwaltungsvereinbarung zwischen Bund und den neuen Bundesländern sowie Berlin) vom 01.02.1993, veröffentlicht im Bundesanzeiger Nr. 28 (1993) vom 11.02.1993, S. 945-946.

Bund

3. Programm Energieforschung und Energietechnologien des BMFT

Für: Unternehmen; Forschungseinrichtungen; Universitäten.

Förderung: Das Programm umfaßt institutionelle Förderung, Förderung der Verbundforschung, direkte Projektförderung, indirekte Förderung und staatliche Risikobeteiligungen mit einer Förderquote von ca. 50% u.a. in folgenden Bereichen:

- Photovoltaik, Solarthermische Stromerzeugung, Rationelle Energieverwendung und Solarenergienutzung in Haushalten und im Kleinverbrauch;
- Windenergienutzung;
- Nutzungssysteme für südliche Klimabedingungen;
- Geothermie, Biomasse und andere Energiequellen;
- Rationelle Energieverwendung in der Energiewirtschaft, Fernwärme, Energiesparende Industrieverfahren, Energiespeicher;
- Wasserstoff.

Kumulation: Keine Angabe.

Besondere Hinweise: Es handelt sich um ein Rahmenprogramm, das durch spezifische Förderprogramme auszufüllen ist. Siehe hierzu auf den folgenden Seiten: Förderbekanntmachung Weiterentwicklung der Solarenergienutzung vom 15.04.1987; Richtlinie zur Förderung der Erprobung von Photovoltaikanlagen unter verschiedenen klimatischen Bedingungen (Eldorado-Programm-Sonne 2) vom 15.10.1991; Richtlinie zur Förderung der Erprobung von Windenergieanlagen 250 MW Wind vom 13.02.1991; Richtlinie zur Förderung der Erprobung von Windenergieanlagen unter verschiedenen klimatischen Bedingungen (Eldorado-Programm-Wind) vom 15.10.1991. Laufzeit: 1990 bis 1993.

Informationsmaterial: Broschüre "3. Programm Energieforschung und Energietechnologien", hrsg. vom BMFT, Bonn, Februar 1990.

Informations- und Antragstelle(n):

Bundesministerium für Forschung und Technologie (BMFT)
Referat 311
Postfach 20 02 40
Gustav-Heinemann-Straße 2
D-53132 Bonn
Tel.: 0228/59-1
Fax: 0228/59-3601

Forschungszentrum Jülich GmbH
Projektträger Biologie, Energie, Ökologie (BEO)
Postfach 19 13
D-52425 Jülich
Tel.: 02461/61-1
Fax: 02461/61-4437

Antragstellung: Keine Angabe.

Grundlage der Förderung: Drittes Programm Energieforschung und Energietechnologien des Bundesministers für Forschung und Technologie, vom Februar 1990.

Bund, Länder

250 MW Wind

Für: Natürliche und juristische Personen; Betreiber von Windkraftanlagen.

Förderung: Errichtung und Betrieb von Windenergieanlagen mit einer Leistung von mindestens 1 kW bei einer Windgeschwindigkeit von 10 m/sec. an geeigneten Standorten in der Bundesrepublik Deutschland. Die genauen Voraussetzungen sind der Richtlinie zu entnehmen.

- Betriebskostenzuschuß von 0,06 DM/kWh erzeugter Energie für eingespeisten bzw. 0,08 DM/KWh erzeugter Energie für selbstverbrauchten Strom, bis zu einer Obergrenze, die sich aus den vermiedenen Strombezugskosten, den erzielten Einspeisevergütungen und Zuschüssen von öffentlichen Händen errechnet, max. für 10 Jahre ab Inbetriebnahme, oder
- Investitionskostenzuschuß von bis zu 60% des Rechnungsbetrages, max. 90.000,- DM, für Anlagen, die nicht zu einem Betriebsvermögen der gewerblichen Wirtschaft gehören. Der Zuschuß errechnet sich nach der Formel: Zuschuß in DM = Nabenhöhe in Meter x Rotorkreisradius in Meter x 400.

Kumulation: Zulässig; außer mit anderen BMFT-Fördermitteln.

Besondere Hinweise: Inbetriebnahme binnen 18 Monaten nach Bewilligung. Verbindliche Teilnahme am wissenschaftlichen Meß- und Evaluierungsprogramm über 10 Jahre. Fortführung des Programms 100 MW Wind.

Informationsmaterial: Keine Angabe.

Informations- und Antragstelle(n):

Forschungszentrum Jülich GmbH
Projektträger Biologie, Energie,
Ökologie (BEO)
Postfach 19 13
D-52425 Jülich
Tel.: 02461/61-3252
Fax: 02461/61-4437

Antragstellung: Mit Formular beim Projektträger BEO; Beginn frühestens im Monat der Antragstellung.

Grundlage der Förderung: Richtlinie zur Förderung der Erprobung von Windenergieanlagen 250 MW Wind im Rahmen des dritten Programms Energieforschung und Energietechnologien des Bundesministeriums für Forschung und Technologie vom 13.02.1991 und Nebenbestimmungen zur Abwicklung, veröffentlicht im Bundesanzeiger Nr. 37 vom 22.02.1991.

Bund

Eldorado-Programm-Wind für südliche Klimazonen

Für: Juristische Personen des privaten Rechts; Personengesellschaften des Handelsrechts; Hersteller.

Förderung: Windkraftanlagen mit einer Nennleistung ab 5 kW, die für die Anwendung in Ländern der südlichen Klimazonen einen Demonstrationsbedarf aufweisen. Der Zuschuß beträgt max. 70% der Inlandlistenpreise der Anlagen ab Werk und errechnet sich nach der Formel: Zuschuß in DM = Rotorkreisradius in Meter x Nabenhöhe in Meter x 500 (für Anlagen von 5 kW bis unter 100 kW) bzw. x 700 (für Anlagen von 100 kW bis unter 200 kW) bzw. x 900 (für Anlagen ab 200 kW).

Transportkosten zwischen der Bundesrepublik und dem Empfängerland werden gegen Nachweis gesondert zu 70% gefördert. Außerdem fördert das BMFT ein Meß- und Evaluierungsprogramm (optional).

Kumulation: Nicht zulässig.

Besondere Hinweise: Das Programm hat einen Umfang von 20 MW Gesamtleistung. Es stellt ein Großexperiment dar, zur Entwicklung, Breitenerprobung, Demonstration und Verbesserung der Anlagen-, System- und Anwendungstechnik sowie der Komponenten von Windenergieanlagen unter anderen klimatischen Bedingungen als denen der Bundesrepublik. Anwender in Ländern südlicher Klimazonen sollen zur Kooperation mit deutschen Partnern angeregt werden. Laufzeit: 1991 bis 1995 (60 Monate).

Informationsmaterial: Keine Angabe.

Informations- und Antragstelle(n):

Forschungszentrum Jülich GmbH
Projektträger Biologie, Energie,
Ökologie (BEO)
Postfach 19 13
D-52425 Jülich
Tel.: 02461/61-3729
Fax: 02461/61-4437

Antragstellung: Gemäß Forderungskatalog der Bewilligungsbehörde.

Grundlage der Förderung: Richtlinie des Bundesministers für Forschung und Technologie zur Förderung der Erprobung von Windenergieanlagen unter verschiedenen klimatischen Bedingungen (Eldorado-Programm-Wind) vom 15.10.1991.

Bund

Eldorado-Programm-Sonne für südliche Klimazonen

Für: Juristische Personen des privaten Rechts; Personengesellschaften des Handelsrechts; Hersteller.

Förderung: Gefördert werden 120 photovoltaische Pumpsysteme für die Trink- und Tränkwasserversorgung sowie für die Bewässerung landwirtschaftlich genutzter Flächen und 380 photovoltaische Batterieladegeräte mit und ohne Wechselrichter. Die Anlagen müssen aufgrund bisheriger geringer Anwendung in Ländern der südlichen Klimazonen noch einen Demonstrationsbedarf aufweisen. Der Zuschuß beträgt max. 70% der Inlandlistenpreise der Anlagen ab Werk und richtet sich je oben genannter Systemgruppe nach drei Leistungsklassen. Transportkosten zwischen der Bundesrepublik und dem Empfängerland werden gegen Nachweis gesondert zu 70% gefördert. Darüber hinaus fördert das BMFT ein Meß- und Evaluierungsprogramm (optional).

Kumulation: Nicht zulässig.

Besondere Hinweise: Das Programm ist die Weiterentwicklung des Eldorado-Programms Sonne 1 (Photovoltaische Pumpsysteme). Es stellt ein Großexperiment dar, zur Entwicklung, Breitenerprobung, Demonstration und Verbesserung der Anlagen-, System- und Anwendungstechnik sowie der Komponenten von Photovoltaikanlagen unter anderen klimatischen Bedingungen als denen der Bundesrepublik. Anwender in Ländern der südlichen Klimazonen sollen zur Kooperation mit deutschen Partnern angeregt werden.

Informationsmaterial: Keine Angabe.

Informations- und Antragstelle(n):

    Forschungszentrum Jülich GmbH
    Projektträger Biologie, Energie,
    Ökologie (BEO)
    Postfach 19 13
    D-52425 Jülich
    Tel.: 02461/61-3729
    Fax: 02461/61-4437

Antragstellung: Gemäß Forderungskatalog der Bewilligungsbehörde.

Grundlage der Förderung: Richtlinie des Bundesministers für Forschung und Technologie zur Förderung der Erprobung von Photovoltaikanlagen unter verschiedenen klimatischen Bedingungen (Eldorado-Programm-Sonne 2) vom 15.10.1991.

Bund

Anwendungsorientierte Forschung und Entwicklung zur Solartechnik

Für: Hochschulen; Forschungseinrichtungen; Unternehmen.

Förderung: Vorhaben zur Erforschung effizienter, kostengünstiger und umweltschonender Energiewandlungs- und Speicherverfahren:
- Photovoltaische, photochemische, photoelektrische und elektronische Komponenten;
- Projekte aus verwandten physikalischen und chemischen Disziplinen (z.B. Festkörper, Oberflächen, Grenzschichten oder Materialeigenschaften betreffend).

Zuschüsse für
- Hochschulen und Forschungseinrichtungen bis zu 100% auf Ausgabenbasis;
- gewerbliche Unternehmen in der Regel bis zu 50% der Forschungsaufwendungen.

Kumulation: Keine Angabe.

Besondere Hinweise: Keine Angabe.

Informationsmaterial: Keine Angabe.

Informations- und Antragstelle(n):

Forschungszentrum Jülich GmbH
Projektträger Biologie, Energie,
Ökologie (BEO)
Postfach 19 13
D-52425 Jülich
Tel.: 02461/61-4880, -5211
Fax: 02461/61-4437

Antragstellung: Kurzgefaßte Projektvorschläge als Vorstufe zur Abstimmung eines förmlichen Projektantrags.

Grundlage der Förderung: Förderbekanntmachung Weiterentwicklung der Solarenergienutzung vom 15.04.1987. Im Rahmen des dritten Programms Energieforschung und Energietechnologien des Bundesministeriums für Forschung und Technologie, vom Februar 1990.

Bund

"Solarthermie 2000" - Thermische Sonnenenergienutzung

Für: Unternehmen; Eigentümer öffentlicher Liegenschaften; Universitäten; Forschungseinrichtungen.

Förderung: "Solarthermie 2000" ist ein Förderprogramm mit drei Unterprogrammen, das neben einem Feldversuch mit Solaranlagen in öffentlichen Gebäuden mit Schwerpunkt in den neuen Bundesländern und den östlichen Bezirken von Berlin auch eine Untersuchung zum Langzeitverhalten von existierenden thermischen Solaranlagen und die Errichtung von Pilotanlagen zur solaren Nahwärmeversorgung insbesondere im kommunalen Bereich umfaßt. Generelles Ziel ist die Schaffung geeigneter Vorbilder für die aktive thermische Nutzung der Solarenergie und die Weiterentwicklung der Systemtechnik auf einen Stand, der ihre praktische Anwendung zu einem normalen Vorgang werden läßt. Gleichzeitig soll eine deutliche Reduzierung der spezifischen Kosten von Solaranlagen erreicht und damit deren Wirtschaftlichkeit verbessert werden.

Teilprogramm 1: Das Langzeitverhalten von thermischen Solaranlagen im bundeseigenen Bereich

An ausgewählten Solaranlagen des Zukunftsinvestitionsprogramms (ZIP), die bereits im Zeitraum 1978-1983 installiert wurden, sollen Untersuchungen zum Betriebsverhalten und zu Alterungserscheinungen nach mehr als zehnjährigem praktischen Einsatz durchgeführt werden. Die Ergebnisse sollen in den beiden anderen Teilprogrammen berücksichtigt werden.

Teilprogramm 2: Solarthermische Demonstrationsanlagen in öffentlichen Gebäuden mit Schwerpunkt in den neuen Bundesländern und den östlichen Bezirken Berlins

Errichtung von bis zu 100 mittelgroßen Demonstrationsanlagen (mind. 100 m^2 Kollektorfläche) in öffentlichen Liegenschaften zur aktiven Nutzung der Sonnenenergie sowie deren meßtechnische Analyse bezüglich ihres Betriebsverhaltens und ihrer Wirtschaftlichkeit.

Teilprogramm 3: Solare Nahwärme

Unter Verwendung von Ergebnissen aus den parallel laufenden Teilprogrammen soll hier bei der Integration von Solarsystemen der Schritt vom Einzelgebäude zu lokalen Wärmenetzen vollzogen werden. Wesentliches Ziel ist es, durch saisonale Wärmespeicherung solare Deckungsraten von über 50% des Wärmebedarfs für Heizung und Warmwasser des Versorgungsgebietes zu erreichen. Unterschiedliche, aussichtsreiche Konzepte und Techniken der thermischen Wärmespeicherung und insbesondere von dachintegrierten Großkollektoren sollen in Pilot- und Demonstrationsanlagen mit typischen Größen der Kollektorfläche über 1.000 m^2 erprobt werden, für die eine starke Reduktion der spezifi-

Bund

"Solarthermie 2000" - Thermische Sonnenenergienutzung (Fortsetzung)

fischen Investitionskosten und damit eine deutliche Verbesserung des Kosten-Nutzenverhältnisses der Solaranlage erreicht werden kann.

Kumulation: Keine Angabe.

Besondere Hinweise: Da "Solarthermie 2000" noch nicht endgültig verabschiedet ist, stehen die genauen Förderkonditionen noch nicht fest.

Informationsmaterial: Keine Angabe.

Informations- und Antragstelle(n):

Bundesministerium für
Forschung und Technologie
Postfach 20 02 40
Gustav-Heinemann-Straße 2
D-53132 Bonn
Tel.: 0228/59-1
Fax: 0228/59-3601

Forschungszentrum Jülich GmbH
Projektträger Biologie, Energie,
Ökologie (BEO)
D-52425 Jülich
Tel.: 02461/61-4743, -3363

BEO - Außenstelle Berlin
Postfach 61 02 47
D-10115 Berlin
Tel.: 030/39981-231

Antragstellung: Keine Angabe.

Grundlage der Förderung: Programm "Solarthermie 2000" im Rahmen des 3. Programms Energieforschung und Energietechnologien des Bundesministers für Forschung und Technologie für den Zeitraum 1993 bis 2002 (Entwurfsstand: 19.09.1993).

Bund

Gesetz über Stromeinspeisevergütung

Für: Betreiber von Stromerzeugungsanlagen.

Förderung: Das Stromeinspeisungsgesetz regelt die Abnahme und die Vergütung von Strom, der aus erneuerbaren Eneregiequellen gewonnen wurde, durch öffentliche Energieversorgungsunternehmen (EVU). Danach sind die EVUs verpflichtet, den in ihrem Versorgungsgebiet erzeugten Strom aus erneuerbaren Energiequellen abzunehmen.

Die Vergütung beträgt für Strom aus Wasserkraft, Deponie- und Klärgas sowie aus Produkten oder biologischen Rest- und Abfallstoffen der Land- und Forstwirtschaft mindestens 75%, für Strom aus Sonnenenergie und Windkraft mindestens 90% des Durchschnittserlöses je kWh aus der Stromabgabe von EVUs an alle Letztverbraucher.

Bei Wasserkraftwerken, Deponiegas- und Klärgasanlagen mit einer Leistung über 500 kW reduziert sich die Vergütung; Anlagen dieser Art mit einer Leistung über 5 MW fallen nicht in den Geltungsbereich des Gesetzes.

Kumulation: Keine Angabe.

Besondere Hinweise: Maßgeblich ist jeweils der Durchschnittserlös des vorletzten Kalenderjahres (Grundlage für die Einspeisevegütung in 1993 ist somit der Erlös aus 1991 von 18,41 Pf/kW$_{el}$).

Informationsmaterial: Keine Angabe.

Informations- und Antragstelle(n):

Antragstellung: Entsprechende Verträge sind mit den jeweiligen, für die Region zuständigen EVUs abzuschließen.

Grundlage der Förderung: Gesetz über die Einspeisung von Strom aus erneuerbaren Energien in das öffentliche Netz (Stromeinspeisungsgesetz) vom 07.12.1990.

Bund

Rationelle Energieverwendung in der Industrie

Für: Unternehmen der gewerblichen Wirtschaft; Hochschulen.

Förderung: Forschungs- und Entwicklungsprojekte zur rationellen Energieverwendung in der Industrie, deren Finanzierung die Möglichkeiten der interessierten Unternehmen übersteigt und die von unternehmens- und branchenübergreifendem verfahrenstechnischem Interesse sind.

Schwerpunkte: Innovative Produktionsverfahren mit dem Ziel geringeren spezifischen Wärme- und Stromverbrauchs sowie neue Teilverfahren oder Systemkomponenten, die zu einer rationellen Energienutzung in industriellen Prozessen beitragen.

Neue Verfahren, die zusätzlich zur Energieeinsparung auch zur Umweltentlastung beitragen, sind besonders erwünscht. Voraussetzung: Anwendungspotential auch in anderen Unternehmen des In- und Auslandes.

Förderquote i.d.R. 40% der Projektkosten. Für Hochschulinstitute im Rahmen von Verbundvorhaben mit Unternehmen der gewerblichen Wirtschaft: 50-70% der bei den Instituten anfallenden Kosten.

Kumulation: Keine Angabe.

Besondere Hinweise: Nicht gefördert werden innerhalb dieses FuE-Programms die Anwendung von kommerziell verfügbaren Komponenten und Technologien sowie die reine Anwendung von elektronischen Regelungstechniken (Prozeßleitsysteme).

Informationsmaterial: Keine Angabe.

Informations- und Antragstelle(n):

Forschungszentrum Jülich GmbH
Projektträger Biologie, Energie,
Ökologie (BEO)
Postfach 19 13
D-52425 Jülich
Tel.: 02461/61-6609
Fax: 02461/61-5837

Antragstellung: Skizzierte Projektvorschläge zur Vorabstimmung.

Grundlage der Förderung: Bekanntmachung über die Förderung der rationellen Energieverwendung in der Industrie des Bundesministers für Forschung und Technologie vom 25.01.1988, veröffentlicht im Bundesanzeiger Nr. 22, vom 03.02.1988.

Bund

Energieberatung/Rationelle Energieverwendung in Wohngebäuden

Für: Ingenieure aus den Bereichen Architektur, Bauwesen, Bauphysik, Elektrotechnik, Maschinenbau und technische Gebäudeausrüstung sowie Ingenieure aus anderen Bereichen mit Fachkenntnissen für eine Energieberatung.

Förderung: Ingenieurmäßige Vor-Ort-Beratung, die sich umfassend auf den baulichen Wärmeschutz und die Heizungsanlagentechnik sowie ggf. die Nutzung erneuerbarer Energiequellen bezieht.

Maximaler Zuschuß für:

A: Ein-/Zweifamilienhaus 900,- DM;
B: Gebäude mit   3 -   6 Wohneinheiten (WE) 930,- DM;
C: Gebäude mit   7 - 15 WE 1400,- DM;
D: Gebäude mit 16 - 30 WE 1440,- DM;
E: Gebäude mit 31 - 60 WE 1500,- DM;
F: Gebäude mit 61 - 120 WE 1600,- DM.

Um den maximalen Zuschuß zu erhalten, müssen mindestens folgende Beratungshonorare vereinbart werden: A: 950,- DM; B: 1150,- DM; C: 2000,- DM; D: 2400,- DM; E: 3000,- DM; F: 4000,- DM.

Die Differenz zwischen Beratungshonorar und Zuschuß sowie die anfallende Mehrwertsteuer muß der Beratungsempfänger als Eigenanteil tragen.

Kumulation: Keine Angabe.

Besondere Hinweise: Gegenstand der Beratung können nur Gebäude sein, deren Baugenehmigung vor dem 01.01.1984 erteilt worden ist. Bei Unternehmen bestehen Umsatzbeschränkungen. Der Antrag muß zwar von einem Berater gestellt werden, die Förderung kommt jedoch indirekt dem Gebäudeeigentümer zugute. Laufzeit: 01.09.1991 bis 31.12.1995.

Informationsmaterial: Das BMWi gibt eine Informationsbroschüre zu dem Beratungsprogramm heraus.

Informations- und Antragstelle(n):

Anträge an die Koordinierungsstelle:

Rationalisierungs-Kuratorium
der Deutschen Wirtschaft e.V.
Abteilung Technik
Postfach 58 67
Düsseldorfer Straße 40
D-65733 Eschborn
Tel.: 06196/495-1
Fax: 06196/495-303

Bewilligung:

Bundesamt für Wirtschaft
Frankfurter Straße 29-31
D-65760 Eschborn
Tel.: 06196/404-0
Fax: 06196/94 22 60

Bund

Energieberatung/Rationelle Energieverwendung in Wohngebäuden (Fortsetzung)

Bundesministerium
für Wirtschaft (BMWi)
Broschürenversand
Postfach 14 02 06
Villemombler Straße 76
D-53107 Bonn
Tel.: 0228/615-2131, -2073
Fax: 0228/615-4436

Antragstellung: Vor Beginn der Beratung durch den Berater beim Rationalisierungs-Kuratorium.

Grundlage der Förderung: Richtlinie des Bundesministers für Wirtschaft über die Förderung der Beratung zur sparsamen und rationellen Energieverwendung in Wohngebäuden vor Ort (Vor-Ort-Beratung) vom 21.08.1991, veröffentlicht im Bundesanzeiger Nr. 163 vom 31.08.1991.

Bund

Energieberatungen für Handwerksbetriebe

Für: Handwerksbetriebe.

Förderung: Beratungen durch Beratungsstellen von Handwerkskammern und Fachverbänden des Handwerks über wirtschaftliche, organisatorische und technische Fragen im Zusammenhang mit einer sparsamen, rationellen und kostengünstigen Energieverwendung.

Die Beratungsleistungen sind für Handwerksbetriebe gebührenfrei.

Kumulation: Keine Angabe.

Besondere Hinweise: Keine Angabe.

Informationsmaterial: Keine Angabe.

Informations- und Antragstelle(n): Zuständige Handwerkskammer.

> Bundesministerium für Wirtschaft
> Postfach 14 02 60
> Villemombler Straße 76
> D-53107 Bonn
> Tel.: 0228/615-1
> Fax: 0228/615-4436

Antragstellung: Formlos bei der örtlich zuständigen Handwerkskammer.

Grundlage der Förderung: Grundsätze und Förderungsrichtlinien des Bundesministers für Wirtschaft vom 02.01.1974 für das Beratungs- und Informationswesen im Handwerk (Bundesanzeiger Nr. 67 vom 05.04.1974).

Bund

Energieeinsparberatung für kleine und mittlere Unternehmen

Für: Unternehmen; Existenzgründer.

Förderung: Beratungen von Existenzgründungen sowie von kleinen und mittleren Unternehmen der gewerblichen Wirtschaft, von wirtschaftsnahen Freien Berufen und - bei Energieberatungen - auch von Betrieben des Agrarbereichs.

1. Existenzgründungsberatungen: 60% Zuschuß, max. 3.000,- DM.

2. Allgemeine Beratung innerhalb von zwei Jahren nach Existenzgründung: 60% Zuschuß (für Unternehmen mit Sitz und Geschäftsbetrieb in den neuen Bundesländern bis zum 31.12.1993 70%), max. 4.000,- DM.

3. Umweltschutz- und Energiesparberatungen: Zuschuß von 50% der in Rechnung gestellten Beratungskosten, höchstens jedoch 4.000,- DM (bei Energieeinsparberatungen).

Je beratenes Unternehmen, freiberuflich Tätigen bzw. Existenzgründer können während der Geltungsdauer dieser Richtlinien insgesamt Zuschüsse bis zu folgenden Höchstbeträgen gewährt werden:

- für Existenzgründungen bis zu 3.000,- DM;
- für alle übrigen Beratungen jeweils bis zu 8.000,- DM (12.000,- DM in den neuen Bundesländern).

Kumulation: Keine Angabe.

Besondere Hinweise: Laufzeit: 01.01.1992 bis 31.12.1996.

Informationsmaterial: Broschüre "Wirtschaftliche Förderung in den neuen Bundesländern", hrsg. vom Bundesministerium für Wirtschaft, März 1992.

Informations- und Antragstelle(n):

Bewilligungsbehörde:

Bundesamt für Wirtschaft
Postfach 51 71
Frankfurter Straße 29-31
D-65726 Eschborn
Tel.: 06196/404-0
Fax: 06196/942260

Bundesamt für Wirtschaft
Außenstelle Berlin
Unter den Linden 44-60
D-10109 Berlin

Antragstellung: Mit Formular nach Abschluß der Beratung bei einer der in der Anlage 2 zu den Richtlinien vom 19.12.1991 genannten Leitstellen.

Grundlage der Förderung: Richtlinien des Bundesministers für Wirtschaft über die Förderung von Unternehmensberatungen für kleine und mittlere Unternehmen vom 19.12.1991, veröffentlicht im Bundesanzeiger 1992, S. 1.

Bund

Informations- und Schulungsveranstaltungen

Für: Veranstalter (begünstigt sind jedoch Unternehmer, Führungskräfte, Existenzgründer als Teilnehmer der geförderten Veranstaltungen).

Förderung: Informations- und Schulungsveranstaltungen (z.B. Vorträge, Seminare, Kurse) für Unternehmer, Führungskräfte sowie Existenzgründer.

Zuschuß je Veranstaltungstag von mindestens sechs Stunden einschließlich Pausen 720,- DM, bei überwiegender Anzahl von Teilnehmern aus den neuen Bundesländern 900,- DM. Die Förderung erstreckt sich auf Veranstaltungen von mindestens einem Tag und höchstens vier Tagen Dauer.

Für eine Veranstaltung können max. 2.880,- DM (in den neuen Bundesländern bis zum 31.12.1993 3.600,- DM) Zuschuß gewährt werden.

Kumulation: Nicht zulässig.

Besondere Hinweise: Laufzeit: 01.01.1992 bis 31.12.1996.

Informationsmaterial: Broschüre Wirtschaftliche Förderung in den neuen Bundesländern, hrsg. vom Bundesministerium für Wirtschaft, März 1992.

Informations- und Antragstelle(n):

Bewilligungsbehörde:
Bundesamt für Wirtschaft
Postfach 51 71
Frankfurter Straße 29-31
D-65726 Eschborn
Tel.: 06196/404-0
Fax: 06196/942260

Bundesamt für Wirtschaft
Außenstelle Berlin
Unter den Linden 44-60
D-10109 Berlin

Antragstellung: Anträge sind vom Veranstalter auf dem entsprechenden Formular innerhalb von drei Monaten nach Abschluß der Veranstaltung bei einer der in der Anlage 1 zur Richtlinie aufgelisteten Leitstellen einzureichen.

Grundlage der Förderung: Richtlinien des Bundesministeriums für Wirtschaft über die Förderung von Informations- und Schulungsveranstaltungen (Fort- und Weiterbildung) für kleine und mittlere Unternehmer und Führungskräfte sowie Existenzgründer vom 19.12.1991, in der Fassung vom 08.10.1992.

Bund/Bundesländer

Investitionszuschüsse im Rahmen der Gemeinschaftsaufgabe Verbesserung der regionalen Wirtschaftsstruktur

Für: Gewerbliche Unternehmen; Treuhandunternehmen.

Förderung: Nach Artikel 91a GG (Grundgesetz) und dem Gesetz über die Gemeinschaftsaufgabe "Verbesserung der regionalen Wirtschaftsstruktur" (GA) ist die regionale Wirtschaftsförderung und die Vergabe von Fördermitteln Aufgabe der Länder. Zu deren Erfüllung soll der Bund bei der Rahmenplanung und bei der Finanzierung mitwirken. Dementsprechend setzt die GA einheitliche Rahmenbedingungen für die Bestrebungen von Bund, Ländern und Kommunen, über eine regionale Wirtschaftsförderung eine Angleichung der Lebensverhältnisse in strukturschwachen an diejenigen in strukturstärkeren Regionen zu erreichen. Die Finanzmittel zur Umsetzung der GA setzen sich aus Mitteln des Bundes, einem gleichhohen Anteil der Bundesländer sowie aus Mitteln des "Europäischen Fonds für Regionale Entwicklung" (EFRE) der EG zusammen.

Ein Planungsausschuß, dem der Bundesminister für Wirtschaft als Vorsitzender sowie der Bundesminister der Finanzen und die Wirtschaftsminister der Länder angehören, stellt zur Ausführung der GA einen Rahmenplan auf, der jährlich aktualisiert wird (z.Zt. gilt der 22. Rahmenplan) und folgendes regelt:

- Abgrenzung der Fördergebiete: Mit Beschluß vom 01.01.1991 hat der Planungsausschuß das Gebiet der neuen Bundesländer und des Ostteils von Berlin insgesamt für einen Zeitraum von fünf Jahren zum Fördergebiet erklärt. Darüber hinaus werden ländliche Gebiete, in denen ein Mangel an gewerblichen Arbeitsplätzen besteht, sowie relativ hoch industrialisierte Gebiete gefördert, die von strukturellen Anpassungsprozessen besonders betroffen sind.
- Definition der zu erreichenden strukturpolitischen Ziele in den Fördergebieten.
- Fördermodalitäten und Mittelbereitstellung: Die einzelnen Länder können eigene Förderschwerpunkte setzen.

Über die GA werden volkswirtschaftlich besonders relevante Investitionsvorhaben der gewerblichen Wirtschaft, einschließlich des Fremdenverkehrsgewerbes, sowie wirtschaftsnahe Infrastrukturvorhaben i.d.R. mit Investitionszuschüssen gefördert.

Für die neuen Bundesländer gelten im Rahmen der GA:

- die Richtlinie über den Investitionszuschuß des Bundes: Zuschüsse für Errichtung (bis zu 23%), Erweiterung (bis zu 20%), grundlegende Rationalisierung und Umstellung (bis zu 15%) von Betriebsstätten in den neuen Bundesländern einschließlich Berlin (Ost).
- die Richtlinie über die Investitionszulage nach dem EStG (siehe den nachfolgenden Eintrag);

Bund/Bundesländer

Investitionszuschüsse im Rahmen der Gemeinschaftsaufgabe Verbesserung der regionalen Wirtschaftsstruktur (Fortsetzung)

Kumulation: Sonderabschreibung, Investitionszulage und Investitionszuschüsse nach der Gemeinschaftsaufgabe Verbesserung der regionalen Wirtschaftsstruktur können gemeinsam genutzt werden.

Besondere Hinweise: Der 23. Rahmenplan der GA wird voraussichtlich im ersten Quartal 1994 verabschiedet werden.

Informationsmaterial: Keine Angabe.

Informations- und Antragstelle(n): Wirtschaftsministerien der Länder (Bewilligung) bzw.

Bundesministerium für Wirtschaft
Referat I C2
Postfach 14 02 60
Villemombler Straße 76
D-53107 Bonn
Tel.: 0228/615-1
Fax: 0228/615-4436

Bundesministerium der Finanzen
Graurheindorfer Straße 108
D-53111 Bonn
Tel.: 0228/682-0
Fax: 0228/682-4420

Antragstellung: Mit Formular vor Maßnahmebeginn bei den zuständigen Landesförderämtern oder den Wirtschaftsministerien der Länder.

Grundlage der Förderung: Gesetz über die Gemeinschaftsaufgabe "Verbesserung der regionalen Wirtschaftsstruktur" sowie 22. Rahmenplan der Gemeinschaftsaufgabe "Verbesserung der regionalen Wirtschaftsstruktur", Bundestagsdrucksache 12/4850.

Bund

Steueranreize nach dem Investitionszulagengesetz (Neue Länder)

Für: Gewerbliche Unternehmen; Freiberufler.

Förderung: Investitionen in den neuen Bundesländern oder Berlin. Verlorene und steuerfreie Investitionszulage auf neue abnutzbare und bewegliche Wirtschaftsgüter mit einem Anschaffungswert von mehr als 800,- DM.

Bei Investitionsbeginn bis zum 30.06.1994 beträgt die Investitionszulage grundsätzlich 8%, danach 5% der Summe der Anschaffungs- oder Herstellungskosten. Eine erhöhte Investitionszulage von 20% können Betriebe des verarbeitenden Gewerbes sowie in der Handwerksrolle eingetragene Betriebe erhalten, wenn sie überwiegend in der Hand von Personen sind, die am 09.11.1989 ihren Wohnsitz in der damaligen DDR hatten und wenn die Investitionen nach dem 31.12.1992 begonnen und bis zum 31.12.1996 abgeschlossen werden. Die erhöhte Investitionszulage wird auf eine Bemessungsgrundlage von jährlich 1 Mio. DM je Betrieb beschränkt. Für den übersteigenden Betrag wird die Zulage von 8% bzw. 5% (s.o.) gewährt.

Kumulation: Sonderabschreibung, Investitionszulage und Investitionszuschüsse nach der Gemeinschaftsaufgabe Verbesserung der regionalen Wirtschaftsstruktur können gemeinsam genutzt werden.

Besondere Hinweise: Die Investitionsmaßnahmen müssen bis zum 31.12.1996 abgeschlossen sein. Im Gebiet von Berlin (West) kann eine Förderung nach dem Investitionszulagengesetz gewährt werden, wenn die Wirtschaftsgüter vom Anspruchsberechtigten nach dem 30.06.1991 bestellt oder herzustellen begonnen worden sind. Betriebe der Elektrizitäts- und Gasversorgung sowie Investitionen im Banken- und Versicherungsbreich sind ab 1993 von der Investitionszulagenregelung ausgeschlossen. Laufzeit: 01.01.1993 bis 31.12.1996

Informationsmaterial: Keine Angabe.

Informations- und Antragstelle(n):

Information:

Bundesministerium der Finanzen
Graurheindorfer Straße 108
D-53111 Bonn
Tel.: 0228/682-0
Fax: 0228/682-4420

Antragstellung: Mit Formular beim örtlich zuständigen Finanzamt.

Grundlage der Förderung: Investitionszulagengesetz im Rahmen des Steueränderungsgesetzes 1991 vom 24.06.1991, Bundesgesetzblatt, Teil I, S. 1322 sowie Änderung des "Investitionszulagengesetzes 1991" vom 18.12.1992.

Bund

Steueranreize nach dem Fördergebietsgesetz (Sonderabschreibung)

Für: Gewerbliche Unternehmen; Freiberufler; Steuerpflichtige im Sinne des Einkommens- und Körperschaftssteuergesetzes.

Förderung: Von den Anschaffungs- oder Herstellungskosten für Wirtschaftsgüter in den neuen Ländern sowie von Herstellungskosten, die für Modernisierungen und andere nachträgliche Herstellungsarbeiten aufgewandt wurden, können im Jahr der Lieferung, Fertigstellung oder Beendigung der nachträglichen Herstellungsarbeiten und in den folgenden 4 Jahren zusätzlich zur linearen Abschreibung Sonderabschreibungen bis zu 50% vorgenommen werden. Sie sind jedoch letztmals im Kalenderjahr 1994 bzw. bei abweichendem Wirtschaftsjahr letztmals im Wirtschaftsjahr 1994/95 zulässig. Ihre Verteilung auf die einzelnen Jahre steht im Ermessen des Steuerpflichtigen. Nach Ablauf des Begünstigungszeitraums sind lineare Abschreibungen für Abnutzung vom Restwert vorzunehmen.

Die Sonderabschreibung gilt nur für Wirtschaftsgüter, die nach dem 31.12.1990 und vor dem 01.01.1995 angeschafft oder hergestellt wurden sowie für die in diesem Zeitraum ausgebauten oder hergestellten Teile von Gebäuden, oder für die nach dem 31.12.1990 und vor dem 01.01.1995 Anzahlungen auf Anschaffungskosten geleistet wurden oder Teilherstellungskosten entstanden.

Kumulation: Sonderabschreibung, Investitionszulage und Investitionszuschüsse nach der Gemeinschaftsaufgabe Verbesserung der regionalen Wirtschaftsstruktur können gemeinsam genutzt werden. Bei Inanspruchnahme von Regionalzuschüssen darf der Höchstzuschußsatz durch andere Hilfen um höchstens zehn Prozentpunkte aufgestockt werden.

Besondere Hinweise: Auf die Förderung besteht ein Rechtsanspruch, sofern die Voraussetzungen erfüllt sind. Laufzeit: 01.01.1991 bis 31.12.1994. Eine Verlängerung bis 1996 und eine Veröffentlichung neuer Konditionen im September/Oktober 1993 im Bundesgesetzblatt ist angekündigt.

Informationsmaterial: Keine Angabe.

Informations- und Antragstelle(n): Informationen geben

Steuerberater,
Industrie- und Handelskammern,
Finanzämter

Bundesministerium der Finanzen
Graurheindorfer Straße 108
D-53111 Bonn
Tel.: 0228/682-0
Fax: 0228/682-4420

Antragstellung: Mit der Steuerklärung beim örtlich zuständigen Finanzamt.

Grundlage der Förderung: Sonderabschreibungen in den neuen Bundesländern nach dem Fördergebietsgesetz, im Rahmen des Steueränderungsgesetzes 1991 vom 24.06.1991, BGBl Teil I, S. 1322.

Bund

Informationsbeschaffung aus Datenbanken für KMU (MIKUM II)

Für: Kleine und mittlere Unternehmen (KMU).

Förderung: 1. Durchführung von Recherchen in externen Datenbanken durch KMU mit Unterstützung von externen Informationsvermitt-lern: Unternehmen, die bisher noch keine Online-Datenbanken systematisch nutzen und sie künftig auch nur gelegentlich nutzen wollen, erhalten Zuschüsse zur Datenbanknutzung bei Einschaltung eines Informationsvermittlers. Zuschußfähig sind die Kosten des gesamten Rechercheauftrages. Für den Zeitraum eines Jahres wird die Datenbanknutzung mit insgesamt 50%, max. 5.000,- DM pro Unternehmen bezuschußt.

Für Recherchen im Kostenbereich 1,- bis 3.300,- DM beträgt der Zuschuß 75%, max. 2.475,- DM, bei weiteren Recherchen wird er geringer: So beträgt er im Kostenbereich zwischen 3.301,- und 6.700,- DM 50%, max. 1.700,- DM und bei Kosten zwischen 6.701,- und 10.000,- DM 25%, max. 825,- DM.

2. Auf- und Ausbau betriebsinterner Informationskapazität zur Nutzung von Online-Datenbanken: Unternehmen, die bisher noch keine Datenbanken selbst systematisch nutzen und diese Datenbanken in Zukunft häufig nutzen wollen, erhalten Zuschüsse bis zu 50% der Gesamtkosten, max. 30.000,- DM, zum Auf- und Ausbau betrieblicher Informationskapazitäten. Ziel ist die direkte Nutzung von Datenbanken durch Mitarbeiter des Unternehmens.

Kumulation: Die gleichzeitige Förderung nach 1. und 2. ist ausgeschlossen.

Besondere Hinweise: Laufzeit: 01.11.1991 bis 31.12.1993. Über eine Verlängerung der Bewilligungsmöglichkeit bis Ende 1994 bzw. des Projektes bis 1995 wird voraussichtlich im November 1993 entschieden.

Informationsmaterial: Keine Angabe.

Informations- und Antragstelle(n):

Institut der deutschen Wirtschaft
- Modellversuch MIKUM II -
Postfach 51 06 69
Gustav-Heinemann-Ufer 84-88
D-50942 Köln
Tel.: 0221/37655-16
Fax: 0221/37655-56

Antragstellung: Mit Formblatt bis zum 31.12.1993.

Grundlage der Förderung: Richtlinie MIKUM II des Instituts der deutschen Wirtschaft "Modellversuch zur Unterstützung der Informationsbeschaffung aus Datenbanken für Klein- und Mittelbetriebe" vom 01.11.1991.

Bund/Neue Bundesländer

Informationsbeschaffung aus Datenbanken für Unternehmen (FIDAT 1993)

Für: Unternehmen mit bis zu 1000 Beschäftigten sowie Handwerksbetriebe des verarbeitenden Gewerbes mit Sitz in den neuen Bundesländern.

Förderung: Um Unternehmen in den neuen Ländern den Zugang zu Technik- und Wirtschaftsinformationen zu erleichtern, gewährt das Fachinformationszentrum Technik Zuschüsse von max. 5.000,- DM pro Unternehmen zu den Kosten

- für einen externen Informationsbeschaffer bzw. die Host- und Datenbankkosten für Datenbankrecherchen über Märkte, Branchen, Firmen, Produkte, neue Technologien, Werkstoffe und Forschungsergebnisse, internationale und nationale Ausschreibungen, Projektinformationen, Messen, Kongresse und Ausstellungen, Patente Lizenzen, Normen und Standards, juristische Fragen im Rahmen der Produktentwicklung, Produktion und Vermarktung;
- für den Kauf von Datenbanken aus den oben genannten Bereichen auf CD-Rom oder Disketten (nicht jedoch der dazugehörigen technischen Anlagen);
- bis 2.000,- DM für den Eintrag der eigenen Firma in Hersteller-, Produkt-, Lizenz- und Marketing-Datenbanken oder Handbücher.

Die Zuschußquote basiert auf den kumulierten zuschußfähigen Nettokosten (ohne Mehrwertsteuer) und ist wie folgt gestaffelt:

Kumulierte Informationskosten (in DM)	Zuschußquote
1,- bis 3.300,-	75%
3.301,- bis 6.700,-	50%
6.701,- bis 10.000,-	25%

Kumulation: Zuschüsse aus dem Förderprogramm FIDAT 1992 werden angerechnet.

Besondere Hinweise: Laufzeit: 01.01.1993 bis 31.12.1993.

Informationsmaterial: Keine Angabe.

Informations- und Antragstelle(n):
Fachinformationszentrum Technik e.V.
Wallstraße 16
D-10179 Berlin
Tel.: 030/24399-961, -962
Fax: 030/24399-963

Antragstellung: Mit Formular bis zum 31.12.1993.

Grundlage der Förderung: Programm zur Förderung der Informationsbeschaffung aus Datenbanken für Unternehmen in den neuen Bundesländern, gefördert vom Bundesministerium für Wirtschaft (FIDAT 1993) vom 01.01.1993.

4. Bundesländer

Baden-Württemberg

Landesmodernisierungsprogramm für Wohnungen

Für: Eigentümer von Wohnungen.

Förderung: Zuschußfähig sind Gesamtkosten von 8.000,- DM bis 35.000,- DM je Wohnung für folgende Modernisierungsmaßnahmen:

- Energiesparende Maßnahmen auf der Grundlage einer Energiediagnose oder als Energiesparpaket;
- Einbau von Heizungen unter bestimmten Bedingungen;
- Energieversorgung bei der Modernisierung von Wohnungen.

1. Option - Zinsgünstige Darlehen zu folgenden Konditionen:

- Zinsverbilligung um 5,75%;
- Auszahlung: 98%;
- Laufzeit: 15 Jahre;
- Tilgung in 30 gleichen Halbjahresraten.

2. Option - Zinsgünstige Darlehen zu folgenden Konditionen:

- Zinsverbilligung um 3%;
- Auszahlung: 98%;
- Laufzeit der Zinsverbilligung: 12 Jahre;
- Tilgung: 1% jährlich.

Kumulation: Keine Angabe.

Besondere Hinweise: Auflagen bestehen bezüglich Lage (Förderung in Gebieten des Wohnumfeldprogramms, Programms Einfache Stadterneuerung), Miethöhe/Sozialbindung, Mindestalter (15 Jahre) und verbleibender Nutzungszeit (30 Jahre) der Wohnung.

Informationsmaterial: Keine Angabe.

Informations- und Antragstelle(n): Bürgermeisteramt der Gemeinde bzw.

Landeskreditbank Baden-Württemberg
Schloßstraße 10
D-76131 Karlsruhe
Tel.: 0721/150-0, -1834

Landeskreditbank Baden-Württemberg
Niederlassung Stuttgart
Schellingstraße 15
D-70174 Stuttgart

Antragstellung: Formular; Maßnahmebeginn nicht vor Bewilligung.

Grundlage der Förderung: Verwaltungsvorschrift des Innenministeriums über die Gewährung von Zuwendungen zur Modernisierung und Schaffung von Wohnraum im Zusammenhang mit der städtebaulichen Erneuerung (Landesmodernisierungsprogramm) vom 21.03.1990 - Az.: 5-8558/30 - In: GABl. des Landes Baden-Württemberg, 38 (1990) 10, Ausgabe A, S. 225 ff.

Baden-Württemberg

Städtebauliche Erneuerung

Für: Bauherren.

Förderung: Im Rahmen von städtebaulichen Erneuerungsmaßnahmen nach dem Baugesetzbuch (SE-Programm, Landessanierunsprogramm) auch Förderung von Maßnahmen der rationellen Energieverwendung und der Nutzung erneuerbarer Energiequellen.

Kostenerstattungsbetrag nach Berechnung oder Pauschale bis zu 40% der zuwendungsfähigen Kosten.

Kumulation: Keine Angabe.

Besondere Hinweise: Sanierungstypische Auflagen.

Informationsmaterial: Keine Angabe.

Informations- und Antragstelle(n): Bürgermeisteramt der Gemeinde.

Information:
Ministerium für Wirtschaft, Mittelstand
und Technologie Baden-Württemberg
Postfach 10 34 51
Theodor-Heuss-Straße 4
D-70029 Stuttgart
Tel.: 0711/123-1386
Fax: 0711/123-2126

Antragstellung: Mit Formular; Maßnahmebeginn nicht vor Bewilligung.

Grundlage der Förderung: Verwaltungsvorschrift des Innenministeriums über die Vorbereitung, Durchführung und Förderung städtebaulicher Erneuerungsmaßnahmen (Verwaltungsvorschrift Städtebauliche Erneuerung - VwV-StBauE) vom 15.06.1987, (GABl., S. 609).

Baden-Württemberg
Rationelle Energieverwendung/Erneuerbare Energiequellen

Für: Natürliche und juristische Personen des privaten Rechts; Private; Unternehmen bis 30 Mio. DM Vorjahresumsatz; Kirchliche oder mildtätige Organisationen.

Förderung: Errichtung und Anschaffung von:
- Anlagen zur photovoltaischen Sonnenenergienutzung mit einer Mindestleistung von 1 kW$_p$, Zuschuß bis zu 35% der zuwendungsfähigen Kosten, max. 30.000,- DM/Anlage;
- Anlagen zur thermischen Sonnenenergieutzung (Kollektoren, Speichereinrichtung, Regelung), Zuschuß pauschal 2.000,- DM für Ein- und Zweifamilienhäuser, sonst 20%, max. 20.000,- DM/Anlage;
- Brennwertanlagen (Brennwertkessel nach DIN 4702, Abgasanlage, Kondensatentsorgung, zentrale Regelung), Zuschuß pauschal 1.000,- DM bei Ein- und Zweifamilienhäusern, sonst 20%, max. 20.000,- DM/Anlage;
- Planungsmehrkosten von Niedrig-Energie-Häusern (nach einem bestimmten Niedrig-Energie-Haus-Standard); Zuschuß pauschal 5.000,- DM/Wohneinheit bei Ein- und Zweifamilienhäusern bzw. 2.000,- DM/Wohneinheit im Geschoßwohnungsbau, max. 20.000,- DM/Gebäude im Geschoßwohnungsbau.

Bagatellgrenze: 7.500,- DM zuwendungsfähige Kosten.

Kumulation: Bis zu einer Förderhöchstgrenze von 49% zulässig.

Besondere Hinweise: Laufzeit: ab 01.07.1993.

Informationsmaterial: Keine Angabe.

Informations- und Antragstelle(n):

Landesgewerbeamt Baden-Württemberg
Willi-Bleicher-Straße 19
D-70025 Stuttgart
Tel.: 0711/123-0
Fax: 0711/123-2755

Antragstellung: Formblatt; Maßnahmebeginn nicht vor Bewilligung.

Grundlage der Förderung: Richtlinie des Ministeriums für Wirtschaft, Mittelstand und Technologie Baden-Württemberg über Zuwendungen nach dem Programm Rationelle Energieverwendung und erneuerbare Energiequellen vom 15.10.1991, veröffentlicht im Staatsanzeiger Nr. 84 vom 19.10.1991, in der Fassung der "Bekanntmachung einer Änderung der Richtlinie des Wirtschaftsministeriums Baden-Württemberg über Zuwendungen nach dem Programm Rationelle Energieverwendung und Erneuerbare Energiequellen vom 15. Oktober 1991" - AZ.: V 4582/29, vom 21.06.1993, veröffentlicht im Staatsanzeiger Nr. 51 vom 30.06.1993.

Baden-Württemberg

Betriebliche Energiesparmaßnahmen/Energiesparprogramm

Für: Unternehmen mit bis zu 300 Mitarbeitern.

Förderung: Gefördert werden Maßnahmen, die der Einsparung von Energie dienen (z.B. niederenergetische Produktionsverfahren, Mehrfachnutzung produktionsnotwendiger Energie) oder der Nutzung erneuerbarer Energiequellen.

Zinsgünstige Darlehen für bis zu 70% der förderfähigen Investitionskosten zu folgenden Konditionen:

- Zinssatz: 5%;
- Auszahlung: 98%;
- Laufzeit: 10 Jahre.

Kumulation: Keine Angabe.

Besondere Hinweise: Die zu fördernden Vorhaben müssen technologisch fortschrittlich sein, mit einem wirtschaftlichen Risiko verbunden sein und sich bei Unternehmen vergleichbarer Größe und vergleichbaren Zuschnitts noch nicht durchgesetzt haben.

Informationsmaterial: Keine Angabe.

Informations- und Antragstelle(n):

Landeskreditbank Baden-Württemberg
Schloßstraße 10
D-76131 Karlsruhe
Tel.: 0721/150-0

Landeskreditbank Baden-Württemberg
Niederlassung Stuttgart
Postfach 10 29 43
Schellingstraße 15
D-70025 Stuttgart
Tel.: 0711/122-0

Antragstellung: Mit Antragsformular. Dem Antrag ist eine Stellungnahme der Hausbank beizufügen.

Grundlage der Förderung: Richtlinien zur Förderung von betrieblichen Energiesparmaßnahmen - Energieförderprogramm des Landes Baden-Württemberg (Stand: August 1993).

Baden-Württemberg

Wasserkraft

Für: Natürliche und juristische Personen; Betreiber von Wasserkraftanlagen mit einer Energieabgabe von bis zu 30.000 MWh/Jahr.

Förderung:
- Neubauten: Zuschuß von 2.000,- DM/kW elektrische Neubauleistung, höchstens jedoch 20% der zuwendungsfähigen Kosten;
- Leistungserhöhende Zubauten: Zuschuß von 1.000,- DM/kW elektrischer Leistung, höchstens jedoch 20% der zuwendungsfähigen Kosten.

Zuwendungen für Anlagen mit zuwendungsfähigen Kosten unter 10.000,- DM werden nicht gewährt.

Kumulation: Bis zu einer Förderhöchstgrenze von 49% zulässig.

Besondere Hinweise: Keine Förderung von Unternehmen im überwiegenden Bundes- oder Bundesländer-Eigentum.

Die Richtlinie vom 21.06.1993 ersetzt die "Richtlinie für die Förderung des Neubaus, des Ausbaus und der Modernisierung kleiner Wasserkraftanlagen durch Zuschüsse", Az.: V8321/435, veröffentlicht im StAnz. Nr. 87/88 vom 04.11.1989. Laufzeit: ab 01.07.1993.

Informationsmaterial: Keine Angabe.

Informations- und Antragstelle(n):

Landesgewerbeamt Baden-Württemberg
Informationszentrum für Energiefragen
Postfach 10 29 63
Willi-Bleicher-Straße 19
D-70025 Stuttgart
Tel.: 0711/2020-2472
Fax: 0711/123-2755

Antragstellung: Mit Formular; Maßnahmebeginn nicht vor Bewilligung.

Grundlage der Förderung: Richtlinie des Ministeriums für Wirtschaft, Mittelstand und Technologie Baden-Württemberg für die Förderung des Neubaus und des leistungserhöhenden Zubaus kleiner Wasserkraftanlagen bis 1 MW elektrischer Leistung vom 21.06.1993, veröffentlicht im Staatsanzeiger Nr. 51 vom 30.06.1993.

Baden-Württemberg

Investitionen in der Landwirtschaft

Für: Landwirtschaftliche Betriebe (Haupt-/Nebenerwerbslandwirte, Junglandwirte).

Förderung: Richtlinie A: Investitionen im betrieblichen Bereich landwirtschaftlicher Unternehmen, u.a. für Wärmedämmungsmaßnahmen und Regelungstechnik (antragsberechtigt: Inhaber landwirtschaftlicher Haupterwerbs-Unternehmen) sowie Wärmerückgewinnungsanlagen, Wärmepumpen, Solar-, Biomasse-, Windkraft- und Wasserkraftanlagen, Umstellung von Heizöl auf Fernwärme, Biomasseverfeuerung oder in besonderen Fällen auf Gas (antragsberechtigt: Haupt- und Nebenerwerbslandwirte). Zuschuß von 20% auf das zuwendungsfähige Investitionsvolumen. Die Bemessungshöchstgrenze liegt bei 143.000,- DM je Arbeitskraft und 250.000,- DM je Betrieb innerhalb von 6 Jahren. Bagatellgrenze 5.000,- DM.

Richtlinie B: Zuschuß bis zu 35% der zuwendungsfähigen Kosten, max. 28.000,- DM für den Einbau umweltfreundlicher Heizungsanlagen mit Abgasreinigung bzw. bis zu 15%, max. 12.000,- DM für Biogasanlagen (auch zusätzlich zu einer Förderung nach Richtlinie A). Alternativ sind auch zinsverbilligte Darlehen möglich. Für Junglandwirte gibt es eine Zusatzförderung.

Kumulation: Keine Angabe.

Besondere Hinweise: Die Richtlinien treffen Regelungen für eine Vielzahl von Fällen, die hier nicht näher ausgeführt werden können.

Informationsmaterial: Keine Angabe.

Informations- und Antragstelle(n): Zuständiges Amt für Landwirtschaft, Landschafts- und Bodenkultur.

Ministerium für Ländlichen Raum, Ernährung,
Landwirtschaft und Forsten
Referat 44
Postfach 10 34 44
Kernerplatz 10
D-70029 Stuttgart
Tel.: 0711/126-0
Fax: 0711/126-2255

Antragstellung: Mit Formular.

Grundlage der Förderung: Richtlinien des Ministeriums für Ländlichen Raum, Ernährung, Landwirtschaft und Forsten Baden-Württemberg für die Förderung einzelbetrieblicher Investitionen in der Landwirtschaft (Richtlinie A) vom 01.01.1993 - Az.: 44-8510.00 - sowie für die Förderung von Investitionen im Regionalprogramm des Landes (Richtlinie B) vom 01.01.1993 - AZ: 44-8510.00, GABl. Nr. 14, S. 505 ff.

Baden-Württemberg

Erstellung von Energiekonzepten

Für: Gemeinden mit bis zu 10.000 Einwohnern.

Förderung: Aufstellung und Fortschreibung von Energiekonzepten für Gemeinden, Gemeindegebiete bzw. Teilgebiete hiervon, in denen die Möglichkeiten der Energieeinsparung, der rationellen Energieverwendung sowie der Nutzung erneuerbarer Energiequellen insbesondere auch bei öffentlichen Gebäuden systematisch untersucht werden.

Zuschuß bis zu 30% der zuwendungsfähigen Kosten, max. 30.000,- DM.

Zuwendungen für Energiekonzepte mit zuwendungsfähigen Kosten unter 10.000,- DM werden nicht gewährt.

Kumulation: Kombination mit anderen Förderprogrammen bis zur Förderhöchstgrenze von 49% zulässig.

Besondere Hinweise: Die Richtlinie vom 21.06.1993 ersetzt die "Richtlinie zur Förderung der Erstellung von Energiekonzepten der Landkreise, Städte und Gemeinden des Landes Baden-Württemberg vom 31.05.1990". Laufzeit: ab 01.07.1993.

Informationsmaterial: Keine Angabe.

Informations- und Antragstelle(n):

Landesgewerbeamt Baden-Württemberg
Postfach 10 29 63
Willi-Bleicher-Straße 19
D-70025 Stuttgart
Tel.: 0711/123-0
Fax: 0711/123-2755

Antragstellung: Mit Formblatt; Maßnahmebeginn nicht vor Antragstellung.

Grundlage der Förderung: Richtlinie des Ministeriums für Wirtschaft, Mittelstand und Technologie Baden-Württemberg für die Förderung der Erstellung von Energiekonzepten von Gemeinden bis 10.000 Einwohner vom 21.06.1993, veröffentlicht im Staatsanzeiger Nr. 51 vom 30.06.1993.

Baden-Württemberg

Demonstrationsvorhaben zur Energieeinsparung und zur Nutzung erneuerbarer Energiequellen

Für: Unternehmen mit bis zu 500 Beschäftigten und einem Vorjahresumsatz bis 200 Mio. DM; Natürliche und juristische Personen mit (Wohn-)Sitz in Baden-Württemberg.

Förderung: Erstmalige Anwendung von Techniken zur Energieeinsparung oder Nutzung erneuerbarer Energiequellen. Vorausgesetzt wird Neuartigkeit, Wirtschaftlichkeit, Energieeinsparung oder Nutzung erneuerbarer Energiequellen. Entwicklungs- und Versuchsphase muß abgeschlossen sein.

Zuschuß bis zu 40% der Investitionsmehrkosten.

Kumulation: Bis zur Förderhöchstgrenze von 49% zulässig.

Besondere Hinweise: Dies ist ein auf wenige mögliche Fälle bezogenes Förderprogramm, das aber prinzipiell von jedermann genutzt werden kann, wenn eine geeignete Maßnahme durchgeführt wird. Laufzeit: ab 01.07.1993.

Informationsmaterial: Keine Angabe.

Informations- und Antragstelle(n):

Ministerium für Wirtschaft, Mittelstand
und Technologie Baden-Württemberg
Referat 53
Postfach 10 34 51
Theodor-Heuss-Straße 4
D-70029 Stuttgart
Tel.: 0711/123-1386
Fax: 0711/123-2126

Antragstellung: Formular; Maßnahmebeginn nicht vor Bewilligung.

Grundlage der Förderung: Richtlinie des Wirtschaftsministeriums Baden-Württemberg für die Förderung von Demonstrationsvorhaben der rationellen Energieverwendung und der Nutzung erneuerbarer Energieträger vom 21.06.1993, veröffentlicht im Staatsanzeiger Nr. 51 vom 30.06.1993.

Bayern

Wärmedämmung älterer Wohnungen

Für: Eigentümer; Verfügungsberechtigte.

Förderung: Wohnungsmodernisierung einschließlich heizenergiesparender Verbesserungen der Wärmedämmung.
- Bei Eigentum: Darlehen bis 30.000,- DM auf 10 Jahre. Verzinsung 5%; Gebühren 0,5% p.a.; Tilgungsrate 3% plus Zinsersparnis.
- Bei Mietwohnungen: degressiv gestaffelte Aufwendungszuschüsse und Darlehen, Verzinsung 4%, Tilgungsrate 2% zuzüglich Zinsersparnis.

Kumulation: Keine Angabe.

Besondere Hinweise: Die Förderung ist nur möglich als Teil von Modernisierungsmaßnahmen in mindestens 20 Jahre alten Gebäuden. Einkommensgrenze 140% des § 25 des Zweiten Wohnungsbaugesetzes bei Eigenwohnungen; 25% Eigenleistung gefordert.

Informationsmaterial: Keine Angabe.

Informations- und Antragstelle(n): Zuständige Kreisverwaltungsbehörde.

Antragstellung: Mit Formular BayModR Ia oder Ib; Maßnahmebeginn nicht vor Bewilligung.

Grundlage der Förderung: Richtlinien für die Förderung der Wohnungsmodernisierung gemäß Bekanntmachung des Bayerischen Staatsministeriums des Innern vom 24.04.1991 (Bayerisches Modernisierungsprogramm), Gz. II- C5-4753-016/90, StAnz Nr. 18, bzw. in: AllMABl., S. 311.

Bayern

Energieeinsparung im gewerblichen Mittelstand

Für: Mittelständische Unternehmen der Industrie, des Handwerks, des Handels und des Straßenverkehrswesens.

Förderung: Neueinrichtung von Betrieben, Betriebsübernahmen und tätige Beteiligungen, bei erstmaligen Existenzgründungen auch die Anschaffung eines ersten Warenlagers sowie Rationalisierungen, Modernisierungen und Erweiterungen bestehender Betriebe (hierunter fallen auch Investitionen zur Energieeinsparung).

1. Bayerisches Mittelstandskreditprogramm

- Erstmalige Existenzgründungen: Darlehen bis zu 40% der förderungsfähigen Investitionen, mindestens aber 15.000,- DM, höchstens 400.000,- DM; Zinssatz 5% p.a.; Laufzeit 8 Jahre, bei Bauvorhaben 15 Jahre, davon jeweils 4 Jahre tilgungsfrei; Auszahlung 100%.
- Sonstigen Vorhaben: Darlehen bis zu 25% der förderungsfähigen Investitionen, mindestens aber 15.000,- DM, höchstens 400.000,- DM; Zinssatz 6,5%, 5,5% p.a. für Vorhaben im ehemaligen Zonenrandgebiet; Laufzeit 7 Jahre, bei Bauvorhaben 15 Jahre, davon jeweils 2 Jahre tilgungsfrei; Auszahlung 100%.
- Programmteil Lebensmitteleinzelhandel/Nahrungsmittelhandwerk: Darlehen bis zu 50% der förderungsfähigen Investitionen, max. 750.000,- DM.

2. Ergänzungsdarlehen der LfA, ab 5.000,- DM, können die Finanzierungsanteile der Darlehen aus dem Mittelstandskreditprogramm einheitlich auf 66 2/3% anheben: Zinssatz 6% p.a.; Laufzeit 10 Jahre; 2 Jahre tilgungsfrei; Auszahlung 97%.

Kumulation: Keine Angabe.

Besondere Hinweise: Eine einmalige Gebühr von 0,1% je Kredit ist an die LfA (bei 1.) bzw. an die Hausbank (bei 2.) zu zahlen.

Informations- und Antragstelle(n): Banken, Sparkassen, Industrie- und Handelskammern, Handwerkskammern, Regierungen bzw.

Bayerisches Staatsministerium
für Wirtschaft und Verkehr
Prinzregentenstraße 28
D-80538 München
Tel.: 089/2162-2642
Fax: 089/2162-2760

Bayerische Landesanstalt für
Aufbaufinanzierung (LfA)
Königinstraße 15
D-80539 München
Tel.: 089/2124-2388
Fax: 089/2124-2440

Antragstellung: Mit Formular über Hausbank; Maßnahmebeginn nicht vor Bewilligung

Grundlage der Förderung: Richtlinien zur Durchführung des Bayerischen Kreditprogramms für die Förderung des gewerblichen Mittelstandes (Bayerisches Mittelstandskreditprogramm); WVMBl. vom 26.08.1987, S. 73, Beilage Nr. 8 zum StAnz. Nr. 40.

Bayern

Investitionen zur Luftreinhaltung

Für: Unternehmen der gewerblichen Wirtschaft.

Förderung: Darlehen für Investitionen zur Luftreinhaltung. Dieses Programm kann im Einzelfall auch für Änderungen an Energieerzeugungs- oder Heizungsanlagen infrage kommen. Die Einzelheiten sind der Richtlinie zu entnehmen.

Zinsverbilligte Darlehen bis zu 50% der förderfähigen Investitionen zu folgenden Konditionen:

- Zinssatz: 6% (in Ausnahmefällen 3,5%);
- Auszahlung: 100%;
- Laufzeit: 12 Jahre (in Ausnahmefällen bis zu 15 Jahre), davon 2 Jahre tilgungsfrei.

Kumulation: Keine Angabe.

Besondere Hinweise: Keine Angabe.

Informationsmaterial: Keine Angabe.

Informations- und Antragstelle(n): Bezirksregierung.

Information:
Bayerische Landesanstalt für
Aufbaufinanzierung (LfA)
Königinstraße 17
D-80539 München
Tel.: 089/2124-0
Fax: 089/2124-2440

Bayerisches Staatsministerium für
Landesentwicklung und Umweltfragen
Rosenkavalierplatz 2
D-81925 München
Tel.: 089/9214-0

Bayerisches Staatsministerium
für Wirtschaft und Verkehr
Prinzregentenstraße 28
D-80538 München
Tel.: 089/2162-01

Antragstellung: Mit Antragsvordruck Nr. 90 IH (blau) bzw. Nr. 90 FV (grün) und Beiblatt ALA über die Hausbank an die Bezirksregierung; Maßnahmebeginn nicht vor Bewilligung.

Grundlage der Förderung: Richtlinie zur Durchführung des Bayerischen Kreditprogramms für Investitionen der gewerblichen Wirtschaft auf dem Gebiet der Abwasserreinigung und Luftreinhaltung, Bekanntmachung des Staatsministeriums für Wirtschaft und Verkehr vom 26.08.1987, Nr. 3540 - III/7 b - 35684.

Bayern

Umwelttechnologie-Förderprogramm

Für: Kleine und mittlere Unternehmen der gewerblichen Wirtschaft; Ingenieurbüros; Entwicklungsinstitute.

Förderung: Praxisbezogene Forschungs- und Entwicklungsvorhaben sowie die Erprobung technischer Methoden und Verfahren auf der Grundlage von Pilot- und Demonstrationsvorhaben u.a. aus dem Bereich der Energieversorgung.

Zuschuß zwischen 25% und 40%, in Ausnahmefällen bis zu 50% und/oder zinsverbilligte Darlehen (vorzugsweise bei praxisorientierten Pilotanwendungen neuer umweltrelevanter Technologien) mit einer Laufzeit von bis zu 12 Jahren, davon zwei tilgungsfreie Anlaufjahre.

Kumulation: Keine Angabe.

Besondere Hinweise: Keine Angabe.

Informationsmaterial: Keine Angabe.

Informations- und Antragstelle(n):

Bayerisches Staatsministerium für
Landesentwicklung und Umweltfragen
- Referat 101 -
Rosenkavalierplatz 2
D-81925 München
Tel.: 089/9214-0

Antragstellung: Formloser Antrag vor Beginn der Maßnahme an obige Adresse.

Grundlage der Förderung: Bayerisches Umwelttechnologie-Förderprogramm des Bayerischen Staatsministeriums für Landesentwicklung und Umweltfragen.

Bayern

Ergänzungsprogramm der Bayerischen Landesanstalt für Aufbaufinanzierung

Für: Unternehmen der gewerblichen Wirtschaft.

Förderung: Mitfinanzierung von Investitionen gewerblicher Unternehmen, auch Energieeinsparinvestitionen, soweit sie in anderen Programmen nicht ausreichend berücksichtigt werden können.

Zinsgünstige Darlehen zwischen 100.000,- DM und max. 400.000,- DM für eine Laufzeit bis 10 Jahre, bei bis zu zwei tilgungsfreien Jahren.

Kumulation: Keine Angabe.

Besondere Hinweise: Mit dem Vorhaben darf nach Antragstellung begonnen werden, ohne daß ein Rechtsanspruch auf Förderung besteht. Die Darlehen werden nicht auf Subventionshöchstwerte angerechnet.

Informationsmaterial: Keine Angabe.

Informations- und Antragstelle(n):

Bayerische Landesanstalt für
Aufbaufinanzierung (LfA)
Königinstraße 17
D-80539 München
Tel.: 089/2124-0
Fax: 089/2124-2440

Bayerisches Staatsministerium für
Wirtschaft und Verkehr
Prinzregentenstraße 28
D-80538 München
Tel.: 089/2162-2650
Fax: 089/2162-2760

Antragstellung: Mit Formblatt bei jedem Kreditinstitut.

Grundlage der Förderung: Ergänzungsprogramm der Bayerischen Landesanstalt für Aufbaufinanzierung - Sonstige Investitionen.

Bayern

Bayerisches Agrarkreditprogramm

Für: Landwirtschaftliche Betriebe (Landwirte, Agrarbetriebe).

Förderung: Baumaßnahmen einschließlich Investitionen zur Energieeinsparung oder Anwendung neuer Energietechnologien.

Zinszuschüsse zu Kapitalmarktdarlehen bis 100.000,- DM von 3% (in benachteiligten Gebieten 5%), Junglandwirte 1% zusätzlich auf 10 Jahre.

Kumulation: Keine Angabe.

Besondere Hinweise: Allgemeines Programm zur Investitionsförderung, das auch für energietechnische Maßnahmen genutzt werden kann.

Informationsmaterial: Keine Angabe.

Informations- und Antragstelle(n): Ämter für Landwirtschaft.

Antragstellung: Keine Angabe.

Grundlage der Förderung: Richtlinien des Bayerischen Staatsministeriums für Ernährung, Landwirtschaft und Forsten zur Durchführung des Agrarkreditprogramms für die bayerische Landwirtschaft (Bayerisches Agrarkreditprogramm) in der jeweils geltenden Fassung.

Bayern

Bayerisches Agrarkreditprogramm E

Für: Betriebe der Ernährungswirtschaft.

Förderung: Bauliche und maschinelle Investitionen auch zur Energieeinsparung.

Zinsvergünstigtes Kapitalmarktdarlehen von max. 60% der förderfähigen Investitionssumme zu folgenden Konditionen:

- Zinszuschuß von 4% (Stand: 21.04.1993);
- Laufzeit: 5 Jahre, in benachteiligten Gebieten 10 Jahre;
- Darlehenshöchstsatz zwischen 200.000,- DM und 8 Mio. DM, bei Molkereien bis 24 Mio. DM.

Kumulation: Keine Angabe.

Besondere Hinweise: Programm zur Förderung der erstaufnehmenden Hand der Ernährungswirtschaft, das auch für energiesparende Maßnahmen herangezogen werden kann.

Informationsmaterial: Keine Angabe.

Informations- und Antragstelle(n):

Bayerische Landesanstalt für Ernährung
Postfach 90 01 53
Menzingerstraße 54
D-81501 München
Tel.: 089/17800-103

Antragstellung: Mit Formular.

Grundlage der Förderung: Richtlinien zur Durchführung des Bayerischen Agrarkreditprogramms für die Ernährungswirtschaft (Bayerisches Agrarkreditprogramm E), Bekanntmachung des Bayerischen Staatsministeriums für Ernährung, Landwirtschaft und Forsten vom 14.01.1993, Nr. 7601.13 -144.

Bayern

Nutzung erneuerbarer Energien

Für: Natürliche und juristische Personen; Gemeinden; Unternehmen; Private.

Förderung: Zuschuß bis zu 30% für Anlagen zur thermischen Sonnenenergienutzung und zur Energiegewinnung aus Biomasse, Wärmepumpen und Windkraftanlagen von mindestens 1 kW; Zuschuß bis zu 50% für Photovoltaikanlagen nicht unter 0,5 kW. Anlagen unter 10.000,- DM bzw. Wärmepumpen unter 5.000,- DM werden nicht gefördert. Maximaler Zuschuß 30.000,- DM.

Kumulation: Keine Angabe.

Besondere Hinweise: Laut Beschluß des Bayerischen Landtags sollen wegen der angespannten Haushaltslage keine neuen Anträge mehr angenommen werden. Die bislang vorliegenden bewilligungsfähigen Anträge sollen aber im Rahmen der finanziellen Möglichkeiten gefördert werden. (Quelle: Sonnenergie 4/1993, S. 18.)

Informationsmaterial: Keine Angabe.

Informations- und Antragstelle(n):

Bayerisches Staatsministerium
für Wirtschaft und Verkehr
Prinzregentenstraße 28
D-80538 München
Tel.: 089/2162-2230
Fax: 089/2162-2760

Regierung von Oberbayern
Maximilianstraße 39
D-80538 München
Tel.: 089/2176-2334

Regierung von Niederbayern
Regierungsplatz 540
D-84028 Landshut
Tel.: 0871/808-1331

Regierung der Oberpfalz
Emmeramsplatz 8
D-93047 Regensburg
Tel.: 0941/5680-305

Regierung von Oberfranken
Ludwigstraße 20
D-95444 Bayreuth
Tel.: 0921/604-312

Regierung von Mittelfranken
Promenade 27
D-91522 Ansbach
Tel.: 0981/53-341

Regierung von Unterfranken
Peterplatz 9
D-97070 Würzburg
Tel.: 0931/380-313

Regierung von Schwaben
Fronhof 10
D-86152 Augsburg
Tel.: 0821/327-2294

Antragstellung: Bei den Wirtschaftsabteilungen der Regierungen.

Grundlage der Förderung: Richtlinien zur Durchführung des Bayerischen Programms zur verstärkten Nutzung erneuerbarer Energien vom 14.04.1992.

Bayern

Kleinwasserkraftanlagen

Für: Eigentümer.

Förderung: Wiederinbetriebnahme, Erhaltung oder Ausbau von Kleinwasserkraftanlagen bis zu einer Ausbauleistung von 1.000 kW. Der Neubau von Kleinwasserkraftwerken soll nur in Ausnahmefällen gefördert werden, soweit er ökologisch vertretbar ist.

Förderfähige Kosten sind alle Investitionskosten, die zur Steigerung bzw. Sicherung der Energieerzeugung notwendig sind, inbesondere Investitionen für Maschinen- und Elektrotechnik, Hoch- und Tiefbau, Wasser- und Stahlbau. Kosten für Architekten- und Ingenieurleistungen werden pauschal mit einem Zuschlag von 10% auf die förderfähigen Investitionskosten berücksichtigt.

Zuschuß bis 30% der förderfähigen Kosten, max. 8.000,-DM/kW Ausbauleistung.

Kumulation: Keine Angabe.

Besondere Hinweise: Keine Angabe.

Informationsmaterial: Keine Angabe.

Informations- und Antragstelle(n):

Bayerisches Staatsministerium
für Wirtschaft und Verkehr
Prinzregentenstraße 28
D-80538 München
Tel.: 089/2162-2715
Fax: 089/2162-2760

Ferner die für den Vollzug des Förderprogramms zuständigen Wirtschaftsabteilungen der Regierungen (Adressen siehe vorangehende Seite).

Antragstellung: Bei den Wirtschaftsabteilungen der Regierungen.

Grundlage der Förderung: Grundsätze des Bayerischen Staatsministeriums für Wirtschaft und Verkehr zur Förderung von Kleinwasserkraftanlagen in Bayern, 1990.

Bayern

Rationellere Energiegewinnung und -verwendung

Für: Gewerbliche Unternehmen; Kommunen; Nichtstaatliche Träger; Private in Ausnahmefällen.

Förderung: Entwicklung und Demonstration neuer Energietechnologien:

- Vorhaben, die der Entwicklung bzw. der Demonstration und Einführung neuer Technologien dienen;
- Untersuchungen über den Energieverbrauch sowie über Möglichkeiten, den Energieverbrauch zu vermindern bzw. neue Energietechnologien einzusetzen.

Zuschüsse in der Regel bis 30% der förderungsfähigen Kosten, bei besonders förderwürdigen Vorhaben bis 50%.

Kumulation: Mehrfachförderung nur bedingt zulässig.

Besondere Hinweise: Förderung nur bei Aussicht auf deutlichen Fortschritt oder Beispielcharakter des Vorhabens.

Informationsmaterial: Keine Angabe.

Informations- und Antragstelle(n):

Entwicklungs- und Demonstrationsvorhaben:
Bayerisches Oberbergamt
Prinzregentenstraße 26
D-80538 München
Tel.: 089/2162-2784, -2452

Untersuchungen:
Bayerisches Staatsministerium für Wirtschaft und Verkehr
Prinzregentenstraße 28
D-80538 München
Tel.: 089/2162-01, -2230
Fax: 089/2162-2760

Antragstellung: Zunächst formlos; Formblatt wird daraufhin ggf. zugeschickt.

Grundlage der Förderung: Richtlinien zur Durchführung des Bayerischen Programms Rationellere Energiegewinnung und -verwendung, Bekanntmachung des StMWV vom 13.07.1990, Nr. 6294 c1 -VI/3b-33223.

Bayern

Neue Produkte und Verfahren

Für: Unternehmen; Freiberufler.

Förderung: Entwicklung technologisch fortschrittlicher Produkte und Einführung technologisch fortschrittlicher Produktionsverfahren oder beschleunigte Einführung technologisch neuer Produkte und Verfahren in den Produktionsprozeß, sofern mittelfristiger wirtschaftlicher Nutzen bzw. volkswirtschaftliche Bedeutung und Notwendigkeit der öffentlichen Förderung zur Durchführung gegeben ist. Es handelt sich um Programme zur Förderung von Innovationen, die auch auf Maßnahmen im Bereich Energie angewendet werden können. Gewährt werden i.d.R. zinsverbilligte Darlehen, bei hohem Risiko sind auch Zuschüsse möglich.

1. Konditionen bei Entwicklungsvorhaben: Zinssatz 2% p.a. im ersten und zweiten, 5,5% p.a. ab dem dritten Jahr; Laufzeit 10 Jahre, davon 2 Jahre tilgungsfrei; Auszahlung 100%.

2. Konditionen bei Anwendungsvorhaben: Zinssatz 5,5% p.a.; Laufzeit 10 Jahre, davon 2 Jahre tilgungsfrei; Auszahlung 100%.

Kumulation: Keine Angabe.

Besondere Hinweise: Keine Angabe.

Informationsmaterial: Faltblätter "Bayerisches Technologie-Einführungs-Programm" und "Bayerisches Innovationsförderungsprogramm".

Informations- und Antragstelle(n):

Bayerisches Oberbergamt
Prinzregentenstraße 26
D-80538 München
Tel.: 089/2162-2783, -2784

Landesgewerbeanstalt Bayern
Postfach 30 22
Karolinenstraße 2-4
D-90014 Nürnberg
Tel.: 0911/2323-51

Antragstellung: Mit Antragsvordruck, bei Anwendungsvorhaben mit speziellem Formblatt Nr. 90 IH (blau).

Grundlage der Förderung: Richtlinien zur beschleunigten Einführung und Verbreitung zukunftsträchtiger Technologien in der mittelständischen Wirtschaft (Bayerisches Technologie-Einführungs-Programm) des Bayerischen Staatsministeriums für Wirtschaft und Verkehr vom 04.02.1986 (StAnz. Nr. 7) i.d.F.d. Bekanntmachung des BStmWV vom 22.08.1988 (StAnz. Nr. 35) und Bayerisches Innovationsförderungs-Programm. Bekanntmachung des Bayerischen Staatsministeriums für Wirtschaft und Verkehr vom 24.10.1985 (StAnz. Nr. 45) i.d.F.d. Bekanntmachung des BStmWV vom 22.08.1988 (StAnz. Nr. 35). (Stand: April 1993).

Bayern

Kommunale Energieeinsparkonzepte

Für: Gemeinden; Landkreise; Bezirke; Kommunale Körperschaften.

Förderung: Untersuchungen über den Energieverbrauch von Einrichtungen der kommunalen Gebietskörperschaften und über Möglichkeiten, deren Energiebedarf auch unter Einsatz neuer Energietechnologien zu verringern.

Zuschüsse bis 50% der förderfähigen Untersuchungskosten, max. 50.000,- DM je Untersuchung.

Kumulation: Keine Angabe.

Besondere Hinweise: Bewilligungsvoraussetzung ist u.a., daß die Untersuchung als Grundlage für anstehende bzw. geplante Investitionsentscheidungen dient, daß als Ergebnis der Untersuchung konkrete Realisierungsvorschläge mit Angaben zur energietechnischen Dimensionierung, zu den Investitionskosten und zur Wirtschaftlichkeit vorhanden sind, daß die Untersuchung auch Alternativrechnungen zur Prüfung der Einsatzmöglichkeiten von Anlagen zur Nutzung regenerativer Energiequellen und von Blockheizkraftwerken mit Nahwärmeversorgung vorsieht.

Informationsmaterial: Keine Angabe.

Informations- und Antragstelle(n):

Bayerisches Oberbergamt
Prinzregentenstraße 26
D-80538 München
Tel.: 089/2162-01
Fax: 089/2162-2782

Antragstellung: Mit Formblatt (Muster 1a zu Art. 44 BayHO); Maßnahmebeginn nicht vor Bewilligung.

Grundlage der Förderung: Fördermaßnahme Kommunale Energieeinsparkonzepte des Bayerischen Staatsministeriums für Wirtschaft und Verkehr vom 22.02.1990.

Bayern

Energietechnische Beratungen

Für: Mittelständische Unternehmen der gewerblichen Wirtschaft; Freiberufler.

Förderung: Programm zur Förderung der technologischen, auch energietechnischen Beratung.

Kontaktstellen bei den Zweigstellen der Landesgewerbeanstalt Bayern, der Industrie- und Handelskammern sowie der Handwerkskammern bieten Auskünfte zu technischen Fragen sowie die Vermittlung von Experten zur Lösung technologischer Probleme durch Beratung an.

Bei Durchführung einer Beratung:

Zuschüsse zu den Kosten der Beratung, max. 90% zu einer Kurzberatung (bis zu 2 Tagen Dauer) und max. 75% zu einer Intensivberatung (bis zu 10 Tagen Dauer). Es bestehen besondere Abrechnungsvorschriften.

Kumulation: Keine Angabe.

Besondere Hinweise: Es handelt sich um ein Programm zur Ergänzung des betrieblichen technologischen Wissens, das auch bei Energiemaßnahmen in Anspruch genommen werden kann.

Informationsmaterial: Faltblatt "Bayerisches Technologie-Beratungs-Programm des Staatsministeriums für Mittelstand, Wirtschaft und Verkehr".

Informations- und Antragstelle(n): Kontaktstellen bei den Zweigstellen der Landesgewerbeanstalt Bayern, der Industrie- und Handelskammern sowie der Handwerkskammern.

Landesgewerbeanstalt Bayern
Postfach 30 22
Karolinenstraße 2-4
D-90014 Nürnberg
Tel.: 0911/2323-51

Bayerisches Staatsministerium für
Wirtschaft und Verkehr
Prinzregentenstraße 28
D-80538 München
Tel.: 089/2162-0
Fax: 089/2162-2760

Antragstellung: Formular; Kontaktaufnahme zunächst formlos.

Grundlage der Förderung: Richtlinien zur Förderung der Technologie-Beratung, insbesondere für kleine und mittlere Unternehmen (Bayerisches Technologie-Beratungs-Programm) vom 25.09.1983.

Bayern

Energieberatungen im Handel

Für: Einzelhandelsunternehmen (bis 6 Mio. DM Vorjahresumsatz); Großhandelsunternehmen (bis 17 Mio. DM Vorjahresumsatz); Handelsvertreter; Handelsmakler (bis 1 Mio. DM Bruttoprovisionsertrag).

Förderung: Verbilligung von Energiesparberatungen durch die BBE Bayern-Unternehmensberatung und die Gesellschaft für Handelsberatung mbH (GfH).

Kumulation: Keine Angabe.

Besondere Hinweise: Keine Angabe.

Informationsmaterial: Broschüre "Information und Beratung in Bayern'" des Bayerischen Staatsministeriums für Wirtschaft und Verkehr, Stand: Juli 1992.

Informations- und Antragstelle(n):

Unternehmen des Einzelhandels:
BBE-Bayern Unternehmensberatung
Brienner Straße 45
D-80333 München
Tel.: 089/55118-0
Fax: 089/55118-153

Unternehmen des Großhandels, des Handelsvertreter- und Handelsmaklergewerbes:
GfH Gesellschaft für Handelsberatung mbH
Max-Joseph-Straße 4
D-80333 München
Tel.: 089/557701

Bayerisches Staatsministerium
für Wirtschaft und Verkehr
Referat Handel
Prinzregentenstraße 28
D-80538 München
Tel.: 089/2162-2603
Fax: 089/2162-2760

In Kooperation mit der BBE:
Dipl.-Ing. Manfred Th. Kraus
Tannenflackerstraße 2182194
Gröbenzell
Tel.: 08142/6747
Fax: 08142/54822

Antragstellung: Keine Angabe.

Grundlage der Förderung: Förderung von Energiesparberatungen im Rahmen der Förderung von Unternehmenskurzberatungen im Handel.

Bayern

Strategie- und Rationalisierungsberatungen für kleine und mittlere Unternehmen (KMU)

Für: Unternehmen bis 18 Mio. DM Vorjahresumsatz und 150 Mitarbeiter.

Förderung: Gefördert werden Einzelberatungen kleiner und mittlerer Unternehmen auf den Gebieten der Strategie und der Rationalisierung. Es können auch Beratungen über sparsame und rationelle Energieverwendung gefördert werden.

Zuschuß zu Beratungskosten in Höhe von 350,- DM/Tagewerk (für Betriebe mit Standort in den Regierungsbezirken Niederbayern, Oberpfalz, Oberfranken und Unterfranken 380,- DM/Tagewerk).

Kumulation: Keine Angabe.

Besondere Hinweise: Innerhalb von vier Jahren sind bis zu 20 Tagewerke zuschußfähig. Die Beratungsleistungen können zusammenhängend oder in einzelnen Abschnitten in Anspruch genommen werden.

Informationsmaterial: Keine Angabe.

Informations- und Antragstelle(n):

Rationalisierungskuratorium
der Deutschen Wirtschaft e.V.
Landesgruppe Bayern
Postfach 83 07 49
Gustav-Heinemann-Ring 212
D-81707 München
Tel.: 089/670040-0

Antragstellung: Mit Formblatt vor Beginn der Maßnahme.

Grundlage der Förderung: Richtlinie zur Förderung von Strategie- und Rationalisierungsberatungen für kleine und mittlere Unternehmen der Industrie und des industrieorientierten Dienstleistungsgewerbes. Bekanntmachung des Bayerischen Staatsministeriums für Wirtschaft und Verkehr vom 23.01.1990, in: Bayerischer Staatsanzeiger Nr. 4 vom 26.01.1990.

Berlin

Modernisierung/Instandsetzung von Wohnraum (Stadtweite Maßnahmen)

Für: Eigentümer; Verfügungsberechtigte; Mieter.

Förderung:

1. Katalog der in den Bezirken des Westteils von Berlin geförderten Maßnahmen:

- Umstellung von Einzelofenheizung auf Sammelheizung mit Fernwärmeversorgung oder leitungsgebundener Gasversorgung: Baukostenzuschuß bis zu 5.000,- DM/Wohnung;
- Außenwärmedämmung von Bauteilen, die Wohnräume unmittelbar zur Außenluft abschließen: Zuschuß 50,- DM/m² Dämmung;
- Photovoltaikanlagen mit einer Nennleistung von mindestens 500 W_p: Zuschuß 70%, max. 23.000,- DM/kW_p;
- Sonnenkollektoren, gasbetriebene Wärmepumpen und vergleichbar sinnvolle Maßnahmen zur Nutzung erneuerbarer Energiequellen: Zuschuß 60%, max. 25.000,- DM/Wohnung;
- Austausch von Trinkwasserbleileitungen: Zuschuß 40%;
- Einbau schalldämmender Fenster gegen Fluglärm: 400,- DM/m² Fensterfläche.

2. Katalog der in den Bezirken des Ostteils von Berlin geförderten (Energie-)Maßnahmen:

- Umstellung von Einzelofenheizung (mit Befeuerung durch feste oder flüssige Brennstoffe) auf Sammelheizung mit Fernwärmeversorgung oder leitungsgebundener Gasversorgung: Zuschuß von 5.000,- DM/Wohnung;
- Außenwärmedämmung von Bauteilen, die Wohnräume unmittelbar zur Außenluft hin abschließen: Zuschuß 80,- DM/m²;
- Maßnahmen zur Nutzung erneuerbarer Energiequellen. Zuschuß von 70% für Photovoltaikanlagen bzw. 60% für Sonnenkollektoren, gasbetriebene Wärmepumpen und vergleichbar sinnvolle Maßnahmen zur Nutzung erneuerbarer Energiequellen;
- Bauliche Maßnahmen zur Verbesserung der sanitären Verhältnisse, u.a. zur Warmwasserversorgung (vorrangig unter Verwendung von Gas): Zuschuß von 800,- DM für Bad/WC bzw. 300,- DM für Küche;
- Energiesparende Maßnahmen an zentralen Heizungs- und Warmwasseranlagen: Zuschuß 50%, max. 5.000,- DM/Wohnung.

Kumulation: Andere öffentliche Mittel nur zulässig, wenn als ausdrückliche Ergänzung zu dieser Förderung gewährt.

Besondere Hinweise: Es bestehen technische Auflagen und Mietpreisbindungen. Maßnahmen der Wohnungsnutzer können auch gefördert werden. Laufzeit: bis 31.12.1995.

Berlin

Modernisierung/Instandsetzung von Wohnraum (Stadtweite Maßnahmen) (Fortsetzung)

Informationsmaterial: Keine Angabe.

Informations- und Antragstelle(n):

    Investitionsbank Berlin
    Reichstagufer 10
    D-10117 Berlin
    Tel.: 030/2281-0
    Fax: 030/2281-4200

Antragstellung: Formular; Maßnahmebeginn i.d.R. nicht vor Bewilligung

Grundlage der Förderung: Richtlinien der Senatsverwaltung für Bau- und Wohnungswesen über die Gewährung von Zuwendungen zur Modernisierung und Instandsetzung von Wohnraum - Programmteil "Stadtweite Maßnahmen" (ModInstRL 93 - stadtweit) vom 12.03.1993, veröffentlicht im Amtsblatt für Berlin 43 (1993) 16 vom 02.04.1993, S. 892-899.

Berlin

Modernisierung/Instandsetzung von Wohnraum durch Mieter

Für: Mieter von Wohnungen.

Förderung:

- Umstellung von Einzelofenheizung (mit Befeuerung durch feste oder flüssige Brennstoffe) auf Sammelheizung mit Fernwärmeversorgung oder leitungsgebundener Gasversorgung: Zuschuß von 5.000,- DM/Wohnung;
- Bauliche Maßnahmen zur Verbesserung der sanitären Verhältnisse, u.a. zur Warmwasserversorgung (vorrangig unter Verwendung von Gas): Zuschuß von 800,- DM für Bad/WC bzw. 300,- DM für Küche;
- Austausch einfach verglaster Fenster in Aufenthaltsräumen durch doppelt verglaste Fenster: Zuschuß von 300,- DM/m^2 für einfache Ausführung, 400,- DM/m^2 für Kastendoppelfenster und Fenster mit besonderer Sprossenaufteilung.
- Austausch von Trinkwasserbleileitungen: Zuschuß 40%;

Kumulation: Andere öffentliche Mittel nur zulässig, wenn als ausdrückliche Ergänzung zu dieser Förderung gewährt.

Besondere Hinweise: Es bestehen einige technische Auflagen sowie Mietpreisbindungen. Maßnahmen der Wohnungsnutzer können auch gefördert werden. Laufzeit: bis 31.12.1995.

Informationsmaterial: Keine Angabe.

Informations- und Antragstelle(n):

Förderungsstelle:

Investitionsbank Berlin
Reichstagufer 10
D-10117 Berlin
Tel.: 030/2281-0
Fax: 030/2281-4200

Antragstellung: Formular; Maßnahmebeginn i.d.R. nicht vor Bewilligung.

Grundlage der Förderung: Richtlinien der Senatsverwaltung für Bau- und Wohnungswesen über die Gewährung von Zuwendungen für die Wohnungsmodernisierung durch Mieter (Mieter ModRL 93) vom 12.03.1993, veröffentlicht im Amtsblatt für Berlin 43 (1993) 16 vom 02.04.1993, S. 899-903.

Berlin

Energiespargesetz

Für: Unternehmen; Private.

Förderung: Das Gesetz zur Förderung der sparsamen sowie umwelt- und sozialverträglichen Energieversorgung und Energienutzung im Land Berlin vom 02.10.1990 ermöglicht, insbesondere nach den §§ 9 bis 13, die Förderung von:

- Energieeinsparung in mit öffentlichen Mitteln geförderten Gebäuden und Einrichtungen (§ 9);
- Energiesparen in Wohngebäuden (§ 10);
- dezentralen Energienutzungsanlagen (§ 11);
- Forschung und Entwicklung sowie Pilot- und Demonstrationsanlagen (§ 12);
- Energieberatung (§ 13).

Die Einzelheiten werden in speziellen Förderungsrichtlinien festgelegt (siehe hierzu die folgenden Einträge).

Kumulation: Keine Angabe.

Besondere Hinweise: Keine Angabe.

Informationsmaterial: Keine Angabe.

Informations- und Antragstelle(n):

Senatsverwaltung für Stadtentwicklung
und Umweltschutz
Energieleitstelle
Lindenstraße 20-25
D-10958 Berlin
Tel.: 030/2586-2086
Fax: 030/2586-2116

Antragstellung: Keine Angabe.

Grundlage der Förderung: Gesetz zur Förderung der sparsamen sowie umwelt- und sozialverträglichen Energieversorgung und Energienutzung im Land Berlin vom 02.10.1990. In: Gesetz- und Verordnungsblatt für Berlin, 46 (1990) 72, vom 13.10.1990, S. 2144-2149.

Berlin

Umweltinvestitionsprogramm (UIP)

Für: Gewerbliche Unternehmen.

Förderung: Maßnahmen zur Reduzierung von Emissionen bei erheblicher Entlastung der Umwelt und zur Nutzung von Abwärme.

Förderung je nach Lage des Einzelfalls als Darlehen, Zinszuschuß oder bedingt rückzahlbare Zuwendung.

Kumulation: Keine Angabe.

Besondere Hinweise: Laufzeit: bis 31.12.1994.

Informationsmaterial: Übersichtsblätter "Förderungen von Energiesparmaßnahmen in Berlin", erhältlich u.a. bei der Senatsverwaltung für Wirtschaft, Berlin.

Informations- und Antragstelle(n):

Senator für Stadtentwicklung
und Umweltschutz
Referat V/Abteilung 1
Lentzeallee 12-14
D-14195 Berlin
Tel.: 030/8298-272, -259, -223
Fax: 030/2586-2116

Antragstellung: Mit Formular; Maßnahmebeginn nicht vor Bewilligung.

Grundlage der Förderung: Richtlinie zur Förderung der Verbesserung der Umweltverträglichkeit gewerblicher Betriebe in Berlin vom 31.01.1990. In: Amtsblatt für Berlin, 41 (1991) 13, vom 08.03.1991. S. 490-493.

Berlin (Westteil)

Umwelt-Förderprogramm Berlin II (UFP II)

Für: Kleine und mittlere Unternehmen.

Förderung: Umweltentlastende Maßnahmen in kleinen und mittleren Unternehmen:
- Einsparung von Energie und Wasser;
- industrielle und gewerbliche Eigenstromerzeugung in Kraft-Wärme-Kopplung;
- Gründung von Trägergesellschaften für Blockheizkraftwerke;
- Abwärmenutzung durch Aufbau von Industriedampfnetzen.

Nach Maßgabe des Landesinteresses beträgt der Zuschuß für einzelbetriebliche Maßnahmen bis zu 50%, für Servicegesellschaften bis zu 80% und für gemeinsame Infrastrukturen bei einer gemeinnützigen Trägerschaft bis zu 100%. In der Regel wird von den Zuwendungsempfängern ein Eigenanteil von 5-50% der Vorhabenskosten erwartet. Für die Bemessung des Fördersatzes sind Innovationscharakter und Modellhaftigkeit des Lösungsansatzes entscheidend.

Kumulation: Keine Angabe.

Besondere Hinweise: Die geförderten Maßnahmen müssen bis Ende 1995 realisiert und abgerechnet sein. Das UFP II ist das Nachfolgeprogramm des UFP I vom 15.05.1990. Der Geltungsbereich des UFP II ist nur der Westteil Berlins. Nachfolgeprogramme, die auch den Ostteil Berlins einbeziehen, sind in Vorbereitung.

Informationsmaterial: Keine Angabe.

Informations- und Antragstelle(n):

Senatsverwaltung für Stadtentwicklung
und Umweltschutz
SRU - Sonderreferat Umwelt
Lindenstraße 20-25
D-10958 Berlin
Tel.: 030/2586-2340
Fax: 030/2586-2116

Beratungs- und Service-Gesellschaft
Umwelt mbH (B.& S.U.)
Postfach 21 02 28
Alt Moabit 105
D-10502 Berlin
Tel.: 030/390706-0
Fax: 030/390706-31

Antragstellung: Anträge mußten auf entsprechendem Formblatt vor Beginn der Maßnahme bis zum 30.09.1993 eingereicht worden sein. Zur Zeit sind jedoch Nachfolgeprogramme in Vorbereitung, die auch den Ostteil Berlins einbeziehen.

Grundlage der Förderung: Umwelt-Förderprogramm Berlin II (UFP II) der Senatsverwaltung für Stadtentwicklung und Umweltschutz, auf der Grundlage des "Gemeinschaftlichen Förderkonzeptes für Berlin, Bundesrepublik Deutschland, Ziel-2-Gebiet (1989-1991)" im Rahmen des Europäischen Fonds für regionale Entwicklung (EFRE), Entscheidung der Kommission der EG vom 18.12.1991.

Berlin (Ost-Teil)

Ökologisches Sanierungsprogramm (ÖSP) für Ost-Berlin

Für: Private Einrichtungen; Öffentliche Einrichtungen

Förderung: Schaffung von Sofort- und Langfristarbeitsplätzen durch Arbeitsbeschaffungs- und Qualifizierungsmaßnahmen sowie Investitionsförderung im Umweltschutzbereich. Maßnahmenbereiche sind u.a. die Stadterneuerung incl. der Energieversorgung sowie Umwelt-Förderung kleiner und mittlerer Unternehmen. Gefördert werden kann z.B. die Umrüstung alter Heizkessel auf Blockheizkraftwerkstechnik sowie die Qualifizierung von Arbeitskräften im BHKW-Bereich. Ferner wird die Gründung von Servicegesellschaften zur Erstellung und zum Betrieb der Anlagen unterstützt.

Die Höhe der Förderung beträgt bis zu 100% je nach Maßnahme und Finanzierungskonzept.

Kumulation: Keine Angabe.

Besondere Hinweise: Laufzeit: bis 1997.

Informationsmaterial: Keine Angabe.

Informations- und Antragstelle(n):

Senatsverwaltung für Stadtentwicklung
und Umweltschutz
Referat VI B
Lindenstraße 20-25
D-10958 Berlin
Tel.: 030/2586-2134
Fax: 030/2586-2116

Für den Schwerpunkt "Technisch wissenschaftlicher Bereich":

Beratungs- und Service-Gesellschaft Umwelt mbH (B.&S.U.)
Alt Moabit 105
D-10559 Berlin
Tel.: 030/390706-0
Fax: 030/390706-31

Geschäftsbereich für den Schwerpunkt "ABM":

Beratungs- und Service-Gesellschaft Umwelt mbH (B.&S.U.)
Rungestraße 19
D-10179 Berlin
Tel.: 030/2707425
Fax: 030/2707428

Antragstellung: Keine Angabe.

Grundlage der Förderung: Sofortprogramm zur Ökologischen Sanierung Ost-Berlins, aufbauend auf Arbeitsbeschaffungsmaßnahmen (ABM), dem Aktionsprogramm Ökologischer Aufbau des Bundesministeriums für Umwelt für die neuen Bundesländer, Mitteln aus dem Strukturfonds der EG sowie weiteren Finanzierungsquellen des Landes, des Bundes und der EG.

Berlin

Energieberatungen im Wohnbereich

Für: Eigentümer; Verwalter; Mieter.

Förderung:

- Kostenlose informelle Energieberatungen durch Verbraucherzentrale (VZ) oder Gesellschaft für Rationelle Energieverwendung e.V. (GRE), auch im Beratungsbus, sowie durch den Berliner Mieterverein e.V. in bestimmten Bezirken;
- Energieanalysen in Einzelwohnungen oder Wohngebäuden durch Berater, die von der Senatsverwaltung für Wirtschaft und Technologie vermittelt werden;
- Für Beratung zu erneuerbaren Energiequellen wird ein Zuschuß von 15% gewährt.

Der Antragsteller trägt einen Teil der Beratungskosten, je nach Größe des Objekts und der Heizungsart (von 50,- DM für eine Wohnung bis 1.370,- DM bei 120 Wohneinheiten; 40% der Kosten bei Großwohnanlagen).

Kumulation: Keine Angabe.

Besondere Hinweise: Keine Angabe.

Informationsmaterial: Übersichtsblätter "Förderungen von Energiesparmaßnahmen in Berlin", erhältlich u.a. bei der Senatsverwaltung für Wirtschaft und Technologie

Informations- und Antragstelle(n):

Senatsverwaltung für Wirtschaft
und Technologie
Referat V C 3
Martin-Luther-Straße 105
D-10825 Berlin
Tel.: 030/783-8454
Fax: 030/7 83 84 55

Antragstellung: Vor Beratung.

Grundlage der Förderung: Bürgerservice Energie. Energiesparberatungen des Senators für Wirtschaft und Technologie, Stand Februar 1992.

Berlin

Energieberatungen in kleinen und mittleren Betrieben

Für: Kleine und mittlere Unternehmen bis 30 Mio. DM Vorjahresumsatz.

Förderung: Bis zu zweitägige Energieanalysen.

> Zuschuß 90% der Kosten, max. 675,- DM je achtstündigem Tagewerk, max. 2 Tagewerke.

Kumulation: Keine Angabe.

Besondere Hinweise: Erneute Förderung nach 3 Jahren möglich.

Informationsmaterial: Übersichtsblätter "Förderungen von Energiesparmaßnahmen in Berlin", erhältlich u.a. bei der Senatsverwaltung für Wirtschaft und Technologie

Informations- und Antragstelle(n):

> Senatsverwaltung für Wirtschaft
> und Technologie
> Referat V C 3
> Martin-Luther-Straße 105
> D-10825 Berlin
> Tel.: 030/783-8454
> Fax: 030/783-8455

Antragstellung: Vor Beratung.

Grundlage der Förderung: Förderung von Energieberatungen in kleinen und mittleren Betrieben des Senators für Wirtschaft und Technologie, Stand Mai 1991.

Berlin

Umweltberatung für kleine und mittlere Unternehmen

Für: Kleine und mittlere Unternehmen bis i.d.R. 30 Mio. DM Vorjahresumsatz.

Förderung: Beratungen, die sich nicht nur auf die zur Einhaltung bestehender Umweltschutzvorschriften erforderlichen Maßnahmen beschränken, sollen bestehenden Berliner Unternehmen helfen, die betriebs- und/oder produktbedingten Umweltbelastungen zu reduzieren bzw. vorbeugenden Umweltschutz zu betreiben. Die Betriebe sollen verstärkt Zugang zu den neuesten technologischen und betriebswirtschaftlichen Entwicklungen im Bereich des ökologischen Wirtschaftens erhalten. Ferner sollen sie über günstige Finanzierungsmöglichkeiten und öffentliche Finanzhilfen sowie über Lösungsansätze für Maßnahmen im Interesse des Umweltschutzes informiert werden.

Die Zuwendung beträgt für Unternehmen in den westlichen Stadtbezirken:
- bis 10 Mio. DM Vorjahresumsatz 75% der Honorarkosten, max. 15.000,- DM;
- über 10 Mio. DM Vorjahresumsatz 50% der Honorarkosten, max. 12.500,- DM.

Die Zuwendung beträgt für Unternehmen in den östlichen Stadtbezirken:
- bis 10 Mio. DM Vorjahresumsatz 85% der Honorarkosten, max. 17.000,- DM;
- über 10 Mio. DM Vorjahresumsatz 65% der Honorarkosten, max. 16.250,- DM.

Der Beratungsempfänger trägt neben der Differenz zwischen Zuwendung und tatsächlichen Beratungskosten auch die auf das Gesamthonorar entfallende Mehrwertsteuer.

Kumulation: Nicht zulässig.

Besondere Hinweise: Laufzeit: 01.01.1993 bis 31.12.1993.

Informationsmaterial: Keine Angabe.

Informations- und Antragstelle(n):

Technologie-Vermittlungs-Agentur
Berlin e.V. (TVA)
Kleiststraße 23-26
D-10787 Berlin
Tel.: 030/210003-55, -56
Fax: 030/310807

Senatsverwaltung für Wirtschaft
und Technologie
Referat V B
Martin-Luther-Straße 105
D-10825 Berlin
Tel.: 030/783 34 12
Fax: 030/783 84 55

Antragstellung: Mit Vordruck über die TVA an die Senatsverwaltung für Wirtschaft und Technologie.

Grundlage der Förderung: Richtlinie über die Förderung von Umweltberatungen für Kleine und mittlere Betriebe Berlins vom 28.12.1992.

Brandenburg

Modernisierung/Instandsetzung von Mietwohnraum

Für: Natürliche und juristische Personen; Eigentümer; Verfügungsberechtigte; Erbbauberechtigte.

Förderung: Im Rahmen der Modernisierung von Wohnungen Maßnahmen, die zur Verbesserung der Energieversorgung, der Beheizung und Kochmöglichkeiten und zur nachhaltigen Einsparung von Heizenergie beitragen:
- Wärmedämmung (Dach, Fassade, Giebel etc.);
- Reduzierung des Energieverlustes und -verbrauchs der zentralen Heizanlage und Warmwasserversorgung;
- Wärmerückgewinnung und Wärmepumpen;
- Ersatz von Einzelöfen durch Sammelheizung;
- Einbau von Steuerregelung bei Sammelheizungen;
- Solaranlagen.

Zinsgünstige Darlehen bis 40.000,- DM/Wohnung, bei Mietwohngebäuden, die vor dem 01.01.1949 fertiggestellt worden sind, bis zu 65.000,- DM/Wohnung. Bei Mietwohngebäuden, die nach dem 31.12.1948 fertiggestellt wurden: Zinssatz 5% auf die jeweiligen Restvaluta; Tilgung mit 1% zuzüglich der durch die Tilgung ersparten Zinsen. Bei Mietwohngebäuden, die vor dem 01.01.1949 fertiggestellt wurden: Zinssatz 3% auf die jeweiligen Restvaluta; Tilgung mit 1% zuzüglich der durch die Tilgung ersparten Zinsen. Die ersten fünf Jahre sind tilgungsfrei.

Kumulation: Keine Angabe.

Besondere Hinweise: Es bestehen Vermietungs- und Mietpreisbindungen.

Informationsmaterial: Keine Angabe.

Informations- und Antragstelle(n): Kreisverwaltung bzw. Stadtverwaltung der kreisfreien Städte; Bewilligungsstelle ist die

Investitionsbank des Landes Brandenburg
Steinstraße 104-106
D-14480 Potsdam
Tel.: 0331/6457-317
Fax: 0331/6457-234

Antragstellung: Anmeldungen auf Förderung für das folgende Programmjahr auf dem vorgeschriebenen Muster jeweils bis zum 30. Juni des laufenden Jahres.

Grundlage der Förderung: Richtlinien über die Gewährung von Zuwendungen zur Moder-nisierung und Instandsetzung von Mietwohnungen (ModInstR), RdErl. des Ministers für Stadtentwicklung, Wohnen und Verkehr des Landes Brandenburg vom 03.02.1993.

Brandenburg

Wohnraumbeschaffung auf ehemals militärisch genutzten Flächen

Für: Natürliche und juristische Personen als Eigentümer, Erbbauberechtigte oder sonstige Verfügungsberechtigte.

Förderung: Bauliche Maßnahmen, die den Leerstand von Wohnungen beseitigen, die bisher ausländischen Militärangehörigen und ihren Familien zur Verfügung gestanden haben.

Gefördert wird:

- umfassende Grundinstandsetzung (z.b. Dach, Fassade, Fenster, Hausflur, Treppenhaus, Keller);
- Einbau von Bad/Dusche, Innen-WC;
- Einbau einer modernen Heizungsanlage.

Zinsgünstiges Darlehen bis zu 1.500,- DM/m^2 Wohnfläche. Gewährung für ein Jahr zins- und tilgungsfrei, gerechnet vom Zeitpunkt der ersten Auszahlung an. Danach wird das Darlehen mit 3% auf die jeweilige Restvaluta verzinst und ist mit 1% zuzüglich der durch die Tilgung ersparten Zinsen zu tilgen.

Kumulation: Keine Angabe.

Besondere Hinweise: Soweit sich aus den Bestimmungen dieser Richtlinie nichts anderes ergibt, gilt die Richtlinie über die Gewährung von Zuwendungen zur Modernisierung und Instandsetzung von Mietwohnraum (ModInstR).

Informationsmaterial: Keine Angabe.

Informations- und Antragstelle(n):

Bewilligungsstelle:

Investitionsbank des Landes Brandenburg
Steinstraße 104-106
D-14480 Potsdam
Tel.: 0361/6457-317
Fax: 0331/6457-234

Antragstellung: Auf Formblatt an die jeweilige Kreisverwaltung bzw. Stadtverwaltung der kreisfreien Städte.

Grundlage der Förderung: Vorläufige Richtlinie für die Wohnraumbeschaffung auf städtebaulich relevanten, ehemals militärisch genutzten Flächen des Ministeriums für Stadtentwicklung, Wohnen und Verkehr vom 03.02.1993.

Brandenburg

Wohnungsmodernisierung durch Mieter

Für: Mieter in einer Mietwohnung (nur Hauptmieter).

Förderung: Modernisierung von Wohnungen durch bauliche Maßnahmen, die den Gebrauchswert der Wohnung nachhaltig erhöhen und/oder die nachhaltige Einsparung von Heizenergie bewirken. Zuschuß von 50% der zuwendungsfähigen anerkannten Kosten, max. 5.000,- DM für folgende Maßnahmen:

- Verbesserung der Energieversorgung, der Wasserversorgung und der Entwässerung;
- Verbesserung der Beheizung und der Kochmöglichkeiten;
- Verbesserung der sanitären Einrichtungen;
- Verbesserung der Sicherheit vor Diebstahl und Gewalt;
- Verbesserung der Wärmedämmung;
- Verminderung des Energieverlustes und des Energieverbrauches der zentralen Heizungs- und Warmwasserversorgung;
- Umstellung auf energiesparende und umweltverträgliche Heizungs- und Warmwasserbereitungsanlagen;
- Einbau von Steuerregelungen bei vorhandenen Sammelheizungen.

Kumulation: Keine Angabe.

Besondere Hinweise: Keine Angabe.

Informationsmaterial: Keine Angabe.

Informations- und Antragstelle(n):

Ministerium für Stadtentwicklung,
Wohnen und Verkehr
Dortustraße 30-34
D-14467 Potsdam
Tel.: 0331/866-0
Fax: 0331/866-8368, -8369

Antragstellung: Auf Formblatt an die Kreisverwaltung oder die Stadtverwaltung bei kreisfreien Städten.

Grundlage der Förderung: Vorläufige Richtlinie zur Förderung der Modernisierung durch Mieter von Wohnungen (MieterMOD-Richtlinie) des Ministeriums für Stadtentwicklung, Wohnen und Verkehr vom 01.04.1991.

Brandenburg

Immissionsschutz und Begrenzung energiebedingter Umweltbelastungen

Für: Eigentümer oder sonstige Verfügungsberechtigte; Gemeinden; Gemeindeverbände; Kommunale Arbeitsgemeinschaften; Natürliche und juristische Personen des öffentlichen Rechts (mit Ausnahme des Bundes und von regionalen und überregionalen Unternehmen der Energiewirtschaft).

Förderung:

- Emissionsminderung bei nach dem Bundesimmissionsschutzgesetz genehmigungspflichtigen Anlagen: Zuschuß bis zu 40%;
- Minderung von Immissionsbelastungen und Immissionsschäden;
- Lärmschutz bei sozialen Einrichtungen und Einrichtungen mit öffentlich-rechtlicher Trägerschaft: Bedingt rückzahlbarer Zuschuß bis zu 100%;
- Integrierte Projekte in ländlichen Bereichen. Anlagen zur Nutzung landwirtschaft-licher Reststoffe und anderer erneuerbarer Energien zur Erzeugung von Strom und Wärme (Nutzung von Wind-, Wasser- und Sonnenenergie): Zuschuß bis zu 40%;

Zuschuß bis zu 50% für:

- Ökologische Musterbauvorhaben;
- Demonstrationsvorhaben zur Minderung von Abwärme, Wärmenutzung, Energierückgewinnung;
- Erstellung örtlicher und regionaler Umweltentlastungs- und Energiekonzepte bezüglich Luftreinhaltung, Lärmminderung und Ressourcenschonung;
- Anlagen der dezentralen Kraft-Wärme-Kopplung bis zu einer elektrischen Leistung von 5 MW_{el} in Verbindung mit integrierten Konzepten zur Umweltentlastung;
- Nutzung von Bio-, Klär- und Deponiegas in Verbindung mit einem aus anderen Gründen durch das Ministerium für Umwelt, Naturschutz und Raumordnung geförderten Vorhaben (Ergänzungsförderung);
- Einzelanlagen zur Nutzung von Windenergie (bei gleichzeitiger Förderung im Rahmen des Programms "250 MW Wind" des BMFT, darf der Gesamtzuschuß 50% nicht übersteigen).

In Abhängigkeit von den wirtschaftlichen Gegebenheiten im Einzelfall können auch Darlehen bis zu 75% der Investitionskosten gewährt werden.

Kumulation: Eine Kumulation mit anderen als Landesmitteln ist i.d.R. bis zum Förderhöchstsatz von 50% der zuwendungsfähigen Kosten zulässig.

Besondere Hinweise: Keine Angabe.

Informationsmaterial: Keine Angabe.

Brandenburg

Immissionsschutz und Begrenzung energiebedingter Umweltbelastungen (Fortsetzung)

Informations- und Antragstelle(n):

Landesumweltamt Brandenburg
Berliner Straße 21-25
D-14473 Potsdam
Tel. 0331/323-0
Fax: 0331/323-223

Antragstellung: Mit Antragsformular über das Landesumweltamt beim Ministerium für Umwelt, Naturschutz und Raumordnung.

Grundlage der Förderung: Richtlinie über die Gewährung von Finanzhilfen des Ministeriums für Umwelt, Naturschutz und Raumordnung für Vorhaben des Immissionsschutzes und der Begrenzung energiebedingter Umweltbelastungen vom 01.05.1992.

Brandenburg

Rationelle Energieverwendung/Erneuerbare Energiequellen

Für: Private; Gemeinden; Gemeindeverbände; Öffentliche und kommunale Einrichtungen und Unternehmen; Natürliche Personen; Juristische Personen des öffentlichen und privaten Rechts (ausgenommen der Bund sowie regionale und überregionale Wirtschaftsunternehmen mit über 300 Mio. DM/Jahr Konzernumsatz).

Förderung:

- Heizungsumstellung auf Einsatz von Brennwerttechnik oder Fernwärme: Zuschußanteil wird in Abhängigkeit von der notwendigen Heizleistung nach einer vorzulegenden Wärmebedarfsberechnung ermittelt;
- Blockheizkraftwerke (BHKW): Darlehen bis 50%, Zinssatz 4,0% p.a., Laufzeit bis zu 15 Jahren bei drei tilgungsfreien Jahren;
- Wärmerückgewinnung, Abwärmeminimierung: Zuschuß wird indivi-duell festgelegt;
- Energiekonzepte für Städte, Gemeinden und Kreise: Zuschuß bis zu 30%;
- Meß-, Regel- und Speichersysteme: Zuschuß bis zu 25%;
- Erneuerbare Energiequellen (Zuschußanteil in Klammern): Projektbezogene Untersuchungen zu erneuerbaren Energiequellen (50%); Solaranlagen zur Warmwasserbereitung (30%); Photovoltaikanlagen bis 5 kW$_p$ (50%, größere Anlagen 30%, max. 24.000 DM/kW$_p$); Wind- und Wasserkraftanlagen (30%, max. 6.000,- DM/kW bzw. 7.500,- DM/kW bei Neuerrichtung einer Wasserkraftanlage); Wärmepumpen (30%); Anlagen zur Energiegewinnung aus Bio-, Deponie-, Klärgas, Biomasse, Gasentspannung (bis 25%); Geothermie (Zuschußhöhe wird im Einzelfall festgelegt).

Kumulation: Außer mit anderen Landesmitteln zulässig (wird individuell entschieden).

Besondere Hinweise: Keine Angabe.

Informations- und Antragstelle(n):

Ministerium für Wirtschaft, Mittelstand und
Technologie des Landes Brandenburg
Abt. Energiepolitik und Bergwesen/Referat 43
Heinrich-Mann-Allee 107
D-14473 Potsdam
Tel.: 0331/8661702
Fax: 0331/8661727

Antragstellung: Mit Formular.

Grundlage der Förderung: Richtlinie des Ministeriums für Wirtschaft, Mittelstand und Technologie des Landes Brandenburg über die Gewährung von Zuwendungen für die rationelle Energieverwendung und Nutzung erneuerbarer Energiequellen vom 16.03.1992.

Bremen

Bremisches Energiegesetz

Förderung: Auf der Grundlage des Abschlußberichtes des Bremer Energiebeirats vom Mai 1989, ist am 17.09.1991 das Bremische Energiegesetz zur Förderung der rationellen umwelt- und sozialverträglichen Energienutzung im Lande Bremen (§ 8 und § 9) verabschiedet worden.

Die konkrete Ausfüllung des Rahmenprogramms regeln spezielle Förderungsrichtlinien zu den folgenden Bereichen:

- Kraft-Wärme-Kopplung;
- Thermische Solarenergienutzung;
- Niedrig-Energie-Häuser/Privater Wohnungsbau;
- Niedrig-Energie-Häuser/Mietwohnungsbau;
- Brennwerttechnik/Abwärmenutzung;
- Wärmeschutz.

Näheres siehe unter den jeweiligen Förderprogrammen auf den folgenden Seiten.

Kumulation: Keine Angabe.

Besondere Hinweise: Keine Angabe.

Informationsmaterial: Keine Angabe.

Informations- und Antragstelle(n):

> Bewilligungsstelle:
> Senator für Umweltschutz und
> Stadtentwicklung
> Am Wall 177
> D-28195 Bremen
> Tel.: 0421/361-10858
> Fax: 0421/361-6013

Antragstellung: Keine Angabe.

Grundlage der Förderung: Gesetz zur Förderung der sparsamen und umweltverträglichen Energieversorgung und Energienutzung im Lande Bremen (Bremisches Energiegesetz - BremEG) vom 17.09.1991, veröffentlicht im Gesetzblatt der Freien Hansestadt Bremen, Nr. 41 (1991), vom 27.09.1991, S. 325-329.

Bremen

Wärmeschutz für Wohngebäude nach § 8 BremEG

Für: Eigentümer; Dinglich Verfügungsberechtigte; Mieter; Pächter.

Förderung: Wärmeschutzmaßnahmen an Wohngebäuden, die höchstens vier Wohneinheiten haben und vor dem 1. Januar 1978 errichtet wurden.

Die Höhe des Zuschusses richtet sich nach bestimmten technischen Voraussetzungen bezüglich der einzelnen Maßnahmen und der zu verwendenden Materialien, die der Richtlinie zu entnehmen sind.

Kumulation: Keine Angabe.

Besondere Hinweise: In begründeten Einzelfällen können auch Gebäude, die nach dem 1. Januar 1978 gebaut wurden, in die Förderung einbezogen werden.

Informationsmaterial: Keine Angabe.

Informations- und Antragstelle(n):

Bewilligungsstelle:
Senator für Umweltschutz und
Stadtentwicklung
Energieleitstelle
Am Wall 177
D-28195 Bremen
Tel.: 0421/361-10858
Fax: 0421/361-6013

Antrags- und Beratungsstelle:
Beratungsstelle für umweltgrechtes
Bauen und Sanieren (UBUS)
Stader Straße 35
D-28205 Bremen
Tel.: 0421/498 61 44
Fax: 0421/498 63 47

Für Antragsteller aus Bremerhaven:
Stadtwerke Bremerhaven AG
Kundenzentrum
Fährstraße 20-22
D-27568 Bremerhaven
Tel.: 0471/477-264
Fax: 0471/477-260

Antragstellung: Mit Antragsvordruck.

Grundlage der Förderung: Förderrichtlinie "Wärmeschutz im Gebäudebestand" des Senators für Umweltschutz und Stadtentwicklung, nach § 8 des Bremischen Energiegesetzes (BremEG) vom 17.09.1991. (Entwurfsstand: Beschluß der staatlichen Deputation für Umweltschutz vom 11.02.1993)

Bremen

Brennwerttechnik, nach § 9 BremEG

Für: Eigentümer; Dinglich Verfügungsberechtigte; Mieter; Pächter; Unternehmen.

Förderung: Gasbefeuerte Anlagen zur Wärmeerzeugung, in denen die im Abgas enthaltene Wärmeenergie nach dem Prinzip der Brennwerttechnik in zusätzliche Nutzenergie umgewandelt wird. Der Förderbetrag ist wie folgt nach der Nennwärmeleistung des Wärmeerzeugers gestaffelt:

- bis 25 kW   1.125,- DM
- über 25 kW bis 50 kW   1.750,- DM
- über 50 kW bis 100 kW   2.500,- DM
- über 100 kW bis 500 kW   3.750,- DM
- über 500 kW   5.000,- DM

Kumulation: Kombination mit Zuwendungen der örtlichen Energieversorgungsunternehmen und anderer Stellen für den gleichen Zweck zulässig.

Besondere Hinweise: Keine Angabe.

Informations- und Antragstelle(n):

Bewilligungsstelle:

Senator für Umweltschutz und
Stadtentwicklung
Am Wall 177
D-28195 Bremen
Tel.: 0421/361-10858
Fax: 0421/361-6013

Antrags- und Beratungsstelle:

Stadtwerke Bremen AG
Verbraucherberatung
Postfach 10 78 03
Sögestraße 59-61
D-28078 Bremen
Tel.: 0421/359-2440
Fax: 0421/359-2925

Für Antragsteller aus Bremerhaven:

Stadtwerke Bremerhaven AG
Kundenzentrum
Postfach 10 12 80
Fährstraße 20-22
D-27512 Bremerhaven
Tel.: 0471/477 264
Fax: 0471/477 260

Antragstellung: Mit Antragsvordruck.

Grundlage der Förderung: Förderrichtlinie "Brennwerttechnik" des Senators für Umweltschutz und Stadtentwicklung, nach § 9 des Bremischen Energiegesetzes (BremEG) vom 17.09.1991, Beschluß der staatlichen Deputation für Umweltschutz vom 27.05.1993.

Bremen

Kraft-Wärme-Kopplung/Abwärmenutzung, nach § 9 BremEG

Für: Eigentümer; Dinglich Verfügungsberechtigte; Mieter; Pächter; Unternehmen.

Förderung: Zuschüsse bis zu 30% der förderfähigen Kosten für:

- die Neuerrichtung und Erweiterung von Kraft-Wärme-Kopplungsanlagen;
- die Umrüstung von Wärmeerzeugungsanlagen ohne Auskopplung elektrischer Energie auf Kraft-Wärme-Kopplungsanlagen;
- die Neuerrichtung und Erweiterung von Anlagen zur Nutzung verfügbarer Abwärmepotentiale;
- die Neuerrichtung und Erweiterung von Kompressions- und Absorptionswärmepumpen (FCKW-frei).

Die Bemessung der Zuschußhöhe erfolgt nach einer Tabelle derart, daß nach standardisierter Wirtschaftlichkeitsberechnung eine statische Amortisationsdauer von mehr als sechs Jahren angemessen anteilig verkürzt wird.

Kumulation: Keine Angabe.

Besondere Hinweise: Eine Förderung ist nicht möglich, wenn zum Zeitpunkt der Installa-tion der Anlage ein Anschluß an ein bestehendes oder geplantes KWK-Wärmenetz innerhalb der nächsten fünf Jahre möglich und eine solche Lösung wirtschaftlich vertretbar ist.

Informationsmaterial: Keine Angabe.

Informations- und Antragstelle(n):

Bewilligungsstelle:

Senator für Umweltschutz und
Stadtentwicklung
Am Wall 177
D-28195 Bremen
Tel.: 0421/361-10858
Fax: 0421/361-6013

Antragsstelle:

Bremer Energieinstitut
Institut für kommunale Energie-
wirtschaft und -politik an der Universität
Bremen
Fahrenheitstraße 8
D-28359 Bremen
Tel.: 0421/210000
Fax: 0421/219986

Antragstellung: Mit Antragsvordruck.

Grundlage der Förderung: Förderrichtlinie "Kraft-Wärme-Kopplung/Abwärmenutzung" des Senators für Umweltschutz und Stadtentwicklung, nach § 9 des Bremischen Energiegesetzes (BremEG) vom 17.09.1991. (Enwurfsstand: Beschluß der staatlichen Deputation für Umweltschutz vom 11.02.1993)

Bremen

Niedrig-Energie-Häuser/Mietwohnungsbau, nach § 8 BremEG

Für: Juristische Personen des privaten Rechts; Personengesellschaften des privaten Rechts; Körperschaften des öffentlichen Rechts.

Förderung: Verbesserung der energietechnischen Ausstattung von Neubauvorhaben für Wohngebäude auf den Stand von Niedrig-Energie-Häusern.

Die Höhe der Zuschüsse richtet sich nach bestimmten technischen Voraussetzungen, die der Richtlinie zu entnehmen sind.

Kumulation: Zuwendungen anderer Stellen für den gleichen Zweck schließen die Förderung nach dieser Richtlinie nicht generell aus. Zuschüsse werden jedoch auf die Höhe der Förderung nach dieser Richtlinie angerechnet. Die gleichzeitige Inanspruchnahme von Fördermitteln nach der Landesförderrichtlinie "Niedrig-Energie-Häuser/Privater Wohnungsbau" ist grundsätzlich ausgeschlossen.

Besondere Hinweise: Keine Angabe.

Informationsmaterial: Keine Angabe.

Informations- und Antragstelle(n):

Antrags- und Bewilligungsstelle:
Senator für Umweltschutz
und Stadtentwicklung
Am Wall 177
D-28195 Bremen
Tel.: 0421/361-10858
Fax: 0421/361-6013

Antragstellung: Formlos.

Grundlage der Förderung: Förderrichtlinie "Niedrig-Energie-Häuser/Mietwohnungsbau" des Senators für Umweltschutz und Stadtentwicklung, nach § 8 des Bremischen Energiegesetzes vom 17.09.1991. (Entwurfsstand: Beschluß der staatlichen Deputation für Umweltschutz vom 11.02.1993)

Bremen

Niedrig-Energie-Häuser, privater Wohnungsbau, nach § 8 BremEG

Für: Natürliche und juristische Personen des Privaten Rechts; Eigentümer.

Förderung: Verbesserung der energietechnischen Ausstattung von neu zu errichtenden Wohngebäuden, die dem dauernden Aufenthalt von Menschen dienen, auf den Standard von Niedrig-Energie-Häusern.

Der Förderbetrag ist abhängig von der Oberfläche der wärmeübertragenden Gebäudehülle sowie vom A/V-Verhältnis (d.h. Gebäudenutzfläche zu Gebäudevolumen). Die genaue Zuschußhöhe zwischen 7.000,- DM und 14.000,- DM bestimmt sich nach Maßgabe einer Tabelle, die den Richtlinien zu entnehmen ist.

Kumulation: Zuwendungen anderer Stellen für den gleichen Zweck werden auf die Höhe der Förderung nach dieser Richtlinie angerechnet. Die gleichzeitige Inanspruchnahme von Fördermitteln nach der Landesförderrichtlinie "Niedrig-Energie-Häuser, Mietwohnungsbau" ist jedoch ausgeschlossen.

Besondere Hinweise: Keine Angabe.

Informationsmaterial: Keine Angabe.

Informations- und Antragstelle(n):

Bewilligungsstelle:

Senator für Umweltschutz und
Stadtentwicklung
Am Wall 177
D-28195 Bremen
Tel.: 0421/361-10858
Fax: 0421/361-6013

Antrags- und Beratungsstelle:

Beratungsstelle für umweltgrechtes
Bauen und Sanieren (UBUS)
Stader Straße 35
D-28205 Bremen
Tel.: 0421/498 61 44
Fax: 0421/498 63 47

Für Antragsteller aus Bremerhaven:

Stadtwerke Bremerhaven AG
Kundenzentrum
Postfach 10 12 80
Fährstraße 20-22
D-27512 Bremerhaven
Tel.: 0471/477-264
Fax: 0471/477-260

Antragstellung: Mit Antragsvordruck.

Grundlage der Förderung: Förderrichtlinie "Niedrig-Energie-Häuser/Privater Wohnungsbau" des Senators für Umweltschutz und Stadtentwicklung, nach § 8 des Bremischen Energiegesetzes (BremEG) vom 17.09.1991. (Entwurfsstand: Beschluß der staatlichen Deputation für Umweltschutz vom 11.02.1993)

Bremen

Thermische Solarenergienutzung, nach § 9 BremEG

Für: Eigentümer; Dinglich Verfügungsberechtigte; Mieter; Pächter; Unternehmen.

Förderung: Anlagen zur thermischen Nutzung der Solarenergie, die der Brauchwassererwärmung dienen.

Die Förderung beträgt für Anlagen, die Gebäude mit bis zu zwei Wohneinheiten versorgen, 3.600,- DM/Anlage. Für Anlagen, die Gebäude mit mehr als zwei Wohneinheiten versorgen, wird zusätzlich ein Betrag von 1.500,- DM für jede weitere Wohneinheit gewährt.

Kumulation: Zuwendungen der örtlichen Energieversorgungsunternehmen und anderer Stellen für den gleichen Zweck schließen die Förderung nach dieser Richtlinie nicht aus.

Besondere Hinweise: Keine Angabe.

Informationsmaterial: Keine Angabe.

Informations- und Antragstelle(n):

Bewilligungsstelle:
Senator für Umweltschutz und Stadtentwicklung
Am Wall 177
D-28195 Bremen
Tel.: 0421/361-10858
Fax: 0421/361-6013

Antragsstelle:
Stadtwerke Bremen AG
Verbraucherberatung
Postfach 10 78 03
Sögestraße 59-61
D-28078 Bremen
Tel.: 0421/359-2440
Fax: 0421/359-2925

Für Antragsteller aus Bremerhaven:
Stadtwerke Bremerhaven AG
Kundenzentrum
10 12 80
Fährstraße 20-22
D-27512 Bremerhaven
Tel.: 0471/477-264
Fax: 0471/477-260

Antragstellung: Antragsvordruck.

Grundlage der Förderung: Förderrichtlinie "Thermische Solarenergienutzung" des Senators für Umweltschutz und Stadtentwicklung, nach § 9 des Bremischen Ener-giegesetzes (BremEG) vom 17.09.1991, Beschluß der staatlichen Deputation für Umweltschutz vom 27.05.1993.

Bremen

Neue Energietechnologien/Umweltschutztechnologien/Umweltschonende Energieversorgung/Pilotprojekte/Forschung und Entwicklung/Markterschließung/Beratung

Für: Private; Unternehmen; Ingenieurbüros.

Förderung: Unter dem Gesichtspunkt des Umweltschutzes können aus dem Programm Arbeit und Umwelt auch Maßnahmen ressourcenschonender Energieerzeugung und -wandlung gefördert werden. Förderanträge können innerhalb des Programms Arbeit und Umwelt abgewickelt werden, ohne daß förmliche Einzelprogramme oder -richtlinien erlassen sind. Beabsichtigt sind:

- Förderung neuer Energietechnologien;
- Umweltschonende Energieversorgung;
- Unterstützung aus ABM-Programm.

1. Umweltschutzorientierte Technologien und Produkte:

- Konstruktion, Entwicklung, Erstellung und Erprobung von Pilotanlagen, auch in Kooperation mit bremischen Hochschulen: Zuschuß bis zu 50% der förderungsfähigen Kosten von max. 300.000,- DM.
- Verbundprojekte zwischen Wissenschaft und Wirtschaft: Zuschuß bis zu 40%, bei besonderer Bedeutung bis zu 60%, in Ausnahmefällen (z.B. bei kleinen Unternehmen in der Gründungsphase) bis zu 70% der förderungsfähigen Kosten von i.d.R. max. 100.000,- DM.
- Markterschließung: Markt- und Absatzuntersuchungen, Untersuchungen zu Produktverbesserungen; Präsentation auf Messen, Ausstellungen, Symposien u.ä.: Zuschuß bis 50% der förderungsfähigen Kosten von max. 30.000,- DM.
- Beratung: Zuschuß in Abhängigkeit vom Vorjahresumsatz und der Beratungsdauer zwischen 25% und 90%.

2. Als Ergänzung zu 250 MW Wind des Bundes wird ein Landeszuschuß von max. 33,33% der förderungsfähigen Kosten gewährt. Die Höhe des Zuschusses richtet sich nach der durchschnittlichen Windgeschwindigkeit, die durch ein Gutachten nachzuweisen ist. Die Kosten für das Gutachten können gesondert bis max. 800,- DM bezuschußt werden.

Gesamtförderquote max. 60%; der Zuschuß des Landes wird gegebenenfalls entsprechend reduziert.

Kumulation: Keine Angabe.

Besondere Hinweise: Es wird empfohlen, sich wegen möglicher Förderung von Maßnahmen auf dem Gebiet der Zukunftsenergien in Bremen an den Senator für Umweltschutz und Stadtentwicklung zu wenden.

Informationsmaterial: Dokumentation des Programms Arbeit und Umwelt für Bremen und Bremerhaven in der Bremer Zeitschrift für Wirtschaftspolitik, (1988) Heft 1,2.

Nachtrag zum Förderprogramm Seite 129:

Bremen

Neue Energietechnologien/Umweltschutztechnologien/Umweltschonende Energieversorgung/Pilotprojekte/Forschung und Entwicklung/Markterschließung/Beratung (Fortsetzung)

Informations- und Antragstelle(n):

Senator für Umweltschutz und
Stadtentwicklung
- Referat Arbeit und Umwelt -
Am Wall 177
D-28195 Bremen
Tel.: 0421/361-4414, -6628, 4950
Fax: 0421/361-6013

Antragstellung: Formlos.

Grundlage der Förderung: Ökologiefonds im Wirtschaftspolitischen Aktionsprogramm (WAP '95) und im Programm Arbeit und Umwelt für Bremen und Bremerhaven 1987-1991/95. (Bestandteil des Arbeitsprogramms Wirtschaft, Häfen, Arbeit und Umwelt vom 31.03.1987).

Hamburg

Wohnungsmodernisierung/Erster Förderungsweg

Für: Haus-/Wohnungseigentümer; Dinglich Verfügungsberechtigte.

Förderung: Modernisierung und damit notwendig verbundene Instandsetzung von erhaltungswürdigen Gebäuden, die mindestens zu zwei Dritteln Wohnzwecken dienen. Hierunter fallen Maßnahmen zur Energieeinsparung, z.B. Einbau isolierverglaster Fenster, Modernisierung von Heizungsanlagen, Maßnahmen zur Wärmedämmung sowie Einbau von Anlagen zur Sonnenenergienutzung bei der Brauchwassererwärmung.

Die Förderung wird auf der Grundlage der festgestellten förderungsfähigen Kosten als degressiv gestaffelter Zuschuß gewährt. Die Gewährung erfolgt über eine Laufzeit von 9 Jahren in Drei-Jahres-Intervallen, wobei die Zuschüsse nach Ablauf von 3 Jahren um jeweils ein Drittel gekürzt werden.

Die Höhe der Förderung beträgt in den ersten drei Jahren 7,2% (danach: 4,8% bzw. 2,4%) der förderungsfähigen Kosten bei Wohngebäuden in Gebieten der Prioritätsstufe I, 6,6% (danach: 4,4% bzw. 2,2%) bei Prioritätsstufe II und 6,0% bei Wohngebäuden außerhalb der oben genannten Fallgruppen. Daraus ergibt sich eine Summe über 9 Jahre von 43,3% bzw. 39,6% und 36% der förderungsfähigen Kosten. Die Obergrenze der förderungsfähigen Kosten beträgt 48.000,- DM je Wohnung (max. 28.000,- DM für Modernisierungsmaßnahmen und max. 20.000,- DM für damit verbundene Instandsetzungsmaßnahmen).

Kumulation: Nicht zulässig. Wiederholte Förderung aus diesem Programm bis zur zulässigen Förderobergrenze möglich.

Besondere Hinweise: Es bestehen Mietpreisbindungen und technische Auflagen für die Modernisierungsmaßnahmen.

Informationsmaterial: Keine Angabe.

Informations- und Antragstelle(n):

Hamburgische Wohnungsbau-
kreditanstalt
Postfach 10 28 09
Besenbinderhof 31
D-20019 Hamburg
Tel.: 040/24846-1
Fax: 040/24846-434

Antragstellung: Vordruck.

Grundlage der Förderung: Förderungsgrundsätze für Modernisierungsmaßnahmen an Wohngebäuden. Hamburgisches Modernisierungsprogramm. Erster Förderungsweg, vom 01.05.1993.

Hamburg

Wohnungsmodernisierung/Zweiter Förderweg

Für: Haus-/Wohnungseigentümer; Dinglich Verfügungsberechtigte

Förderung: Durchführung von speziellen Modernisierungsmaßnahmen an erhaltenswürdigen Gebäuden, die mindestens zu zwei Dritteln Wohnzwecken dienen. Zu diesen Modernisierungsmaßnahmen zählen u.a. der Einbau von Solaranlagen zur Brauchwassererwärmung, Anlagensteuerungen zur Energieeinsparung, Verbesserungen der Wärmedämmung sowie der Einbau von Lüftungsanlagen zur Wärmerückgewinnung.

Die Förderung auf der Grundlage der festgestellten förderungsfähigen Kosten von max. 25.000,- DM je Wohnung besteht aus

- einem einmaligen Zuschuß in Höhe von 35% auf den Eigentümeranteil an den förderungsfähigen Kosten,
- einem laufenden Zuschuß für den mietwirksamen Teil der Kosten zur Begrenzung des Mietanstiegs. Die laufenden Zuschüsse werden in Abstufungen über eine Laufzeit von 6 Jahren in Zwei-Jahres-Intervallen gewährt, wobei die Zuschüsse nach Ablauf von 2 Jahren um jeweils ein Drittel gekürzt werden.

Die Höhe der Förderung beträgt in den ersten zwei Jahren nach Fertigstellung 7,2% der förderungsfähigen Kosten und wird nach jeweils zwei Jahren um ein Drittel gekürzt.

Kumulation: I.d.R. nicht zulässig. Mehrfachförderung nach diesem Programm ist jedoch bis zur Förderhöchstgrenze möglich.

Besondere Hinweise: Mieterzustimmung erforderlich. Es bestehen technische Auflagen für die Modernisierungsmaßnahmen sowie Mietpreisbindungen.

Informationsmaterial: Keine Angabe.

Informations- und Antragstelle(n):

Hamburgische Wohnungsbau-
kreditanstalt
Postfach 10 28 09
Besenbinderhof 31
D-20019 Hamburg
Tel.: 040/24846-1
Fax: 040/24846-434

Antragstellung: Mit Vordruck.

Grundlage der Förderung: Förderungsgrundsätze für spezielle Modernisierungsmaßnahmen an Wohngebäuden. Hamburgisches Modernisierungsprogramm. Zweiter Förderungsweg, vom 01.05.1993.

Hamburg

Wohnungsmodernisierung und -instandsetzung in Sanierungsgebieten

Für: Haus-/Wohnungseigentümer; Dinglich Verfügungsberechtigte.

Förderung: Modernisierung und damit notwendig verbundene Instandsetzung von erhal-tenswürdigen Gebäuden, die überwiegend Wohnzwecken dienen. Dazu zählen Maßnahmen zur Energieeinsparung u.a. durch Einbau isolierverglaster Fenster, Modernisierung der Heizungsanlage und Wärmedämmung. Weiterhin zählen dazu Anlagen zur thermischen Sonnenenergienutzung und Lüftungsanlagen.

Für die Förderung des Bauvorhabens werden im Rahmen der Obergrenzen der förderungsfähigen Kosten Baukosten- und Mietzuschüsse gewährt, die die Bewilligungsstelle individuell berechnet. Die Obergrenze der förderungsfähigen Kosten beträgt bei 12-jähriger Bindung 1.300,- DM/m^2, bei 15-jähriger Bindung 1.650,- DM/m^2 und bei 18-jähriger Bindung 2.000,- DM/m^2. Von den festgestellten förderungsfähigen Kosten hat der Antragsteller mindestens 15% durch Eigenmittel zu finanzieren.

Kumulation: I.d.R nicht zulässig.

Besondere Hinweise: Mieterzustimmung erforderlich. Es bestehen technische Auflagen für die Modernisierungs- und Instandsetzungsmaßnahmen sowie Mietpreisbindungen.

Informationsmaterial: Keine Angabe.

Informations- und Antragstelle(n):

Für die westliche innere Stadt:

Stadterneuerungs- und Stadtentwicklungsgesellschaft (STEG)
Schulterblatt 26-36
D-20357 Hamburg
Tel.: 040/431393-0
Fax: 040/439 27 58

Für das gesamte Stadtgebiet:

Baubehörde
Amt für Städtebau, Stadterneuerung und Wohnungspolitik
Stadthausbrücke 12
D-20355 Hamburg
Tel.: 040/34 913-1, -3303, -3049
Fax: 040/34913-2266

Antragstellung: Mit Vordruck.

Grundlage der Förderung: Förderungsgrundsätze für Modernisierungsmaßnahmen und Instandsetzungsmaßnahmen an Wohngebäuden in Sanierungsgebieten vom 01.04.1992.

Hamburg

Instandsetzung von Wohnungen

Für: Haus- und Wohnungseigentümer.

Förderung: Instandsetzung von erhaltenswürdigen Wohngebäuden, die vor dem 01.01.1965 bezugsfertig wurden. Hierunter fällt u.a. die Modernisierung von Heizungsanlagen.

Zuschuß bis zu 20% der förderungsfähigen Kosten von max. 15.000,- DM.

Kumulation: Mehrfachförderung im Rahmen dieses Programms bis zur Förderhöchstgrenze möglich.

Besondere Hinweise: Keine Angabe.

Informationsmaterial: Keine Angabe.

Informations- und Antragstelle(n):

Hamburgische Wohnungsbau-
kreditanstalt
Postfach 10 28 09
Besenbinderhof 31
D-20019 Hamburg
Tel.: 040/24846-1
Fax: 040/24846-434

Antragstellung: Mit Vordruck.

Grundlage der Förderung: Förderungsgrundsätze für Instandsetzungen an Wohngebäuden in der Freinen und Hansestadt Hamburg, vom 01.05.1993.

Hamburg

Instandsetzung öffentlich geförderter Mietwohnungen

Für: Haus-/Wohnungseigentümer; Dinglich Verfügungsberechtigte.

Förderung: Instandsetzungsmaßnahmen an öffentlich geförderten Sozialmietwohnungen und Wohnheimen der Förderungsjahrgänge bis einschließlich 1969. Hierunter fällt u.a. die Modernisierung von Heizungsanlagen.

Zuschuß bis zu 40% der förderungsfähigen Kosten von max. 20.000,- DM je Wohnung.

Kumulation: Keine Angabe.

Besondere Hinweise: Es bestehen Mietpreisbindungen.

Informationsmaterial: Keine Angabe.

Informations- und Antragstelle(n):

Hamburgische Wohnungsbau-
kreditanstalt
Postfach 10 28 09
Besenbinderhof 31
D-20019 Hamburg
Tel.: 040/24846-1
Fax: 040/24846-434

Antragstellung: Mit Vordruck.

Grundlage der Förderung: Förderungsgrundsätze für Instandsetzungsmaßnahmen an öffentlich geförderten Mietwohngebäuden in der Freien und Hansestadt Hamburg vom 01.05.1993.

Hamburg

Modernisierung von Heizungen - Abbau von Nachtspeichern

Für: Eigentümer; Verfügungsberechtigte.

Förderung: Bauliche und heizungstechnische Maßnahmen in Wohngebäuden und anderen Gebäuden zur:

- Ersetzung von Elektro-Speicher- und Elektro-Direkt-Heizungen sowie Einzelfeuerstätten durch eine Zentralheizungsanlage.
- Modernisierung von Zentralheizanlagen und verbundenen Anlagen (Heizung mit zentraler Warmwasserversorgungsanlage); nur für Anlagen, die bis 31.12.1978 erstellt wurden.

Für Heizungsmodernisierung 20% Zuschuß; bis 4.000,- DM für Anlagen bis 30 kW und 30% Zuschuß für Anlagen über 30 kW. Für die Entsorgung asbestbelasteter Nachtspeicherheizungen Zuschuß 200,- DM/Gerät.

Kumulation: Keine Förderung aus diesem Programm, wenn Programm zur Förderung von Fernwärmeanschlüssen (s.u.) möglich, bzw. wenn Maßnahmen mit Mitteln anderer öffentlicher Programme gefördert werden.

Besondere Hinweise: Mieterhöhungen als Folge nur bedingt zulässig.

Informationsmaterial: Keine Angabe.

Informations- und Antragstelle(n):

Hamburgische Wohnungsbau-
kreditanstalt
Postfach 10 28 09
Besenbinderhof 31
D-20019 Hamburg
Tel.: 040/24846-1
Fax: 040/24846-434

Antragstellung: Formular; Maßnahmebeginn nicht vor Zustimmung der WK.

Grundlage der Förderung: Förderungsgrundsätze der Hamburgischen Wohnungsbaukreditanstalt im Einvernehmen mit der Freien und Hansestadt Hamburg (Umweltbehörde) für die Gewährung von Zuschüssen zur Förderung energiesparender und umweltentlastender Wärmeerzeugungsanlagen in Hamburg vom 01.04.1991 und 01.05.1993.

Hamburg

Ersatz von asbestbelasteten Nachtstromspeicherheizungen

Für: Mieter.

Förderung: Gefördert werden alle für den Austausch von asbestbelasteten Nachtstromspeicherheizungen (NSP) erforderlichen baulichen und heizungstechnischen Maßnahmen in der Wohnung des Mieters.

- Ersatz asbestbelasteter NSP durch eine zentrale Heizungsanlage mit Warmwasseranschluß in der Wohnung des Mieters: Zuschuß von 40% der bei der Schlußabrechnung anerkannten Kosten, höchstens jedoch 40% der bei der Bewilligung anerkannten Kosten.
- Ersatz asbestbelasteter NSP durch asbestfreie NSP: Zuschuß 20%.
- Isolierte Entsorgungsmaßnahmen: Zuschuß 20%.

Je Wohnung erkennt die WK höchstens 15.000,- DM an förderungsfähigen Kosten an. Die Bagatellgrene liegt bei 1.500,- DM.

Kumulation: Nicht zulässig.

Besondere Hinweise: Es bestehen Einkommensgrenzen sowie technische Voraussetzungen, die den Richtlinien zu entnehmen sind.

Siehe auch das Programm zur Heizungsmodernisierung.

Informationsmaterial: Keine Angabe.

Informations- und Antragstelle(n):

Hamburgische Wohnungsbaukreditanstalt
Postfach 10 28 09
Besenbinderhof 31
D-20019 Hamburg
Tel.: 040/24846-1
Fax: 040/24846-434

Antragstellung: Keine Angabe.

Grundlage der Förderung: Förderungsgrundsätze der Hamburgischen Wohnungsbaukreditanstalt im Einvernehmen mit der Freien und Hansestadt Hamburg für die Gewährung von Zuschüssen zur Förderung des Ersatzes asbestbelasteter Nachtstromspeicherheizungen an Mieter vom 01.05.1993.

Hamburg

Anschluß an Fernwärme

Für: Eigentümer.

Förderung: Umstellung verbundener Heizungs-/Warmwasserversorgungsanlagen und zentraler Heizungsanlagen, Umrüstung von Einzelfeuerstätten einschließlich Elektro-Nachtspeicher- und -Direktheizungen auf Fernwärme aus Kraft-Wärme-Kopplung. Für die Entsorgung asbestbelasteter Nachtspeicherheizungen wird ein zusätzlicher Zuschuß von 200,- DM/Gerät gewährt.

Zuschuß bis zu 25% der förderungsfähigen Investitionssumme.

Kumulation: Keine Angabe.

Besondere Hinweise: Keine Förderung für Anlagen, die noch Bindungen aus einer Förderung nach dem Hamburgischen Modernisierungsprogramm unterliegen.

Informationsmaterial: Broschüre "Hamburger Förderprogramme zur Energieeinsparung".

Informations- und Antragstelle(n):

Hamburgische Wohnungsbaukreditanstalt
Postfach 10 28 09
Besenbinderhof 31
D-20019 Hamburg
Tel.: 040/24846-1
Fax: 040/24846-434

Antragstellung: Keine Angabe.

Grundlage der Förderung: Förderungsgrundsätze der Hamburgischen Wohnungsbaukreditanstalt im Einvernehmen mit der Freien und Hansestadt Hamburg (Umweltbehörde) für die Gewährung von Zuschüssen bei Fernwärmeanschlüssen vom 01.05.1993.

Hamburg

Blockheizkraftwerke und Kraft-Wärme-Kopplung

Für: Gewerbliche und industrielle Unternehmen, Unternehmen der Wohnungswirtschaft sowie sonstige nichtöffentliche Investoren.

Förderung: Errichtung neuer und Umrüstung bestehender Öl- und Gasheizwerke zu Blockheizkraftwerken auf Gasbasis; Umrüstung bestehender Kraft- und Wärme-Erzeugungs-Anlagen auf Kraft-Wärme-Kopplung.

Zuschuß von höchstens 25% der bei Bewilligung anerkannten Kosten.

Investitionsvolumen max. 5.000.000,- DM.

Kumulation: Keine Angabe.

Besondere Hinweise: Keine Angabe.

Informationsmaterial: Keine Angabe.

Informations- und Antragstelle(n):

Umweltbehörde
Abteilung Energiepolitik und
Wasserversorgung
Papenstraße 23
D-22089 Hamburg
Tel.: 040/2488-4277, -4291

Antragstellung: Mit Formular; Maßnahmebeginn nicht vor Bewilligung.

Grundlage der Förderung: Grundsätze der Umweltbehörde für die Gewährung von Zuschüssen zur Förderung von Blockheizkraftwerken sowie industrieller und gewerblicher Kraft-Wärme-Kopplung vom 20.04.1991.

Hamburg

Regenwassernutzungsanlagen

Für: Eigentümer; Dinglich Verfügungsberechtigte.

Förderung: Errichtung von Regenwassernutzungsanlagen (einschließlich Speicher, Leitungssystem, Pumpen, Ventile etc.) insbesondere für die WC-Spülung.

Zuschüsse bei Einfamilien-, Reihenhäusern und Doppelhaushälften 2.000,- DM je Objekt, bei sonstigen Wohngebäuden 30,- DM je Quadratmeter überdachter Grundfläche. Bei Gebäuden sonstiger Nutzung beträgt der Zuschuß bis zu 30% der förderfähigen Kosten.

Kumulation: Keine Angabe.

Besondere Hinweise: Mieterhöhung als Folge ist nicht zulässig. Anlagen, die ausschließlich der Gartenbewässerung dienen, sind nicht förderungsfähig.

Informationsmaterial: Keine Angabe.

Informations- und Antragstelle(n):

Hamburgische Wohnungsbau-
kreditanstalt
Postfach 10 28 09
Besenbinderhof 31
D-20019 Hamburg
Tel.: 040/24846-1
Fax: 040/24846-434

Antragstellung: Mit Formular; Maßnahmebeginn nicht vor Zustimmung der Wohnungsbaukreditanstalt.

Grundlage der Förderung: Förderungsgrundsätze der Hamburgischen Wohnungsbaukreditanstalt im Einvernehmen mit der Freien und Hansestadt Hamburg (Umweltbehörde) für die Gewährung von Zuschüssen bei der Gebäudeausstattung mit Regenwasseranlagen vom 01.05.1993.

Hamburg

Niedrig-Energie-Häuser

Für: Bauherren; Haus-/Wohnungseigentümer.

Förderung: Neubauvorhaben mit einer Wohnfläche von mehr als 90 m^2 und dem Standard von Niedrig-Energie-Häusern. Zuschuß pauschal 9.000,- DM. Für eine Luftdichtigkeitsprüfung wird ein zusätzlicher Zuschuß von 1.025,- DM pro Wohneinheit zzgl. eingehender planungs- und baubegleitender Beratung gewährt.

Kumulation: Nicht generell ausgeschlossen; Zuschüsse aus anderen Förderprogrammen werden jedoch auf den Zuschußbetrag nach diesen Richtlinien angerechnet.

Besondere Hinweise: Baubeginn spätestens 6 Monate nach Bewilligung der Förderung. Fertigstellung spätestens 24 Monate nach Bewilligung.

Informationsmaterial: Keine Angabe.

Informations- und Antragstelle(n):

Umweltbehörde
Abteilung Energiepolitik
und Wasserversorgung
Papenstraße 23
D-22089 Hamburg
Tel.: 040/2488-4290

Antragstellung: Formlos.

Grundlage der Förderung: Richtlinien für die Gewährung von Finanzierungshilfen zur Förderung von Vorhaben der Energieeinsparung und zur Nutzung regenerativer Energiequellen vom 01.03.1988, veröffentlicht im amtlichen Anzeiger Teil II, Nr. 48 vom 09.03.1988, in der Fassung vom 01.06.1990.

Hamburg

Solaranlagen zur Brauchwassererwärmung

Für: Eigentümer.

Förderung: Einbau von Solaranlagen für die Warmwasserbereitung in Einfamilien-, Doppel- und Reihenhäusern. Die Förderung von Anlagen zur Versorgung in Mehrfamilienhäusern und Gebäuden sonstiger Nutzung (z.B. Gewerbe) ist ebenfalls möglich.

Pauschalbetrag für die komplette Anlage bei Einfamilien-, Doppel- und Reihenhäusern 5.000,-DM, bei zentral versorgten Doppel- und Reihenhäusern 4.500,-DM. Ist bereits ein Warmwasserspeicher vorhanden, so reduziert sich der Zuschuß um 1.000,- DM. Bei sonstigen Gebäuden Zuschuß bis zu 50%, max. 50.000,- DM.

Kumulation: Keine Angabe.

Besondere Hinweise: Im Jahr 1992 war diese Förderung auf zehn Gebäude beschränkt.

Informationsmaterial: Keine Angabe.

Informations- und Antragstelle(n):

Hamburgische Wohnungsbau-
kreditanstalt
Postfach 10 28 09
Besenbinderhof 31
D-20019 Hamburg
Tel.: 040/24846-1
Fax: 040/24846-434

Antragstellung: Mit Formular; Maßnahmebeginn nicht vor Bewilligung.

Grundlage der Förderung: Förderungsgrundsätze der Hamburgischen Wohnungsbaukreditanstalt im Einvernehmen mit der Freien und Hansestadt Hamburg (Umweltbehörde) für die Gewährung von Zuschüssen zur Förderung von Solaranlagen zur Brauchwassererwärmung in Hamburg vom 01.05.1993.

Hamburg

Photovoltaikanlagen zur Stromerzeugung

Für: Eigentümer; Private; Wohnungsbaugesellschaften; Kleine und mittlere Unternehmen.

Förderung: Installation von Photovoltaikanlagen im Netzverbund, im Leistungsbereich von 1 bis 3 kW_p (8-30 m^2 Modulfläche).

Zuschuß von 11.000,- DM/kW_p installierter Solarleistung.

Kumulation: Keine Angabe.

Besondere Hinweise: Dieses Förderprogramm ersetzt die Förderung von Photovoltaikanlagen im Rahmen des inzwischen ausgelaufenen "Bund-Länder-1000-Dächer-Photovoltaikprogramms".

Informationsmaterial: Keine Angabe.

Informations- und Antragstelle(n):

Umweltbehörde
Abteilung Energiepolitik und
Wasserversorgung
Papenstraße 23
D-22089 Hamburg
Tel.: 040/2488-4289

Antragstellung: Mit Vordruck.

Grundlage der Förderung: Hamburger Photovoltaik-Programm. Fördermerkblatt für die Gewährung von Zuschüssen zur Errichtung von Photovoltaikanlagen zur Gewinnung von Solarstrom vom März 1993.

Hamburg

Energieeinsparung und Nutzung erneuerbarer Energiequellen

Für: Gewerbliche Unternehmen, Wohnungsunternehmen, Genossenschaften, Verbände, Vereine, sonstige Organisationen des privaten Rechts sowie andere Antragsteller in Ausnahmefällen.

Förderung: Vorhaben zur Entwicklung neuer Energietechnologien, Demonstrationsvorhaben zur rationellen Energiegewinnung und -verwendung, Nutzung regenerativer Energiequellen, Nutzung von Abwärme, Erzielung höherer Wirkungs- und Nutzungsgrade bei Energieanwendung, begleitende Untersuchungen.

Zuschuß bis zu 35%, bei Vorhaben zur Nutzung erneuerbarer Energien bis zu 80%. Bei anderen Finanzierungsarten sind Festbeträge möglich.

Kumulation: Zulässig, bis zur Förderhöchstgrenze von 50%, bzw. 80% im Falle der Nutzung erneuerbarer Energien.

Besondere Hinweise: Vorrang für mittelständische Unternehmen; vorrangig Vorhaben, welche - bezogen auf den Zuschuß - die relativ höchsten Beiträge zur Einsparung an nichtregenerativen Primärenergieträgern erwarten lassen.

Informationsmaterial: Broschüre "Hamburger Förderprogramme zur Energieeinsparung", Umweltbehörde, Freie und Hansestadt Hamburg.

Informations- und Antragstelle(n):

Umweltbehörde
Abteilung Energiepolitik und
Wasserversorgung
Papenstraße 23
D-22089 Hamburg
Tel.: 040/2488-4277, -4291

Antragstellung: Formlos schriftlich.

Grundlage der Förderung: Richtlinien für die Gewährung von Finanzierungshilfen zur Förderung von Vorhaben der Energieeinsparung und zur Nutzung regenerativer Energiequellen vom 01.10.1990, veröffentlicht im Amtlichen Anzeiger, Teil II des Hamburgischen Gesetz- und Verordnungsblattes, Nr. 195, vom 09.10.1990, S. 1813-1815.

Hamburg

Ergänzung zum Programm 250 MW Wind des Bundes

Für: Private; Unternehmen.

Förderung: Ergänzung zum Programm "250 MW Wind" des Bundes.

- Der Landeszuschuß in Verbindung mit zusätzlichem Investitionskostenzuschuß des Bundes beträgt: Leistungsfaktor (= Nabenhöhe x Rotorradius) x 420,- DM. Gesamtförderquote max. 50%; der Zuschuß des Landes wird gegebenenfalls entsprechend reduziert. Gefördert werden nur Anlagen mit Leistungsfaktor < 225.
- Betriebskostenzuschuß beim Bund beantragt: Leistungsfaktor x 420,- DM, max. 30% der förderfähigen Kosten; gefördert werden alle Anlagen.

Die Förderung ist unabhängig von der Windgeschwindigkeit.

Kumulation: Keine Angabe.

Besondere Hinweise: Keine Angabe.

Informationsmaterial: Merkblatt.

Informations- und Antragstelle(n):

Umweltbehörde
Abteilung Energiepolitik und
Wasserversorgung
Papenstraße 23
D-22089 Hamburg
Tel.: 040/2488-4291

Antragstellung: Formlos, mit einer rechtsverbindlichen Kopie des Antrags im Rahmen des Programms 250 MW Wind als Anlage.

Grundlage der Förderung: Richtlinien und Nebenbestimmungen der Stadt Hamburg für das Programm 250 MW Wind des Bundes nach Maßgabe der Richtlinien für die Gewährung von Finanzierungshilfen zur Förderung von Vorhaben der Energieeinsparung und zur Nutzung regenerativer Energiequellen vom 01.10.1990, Amtlicher Anzeiger - Teil II, Nr. 195, vom 09.10.1990.

Hessen

Energieeinsparungs- und Modernisierungsprogramm

Für: Haus-/Wohnungseigentümer; Mieter mit Zustimmung des Eigentümers.

Förderung: Energieeinsparungs- und Modernisierungsmaßnahmen an Wohngebäuden. Bei Mietwohnungen Darlehen bis zu 85%, bei eigengenutzten Wohnungen Zuschuß von 25% der förderungsfähigen Kosten von max. 50.000,- DM je Wohnung.

1. Bauliche Maßnahmen: Dämmung (Außenwände, Dach, Kellerdecke), Einbau wärmedämmender Fenster.

2. Ersatz zentraler Wärmeerzeuger (neue Kessel, Brenner) und Reduzierung von Wärmeverlusten in Verteilungsnetzen.

Kumulation: Keine Angabe.

Besondere Hinweise: Es werden nur solche Gebäude gefördert, die bis zum 31.12.1977 bezugsfertig wurden. Außerdem bestehen Einkommensbeschränkungen.

Informationsmaterial: Keine Angabe.

Informations- und Antragstelle(n):

Hessisches Ministerium für Landes-
entwicklung, Wohnen, Landwirtschaft,
Forsten und Naturschutz
Abteilung 9 (Bauabteilung)
Hölderlinstraße 1-3
D-35578 Wiesbaden
Tel.: 0611/353-0, -653

Hessisches Ministerium für Umwelt,
Energie und Bundesangelegenheiten
Postfach 31 09
Mainzer Straße 80
D-65021 Wiesbaden
Tel.: 0611/815-0
Fax: 0611/815-1941

Antragstellung: Mit Vordruck bei den Magistraten der kreisfreien Städte bzw. kreisangehörigen Städte mit mehr als 50.000 Einwohnern oder bei den Kreisausschüssen (=Landratsämter) der Landkreise.

Grundlage der Förderung: Richtlinien für die Förderung von Energieeinsparungs- und Modernisierungsmaßnahmen an Wohngebäuden mit Landesmitteln vom 01.06.1992, veröffentlicht im Staatsanzeiger für das Land Hessen, Nr. 26 vom 29.06.1992, S. 1446-1450.

Hessen

Hessisches Energiegesetz

Für: Natürliche und juristische Personen (betr. §§ 5-8 HEG); Private; Unternehmen; Öffentliche und private Körperschaften; Kommunale Gebietskörperschaften (betr. insbesondere § 7 HEG); Organisationen der gewerblichen Wirtschaft (z.B. Kammern, Innungen, Verbände; betr. insbesondere § 8 HEG); Wissenschaftliche Institutionen mit Sitz in Hessen (betr. § 6 HEG)

Förderung: Das Hessische Energiegesetz (HEG) regelt in den §§ 5 bis 8 die Förderung von Maßnahmen der rationellen und umweltverträglichen sowie gesamtwirtschaftlich preiswürdigen und sicheren Erzeugung und Verwendung von Energie sowie Energieberatungen. Mittel sind Zuschüsse, kreditverbilligende Maßnahmen oder Landesbürgschaften.

1. Dezentrale Energienutzungsanlagen (§ 5 HEG):

- Heizkraftwerke, Blockheizkraftwerke, Anlagen zur externen Abwärmenutzung, gasbetriebene Wärmepumpen, Wärmenetze auf der Basis von Kraft-Wärme-Kopplung oder Abwärmenutzung;
- Erzeugung und Nutzung von Biogas, Klärgas, Holzgas, Nutzung von Deponiegas;
- Stroh- und Holzheizungen und -Heizkraftwerke;
- thermische Nutzung von Solarenergie im gewerblichen und kommunalen Bereich (direkte Nutzung);
- Wasserkraftanlagen bis 2 MW_{el} (einschl. Reaktivierung stillgelegter Anlagen), Windkraftanlagen bis 1 MW_{el}.

Der Maßnahme soll ein Energiekonzept zugrunde liegen, das den Anforderungen von § 7 des HEG entspricht. Über im Einzelfall mögliche Ausnahmen entscheidet die Bewilligungsbehörde.

- Darlehen, um 4-5%-Punkte gegen Marktzins verbilligt, bei 8-10 Jahren Laufzeit; Mindestzinssatz jedoch 1%;
- Investitionszuschuß nach ökonomischen Gegebenheiten, max. 30%; Wasserkraftanlagen 30% bis 6.000,- DM/kW installierter Turbinenleistung;
- Landesbürgschaften.

2. Forschung und Entwicklung sowie Pilot- und Demonstrationsanlagen (§ 6 HEG), mit den Schwerpunkten:

- Rationelle Energieverwendung/Energieeinsparung;
- Solarenergie;
- Wasserstofftechnologie;
- Windenergie;
- Biomassenutzung.

Hessen

Hessisches Energiegesetz (Fortsetzung)

Zuschüsse, kreditverbilligende Maßnahmen oder Landesbürgschaften, i.d.R. bis 50% der förderfähigen Kosten; höhere Sätze möglich, insbesondere bei Forschungs- und Entwicklungs-Vorhaben. Vorrang für dezentral einsetzbare Technologien.

3. Entwicklung, Aufstellung und Umsetzung von Energiekonzepten, die der planerischen Vorbereitung von Maßnahmen zur rationellen und umweltverträglichen Energienutzung im Rahmen kommunaler, regionaler und unternehmerischer Entwicklungsplanung dienen (§ 7 HEG). Energiekonzepte können erstellt werden für:

- Gemeindegebiete, Versorgungsgebiete oder Gebiete eines Landkreises (örtliche bzw. regionale Energiekonzepte);
- einzelne Siedlungsgebiete und Quartiere, Gebäudeblocks (teilörtliche Energiekonzepte);
- für dezentrale Energienutzungsanlagen (anlagen- bzw. objektbezogene Energiekonzepte).

Ansatzpunkte für die Entwicklung und Aufstellung von Energiekonzepten sollen vor allem jene Teilbereiche sein, in denen besondere Probleme der Energienutzung bestehen oder sich besondere Chancen für eine sparsame und umweltfreundliche Energienutzung ergeben, oder kurz- und mittelfristig Maßnahmen zur Modernisierung, Sanierung oder zum Neubau anstehen.

Zuschüsse von 30% in Verdichtungsräumen, von 40% im ländlichen Raum, in Ausnahmefällen (Modellkonzepte) bis 70%.

4. Energieberatungen, Schulungs- und Informationsveranstaltungen (§ 8 HEG):

- Energiesparberatungen, orientiert an den VDI-Richtlinien 3922 Energieberatung für Industrie und Gewerbe, über wirtschaftliche, organisatorische und technische Fragen der rationellen und umweltverträglichen Energieverwendung zur Vorbereitung betrieblicher Entscheidungen. Zuschüsse auf Beratungskosten (Honorar, Nebenkosten, Kosten des Berichts) bis zu 3 Tagewerken zu max. 850,- DM/Tagewerk; davon trägt das Unternehmen 100,- DM/Tagewerk.
- Aus-, Fort- und Weiterbildungsveranstaltungen (Schulungsveranstaltungen) sowie Informationsveranstaltungen (Vorträge, Seminare, Tagungen) zu technischen, wirtschaftlichen und organisatorischen Fragen im Zusammenhang mit einem rationellen und umweltverträglichen Energieeinsatz. Zuschuß bis 60% der förderfähigen Kosten.

Kumulation: Kombination mit Förderung aus nicht-hessischen Mitteln zulässig, wobei in diesem Fall eine entsprechende Minderung des hessischen Förderanteils möglich ist.

Hessen

Hessisches Energiegesetz (Fortsetzung)

Besondere Hinweise: Bei besonderem Landesinteresse ist eine Förderung auch außerhalb Hessens möglich. Die Richtlinien werden zur Zeit überarbeitet. Die neuen Richtlinien treten voraussichtlich ab Januar 1994 in Kraft.

Informationsmaterial: Richtlinien für die Förderung gemäß §§ 5 bis 8 des Gesetzes über rationelle und umweltverträgliche Energienutzung in Hessen vom 25. Mai 1990 (Hessisches Energiegesetz).

Informations- und Antragstelle(n):

Hessisches Ministerium für Umwelt,
Energie und Bundesangelegenheiten
Abteilung Energie
Postfach 31 09
Mainzer Straße 80
D-65021 Wiesbaden
Tel.: 0611/815-1640
Fax: 0611/815-1941

Speziell Energieberatung für Unternehmen: Industrieunternehmen, Groß- und Außenhandelsunternehmen, Einzelhandelsunternehmen und Handwerksbetriebe wenden sich an die örtliche Industrie- und Handelskammer oder direkt an das

Rationalisierungskuratorium
der deutschen Wirtschaft e.V.
Landesgruppe Hessen
Düsseldorfer Straße 40
D-65760 Eschborn/Taunus
Tel.: 06196/49 53 58
Fax: 06196/495-368

Antragstellung: Formular; Maßnahmebeginn nicht vor Bewilligung.

Grundlage der Förderung: Gesetz über die Förderung rationeller und umweltfreundlicher Energienutzung in Hessen (Hessisches Energiegesetz) vom 25.05.1990, veröffentlicht im Gesetz- und Verordnungsblatt für das Land Hessen, Nr. 12 vom 31.05.1990, in Verbindung mit den Richtlinien für die Förderung nach §§ 5 bis 8 des Gesetzes über die Förderung rationeller und umweltfreundlicher Energienutzung in Hessen (Hessisches Energiegesetz) vom 25.05.1990, veröffentlicht im StAnz. für das Land Hessen, Nr. 90, 1990, S. 1444-1451.

Hessen

Solarthermische Anlagen zur Brauchwassererwärmung

Für: Private; Eigentümer; Unternehmen; Gebietskörperschaften; Sonstige (mit Einverständnis des Eigentümers).

Förderung: Solarthermische Anlagen zur Brauchwassererwärmung u.a. im Wohnungsbereich für Neu- und Altbauten, in Verwaltungs-, Gewerbegebäuden usf.

- Wohngebäude: Zuschuß von 3.000,- DM pro Einfamilienhaus, 1.500,- DM pro Wohnung bei Mehrfamilienhäusern, max. 30% der förderfähigen Investitionsausgaben.
- Sonstige Gebäude: Bis zu 30% der förderfähigen Ausgaben erhalten auch Unternehmen, Gebietskörperschaften und sonstige Institutionen.
- Kreise und Kommunen erhalten für Ausstellungen, Tagungen und Sonderveranstaltungen zum Thema Zuschüsse bis zu 50% der entstandenen Kosten.

Kumulation: Zulässig.

Besondere Hinweise: Zahlreiche Kreise, Gemeinden und Energieversorgungsunternehmen gewähren einen Zuschuß zusätzlich zur Landesförderung. Nähere Informationen hierzu enthält die vom Hessischen Ministerium für Umwelt, Energie und Bundesangelegenheiten herausgegebene "Solare Förderfibel für solarthermische Anlagen in Wohngebäuden". Laufzeit: 1992 - 1993 (wird unverändert verlängert).

Informations- und Antragstelle(n): Zuständige Stadtverwaltung bzw. Landratsamt.

Solar- und Energieberatungszentrum Bergstraße
Am Großen Markt 8
D-64646 Heppenheim
Tel.: 06252/2562

Jugendwerkstatt Felsberg
Sälzerstraße 3a
D-34578 Felsberg
Tel.: 05662/27 27 36 60

Fachverband Sanitär-, Heizung- und Klimatechnik
Kettenhofweg 14-16
D-60325 Frankfurt am Main
Tel.: 069/72 44 96

Unternehmen und Gebietskörperschaften wenden sich an:
Hessisches Ministerium für Umwelt, Energie und Bundesangelegenheiten
Postfach 31 09
Mainzer Straße 80
D-65021 Wiesbaden
Tel.: 0611/815-0
Fax: 0611/815-1941

Antragstellung: Auftragserteilung nicht vor Zuwendungsbescheid, bei Wohngebäuden nach Eingangsbestätigung des Antrages.

Grundlage der Förderung: Solarthermisches Förderprogramm des Hessischen Ministeriums für Umwelt, Energie und Bundesangelegenheiten vom 01.01.1992.

Hessen

Solarmobile

Für: Private.

Förderung: Zuschuß bis zu 30% der Mehrkosten eines Solarautos gegenüber den Kosten eines konventionellen PKW von 18.000,- DM, max. 5.000,- DM.

Kumulation: Keine Angabe.

Besondere Hinweise: Das Solarauto muß bestimmten Leistungskriterien genügen. Der Antragsteller verpflichtet sich, 3 Jahre lang jeweils zum Ende eines Betriebsjahres zu berichten. Es muß eine eigene regenerative Energiequelle zur Versorgung des Solarmobils vorhanden sein.

Informationsmaterial: Keine Angabe.

Informations- und Antragstelle(n):

Technische Überwachung Hessen GmbH
Abteilung Energietechnik und Umweltschutz
Postfach 11 14 61
Rüdesheimer Straße 119
D-64229 Darmstadt
Tel.: 06151/600-377
Fax: 06151/600-600

Antragstellung: Mit Formular; Abschluß des Kaufvertrages erst nach Zuwendungsbescheid.

Grundlage der Förderung: Solarauto-Förderung für private Nutzung im Rahmen der Förderung nach den §§ 5-8 des Gesetzes über die Förderung rationeller und umweltfreundlicher Energienutzung in Hessen (Hessisches Energiegesetz - HEG) vom 25.05.1990 (GVBl. I, S. 174). (Stand: Februar/März 1993).

Mecklenburg-Vorpommern

Modernisierung/Instandsetzung (ModRL M)

Für: Eigentümer; Erbbauberechtigte.

Förderung: Modernisierung und Instandsetzung von Wohngebäuden mit mehr als drei Miet- und Genossenschaftswohnungen, die überwiegend zu Wohnzwecken dienen, u.a. durch Einbau und Erneuerung der technischen Versorgung (Heizung, Elektroinstallation) und Durchsetzung des bautechnischen Wärmeschutzes.

Zinsgünstige Darlehen des Landes bis zu 40% der förderungsfähigen Kosten von max. 20.000,- DM je Wohnung. Zinssatz: 2% p.a. (für die ersten zwei Jahre ab Fertigstellung der baulichen Maßnahmen wird der Zinssatz auf 0% p.a. gesenkt); Tilgung: 5 Jahre ab Fertigstellung der Maßnahme tilgungsfrei, ab dem sechsten Jahr nach Fertigstellung beträgt der Tilgungssatz 1%, ab dem achten Jahr 2% und ab dem zehnten Jahr 3% jährlich, jeweils zuzüglich ersparter Zinsen.

Kumulation: Keine Angabe.

Besondere Hinweise: Keine Angabe.

Informationsmaterial: Keine Angabe.

Informations- und Antragstelle(n):

Landesbauförderungsamt
Mecklenburg-Vorpommern
Wuppertaler Straße 12
D-19061 Schwerin
Tel.: 0385/354-219
Fax: 0385/354-213

Landesbauförderungsamt
Zweigstelle Greifswald
Rudolf-Petershagen-Allee 38
D-17489 Greifswald
Tel.: 03834/87 25 00

Landesbauförderungsamt
Zweigstelle Neubrandenburg
Neustrelitzer Straße 120, Block 3
D-17033 Neubrandenburg
Tel.: 0395/580 26 48

Landesbauförderungsamt
Zweigstelle Rostock
August-Bebel-Straße 33
D-18055 Rostock
Tel.: 0381/23204

Antragstellung: Auf Vordruck an die Verwaltung des jeweiligen Landkreises bzw. der kreisfreien Stadt.

Grundlage der Förderung: Richtlinien für die Gewährung von Zuwendungen des Landes Mecklenburg-Vorpommern zur Instandsetzung und Modernisierung von Wohngebäuden mit mehr als drei Miet- und Genossenschaftswohnungen (ModRL M) im Rahmen der Förderung des Wohnungsbaues in Mecklenburg-Vorpommern, Erlaß des Innenministers vom 23.12.1992 - II 730-514.002 -, veröffentlicht im Amtsblatt für Mecklenburg-Vorpommern Nr. 5 (1993), S. 321-325.

Mecklenburg-Vorpommern

Modernisierung/Instandsetzung von Wohnraum (ModRL E-M)

Für: Eigentümer.

Förderung: Modernisierung und Instandsetzung von Wohneigentum sowie von Miet- und Genossenschaftswohnungen in Wohngebäuden mit bis zu drei Wohnungen.

Gefördert werden u.a. der Einbau und die Erneuerung der technischen Versorgung (Heizung, Wasserversorgung und -entsorgung, Elektroinstallation) sowie Wärmedämmung.

Zuschuß von bis zu 20% der förderungsfähigen Kosten, jedoch höchstens für förderungsfähige Kosten von bis zu 25.000,- DM je Wohnung.

Kumulation: Keine Angabe.

Besondere Hinweise: Keine Angabe.

Informationsmaterial: Keine Angabe.

Informations- und Antragstelle(n):

Landesbauförderungsamt
Mecklenburg-Vorpommern
Wuppertaler Straße 12
D-19061 Schwerin
Tel.: 0385/354-219
Fax: 0385/354-213

Landesbauförderungsamt
Zweigstelle Greifswald
Rudolf-Petershagen-Allee 38
D-17489 Greifswald
Tel.: 03834/87 25 00

Landesbauförderungsamt
Zweigstelle Neubrandenburg
Neustrelitzer Straße 120, Block 3
D-17033 Neubrandenburg
Tel.: 0395/580 26 48

Landesbauförderungsamt
Zweigstelle Rostock
August-Bebel-Straße 33
D-18055 Rostock
Tel.: 0381/23204

Antragstellung: Auf Vordruck an die jeweilige Verwaltung des Amtes, der amtsfreien Gemeinde bzw. der kreisfreien Stadt.

Grundlage der Förderung: Richtlinien für die Gewährung von Zuwendungen des Landes Mecklenburg-Vorpommern zur Instandsetzung und Modernisierung von Wohneigentum sowie von Miet- und Genossenschaftswohnungen in Wohngebäuden mit bis zu drei Wohnungen (ModRL E-M) im Rahmen der Förderung des Wohnungsbaues in Mecklenburg-Vorpommern, Erlaß des Innenministers vom 23.12.1992 - II 730-514.003 -, veröffentlicht im Amtsblatt für Mecklenburg-Vorpommern Nr. 5 (1993), S. 313-316.

Mecklenburg-Vorpommern

Sonderprogramm zur Beschleunigung von Investitionen im Wohnungsbau

Für: Private Hausbesitzer; Kommunen; Wohnungsgenossenschaften; Wohnungsgesellschaften.

Förderung: Zur Beschleunigung von Investitionen im Wohnungsbau und zur Stärkung der Wohnungswirtschaft können auf Antrag Darlehen, die für Modernisierungs- und Instandsetzungsmaßnahmen an Wohnungen im Rahmen der "Richtlinien für die Gewährung von Zuwendungen des Landes Mecklenburg-Vorpommern zur Instandsetzung und Modernisierung von Wohneigentum sowie von Miet- und Genossenschaftswohnungen in Wohngebäuden mit bis zu drei Wohnungen (ModRL E-M)" gewährt wurden, ganz oder teilweise in nicht rückzahlbare Zuwendungen umgewandelt werden.

Die förderungsfähigen Kosten für die durchzuführenden Modernisierungs- oder Instandsetzungsmaßnahmen müssen mindestens 160% der umzuwandelnden Darlehensschuld betragen.

Die Förderung erfolgt durch Umwandlung der Darlehen bis zu 100% in einen nicht rückzahlbaren Zuschuß zur Deckung der Kosten für die förderfähigen Maßnahmen.

Kumulation: Keine Angabe.

Besondere Hinweise: Keine Angabe.

Informationsmaterial: Keine Angabe.

Informations- und Antragstelle(n):

    Landesbauförderungsamt
    Mecklenburg-Vorpommern (LBFA)
    Wuppertaler Straße 12
    D-19061 Schwerin
    Tel.: 0385/354219
    Fax: 0385/354213

Antragstellung: Mit Formular.

Grundlage der Förderung: Förderung des Wohnungsbaus in Mecklenburg-Vorpommern. Sonderprogramm zur Beschleunigung von Investitionen im Wohnungsbau (IBP). Erlaß des Innenministers vom 23.12.1992.

Mecklenburg-Vorpommern

Investitionen zur Energieträgerumstellung in Wohngebäuden (EngtRL)

Für: Eigentümer; Erbbauberechtigte.

Förderung:

- Ersatz von bisher mit Stadtgas betriebenen, nicht umrüstbaren Gasgeräten durch Geräte mit Erdgasbetrieb;
- Bauliche Maßnahmen an den Abgasanlagen des Gebäudes oder an den Gasinstallationsleitungen des Gebäudes;
- Einbau von Sammelheizungen anstelle von bisher mit Stadtgas betriebenen, nicht umrüstbaren Gaseinzelgeräten;
- Umstellung der Energieversorgung der Wohnung auf alternative Energieträger, soweit die Wohnung bisher mit Stadtgas versorgt wurde und der notwendige Geräteersatz für die Beibehaltung der Gasversorgung aus technischen oder wirtschaftlichen Gründen unzweckmäßig ist.

Der Zuschuß beträgt bis zu 50% der förderungsfähigen Kosten. Die Zuschußhöchstbeträge liegen je nach Maßnahme zwischen 500,- DM (für Gasinstallations- und Abgasanlagen je Wohnung) und 6.000,- DM (für Heizkessel), sie sind der Richtlinie zu entnehmen.

Kumulation: I.d.R. nicht zulässig.

Besondere Hinweise: Keine Angabe.

Informationsmaterial: Keine Angabe.

Informations- und Antragstelle(n):

Information:
Innenministerium des Landes
Mecklenburg-Vorpommern
Postfach 544
Karl-Marx-Straße 1
D-19005 Schwerin
Tel.: 0385/574-0
Fax: 0385/574-2443

Landesbauförderungsamt
Mecklenburg-Vorpommern (LBFA)
Wuppertaler Straße 12
D-19061 Schwerin
Tel.: 0385/354-219
Fax: 0385/354-213

(siehe auch Adressen der Zweigstellen S. 153)

Antragstellung: Auf Vordruck an das Landesbauförderungsamt oder dessen Zweigstellen.

Grundlage der Förderung: Richtlinien für die Gewährung von Zuwendungen des Landes Mecklenburg-Vorpommern für Investitionen zur Energieträgerumstellung in Wohngebäuden (EngtRL). Erlaß des Innenministers vom 19.06.1992 - II 730-514.009 -, veröffentlicht im Amtsblatt für Mecklenburg-Vorpommern, Nr. 27 (1992), S. 654-656.

Mecklenburg-Vorpommern

Energieeinsparung/Energieträgerumstellung in der Land- und Forstwirtschaft

Für: Landwirtschaftliche Betriebe, Betriebe der Forstwirtschaft, der Binnenfischerei sowie Gärtnereibetriebe.

Förderung: Maßnahmen zur Energieeinsparung, Energieträgerumstellung, Nutzung umweltverträglicher und kostengünstiger Energiearten sowie zur Verringerung von Umweltbelastungen. Dazu gehören Investitionen

- für bauliche und technische Wärmedämmungsmaßnahmen und Regeltechnik einschließlich Modernisierung der Heizungsanlagen;
- für Wärmerückgewinnungsanlagen, Wärmepumpen, Solaranlagen, Biomasseanlagen, Windkraftanlagen sowie die Erneuerung von Kleinwasserkraftanlagen;
- zur Umstellung der Heizungsanlage von Rohbraunkohle auf umweltfreundliche Energieträger;
- zum Einbau von Umweltschutzeinrichtungen (z.B. Rauchgasreinigungsanlagen) in vorhandene Energiewandlungsanlagen.

Zuschuß bis zu 30% für Investitionskosten von max. 3,5 Mio. DM, bis zu 40% für Solar-, Biomasse- und Windkraftanlagen sowie die Erneuerung von Kleinwasserkraftanlagen.

Von der Förderung ausgeschlossen sind die Investitionen im Wohnbereich und in der Verarbeitung landwirtschaftlicher Erzeugnisse.

Kumulation: Keine Angabe.

Besondere Hinweise: Keine Angabe.

Informationsmaterial: Keine Angabe.

Informations- und Antragstelle(n):

Information:
Landwirtschaftsministerium des Landes
Mecklenburg-Vorpommern
Paulshöher Weg 1
D-19084 Schwerin
Tel.: 0385/588-6300

Antragstellung: Auf Vordruck vor Maßnahmenbeginn an das zuständige Amt für Landwirtschaft.

Grundlage der Förderung: Förderung von Maßnahmen zur Energieeinsparung und Energieträgerumstellung.

Mecklenburg-Vorpommern

Renovierung von Stätten der Jugendarbeit

Für: Freie und öffentliche Träger der Jugendhilfe.

Förderung: Investitionen zur Rekonstruktion und Renovierung von Stätten der Jugendarbeit, insbesondere Maßnahmen zur Modernisierung von Heizungsanlagen, energiesparenden Wärmedämmung, Sanierung der Dächer für die Substanzerhaltung u.a.

Zuwendungen von bis zu 50% der anerkannten zuwendungsfähigen Kosten für öffentliche bzw. 75% für freie Träger der Jugendhilfe. Der Gesamtumfang sollte zwischen 10.000,- DM und 150.000,- DM betragen.

Kumulation: Keine Angabe.

Besondere Hinweise: Keine Angabe.

Informationsmaterial: Keine Angabe.

Informations- und Antragstelle(n):

Information:	Antragstelle:
Kultusministerium des Landes Mecklenburg-Vorpommern Werdestraße 124 D-19048 Schwerin Tel.: 0385/588-0 Fax: 0385/588-7080	Landesjugendamt Mecklenburg-Vorpommern Neustrelitzer Straße 120 D-17033 Neubrandenburg

Antragstellung: An das Landesjugendamt.

Grundlage der Förderung: Richtlinie des Landesjugendplanes 1993.

Mecklenburg-Vorpommern

Landesprogramm Immissionsschutz

Für: Kommunen und ihre Zusammenschlüsse (Gemeindeverbände, Zweckverbände, sonstige Körperschaften und Anstalten des öffentlichen Rechts sowie Eigengesellschaften kommunaler Gebietskörperschaften); Unternehmen der gewerblichen Wirtschaft (soweit es sich um Abgas- und Ablufttechnologien handelt).

Förderung: Zuschüsse bis zu 20% der zuwendungsfähigen Ausgaben für:

1. Technologien zur rationellen Energienutzung
- Einsatz von Brennwerttechnik;
- Einsatz von Blockheizkraftwerken, in denen gleichzeitig Strom und Wärme erzeugt wird (Kraft-Wärme-Kopplung).

2. Umweltgerechte Erschließung und Nutzung regenerativer Energien
- Thermische Solarenergienutzung zur Wärmeerzeugung und für Warmwasserbereitungsanlagen;
- Windenergie zur Stromerzeugung bei kommunalen Objekten;
- Biomasse zur energetischen Nutzung;
- Biogas zur Energie- und/oder Wärmeerzeugung;
- Umweltwärme aus der Umgebungsluft, dem Oberflächenwasser, dem Erdreich oder dem Grundwasser durch den Einsatz von Wärmepumpen;
- Wasserkraft zur Stromerzeugung mittels Turbinen.

3. Integrierte Energieversorgungssysteme: Kombination regenerativer Energien im Zusammenwirken mit konventionellen Energien zur Energie- oder Wärmeerzeugung.

4. Abgas- und Ablufttechnologien: Modellhafte Abgas- und Ablufttechnologien, die der Emissionsreduzierung von anorganischen bzw. organischen Luftschadstoffen über den Stand der Technik hinaus dienen.

Kumulation: Die Summe der öffentlichen Fördermittel darf 50% der förderfähigen Ausgaben nicht übersteigen.

Besondere Hinweise: Da für 1994 keine Mittel mehr zur Verfügung stehen, läuft das Programm vorerst Ende 1993 aus. Eine Neuauflage des Programms ist noch offen.

Informationsmaterial: Keine Angabe.

Mecklenburg-Vorpommern

Landesprogramm Immissionsschutz (Fortsetzung)

Informations- und Antragstelle(n):

    Umweltministerium des Landes
    Mecklenburg-Vorpommern
    Referat 550
    Schloßstraße 5-6
    D-19048 Schwerin
    Tel.: 0385/588-8550
    Fax: 0385/588-8051

Antragstellung: Mit Antragsformular vor Vorhabensbeginn an das Umweltministerium Mecklenburg-Vorpommern.

Grundlage der Förderung: Richtlinien des Umweltministeriums des Landes Mecklenburg-Vorpommern zur Förderung von Investitionen mit Demonstrationscharakter zur Vermeidung oder Verminderung von Luftverunreinigungen (Landesprogramm Immissionsschutz) vom 04.01.1993.

Mecklenburg-Vorpommern

Technologie-Förderprogramm (TFP)

Für: Kleine und mittlere Unternehmen der gewerblichen Wirtschaft bis 1000 Beschäftigte; Wirtschaftsnahe Forschungseinrichtungen; Wirtschaftsnahe Freie Berufe; Technologietransfereinrichtungen der Wirtschaft.

Förderung:

1. Entwicklung:
- Erarbeitung neuer technischer Lösungen bzw. Erkenntnisse, um die Erreichung spezifischer praktischer Ziele von neuen Produkten, Produktionsverfahren oder Dienstleistungen zu erleichtern, die mit der Herstellung eines ersten Prototyps (Produkts) endet;
- Anpassung auf der Grundlage der angewandten Forschung mit dem Ziel der Einführung neuer oder wesentlich verbesserter Produkte, ihrer Verfahren oder Dienstleistungen bis hin zur industriellen Anwendung und kommerziellen Nutzung, jedoch nicht die Aufnahme der Produktion.

2. Verbreitung: Vermittlung der zur Anwendung einer neuen Technologie erforderlichen Kenntnisse sowie die Demonstration einer neuen Technologie und evtl. weiterer Entwicklungsarbeit, die die Aufnahme der Produktion gestattet.

Die Maßnahmen müssen Neuheitscharakter haben, von gesamtwirtschaftlichem Nutzen sein, einen hohen Schwierigkeitsgrad bei ihrer Verwirklichung und für den Antragsteller ein nicht mehr zumutbares technisches und wirtschaftliches Risiko aufweisen sowie wirtschaftlichen Erfolg in Aussicht stellen.

Förderfähig sind die Personalkosten, Material- und Sachausgaben, erforderliche Fremdleistungen bis zu 50% der Gesamtkosten des Projekts, sonstige zur Durchführung des Projekts notwendige Ausgaben.

Die Höhe der Zuschüsse beträgt:
- für Unternehmen mit bis zu 250 Beschäftigten und einem Jahresumsatz von max. 40 Mio. DM bis zu 40%;
- für Unternehmen mit mehr als 250 und bis zu 500 Beschäftigten und einem Jahresumsatz von max. 80 Mio. DM bis zu 35%;
- für Unternehmen mit mehr als 500 und bis zu 1000 Beschäftigten und einem Jahresumsatz von max. 100 Mio. DM bis zu 25%.

3. Bis zur Verabschiedung eines gesonderten Förderprogramms für erneuerbare Energiequellen (voraussichtlich im Frühjahr 1994) wird die Nutzung erneuerbarer Energiequellen im Rahmen des Technologieförderprogramms gefördert:
- Windkraftanlagen: Zuschuß bis zu 20%;
- Wasserkraftanlagen: Zuschuß bis zu 20%;
- Biomasse, Biogas, Geothermie: Zuschuß bis zu 40%.

Mecklenburg-Vorpommern
Technologie-Förderprogramm (TFP) (Fortsetzung)

Kumulation: Kumulierung mit anderen Fördermitteln bis zu den oben genannten Förderhöchstsätzen zulässig.

Besondere Hinweise: Keine Angabe.

Informationsmaterial: Keine Angabe.

Informations- und Antragstelle(n):

>Wirtschaftsministerium des Landes
Mecklenburg-Vorpommern
Referat 130
Johannes-Stelling-Straße 14
D-19048 Schwerin
Tel.: 0385/588-0
Fax: 0385/588-5861

Antragstellung: Mit Antragsformular vor Maßnahmebeginn an das Wirtschaftsministerium Mecklenburg-Vorpommern.

Grundlage der Förderung: Richtlinien für die Gewährung von Finanzhilfen des Landes Mecklenburg-Vorpommern zur Durchführung angewandter Forschung und Entwicklung von Projekten mit neuen Technologien sowie deren Einführung (Technologieförderprogramm, TFP).

Mecklenburg-Vorpommern

Kommunale Energiekonzepte

Für: Kommunale Körperschaften; Städte; Landkreise.

Förderung: Erstellung und Fortschreibung von Energiekonzepten für Gemeinden, Städte und Landkreise in Mecklenburg-Vorpommern, in denen Möglichkeiten zur sparsamen und rationellen Energieverwendung und -versorgung, zur Reduzierung der Umweltbelastung sowie zur Nutzung regenerativer Energiequellen untersucht und aufgezeigt werden.

Zuschuß bis zu 25% der zuwendungsfähigen Ausgaben, höchstens jedoch für Antragsteller mit

- bis 50.000 Einwohner 40.000,- DM;
- über 50.000 bis 80.000 Einwohner 60.000,- DM;
- über 80.000 Einwohner 80.000,- DM.

Kumulation: Kumulation mit anderen Förderungen des Landes ist nicht zulässig.

Besondere Hinweise: Keine Angabe.

Informationsmaterial: Keine Angabe.

Informations- und Antragstelle(n):

Wirtschaftsministerium des Landes
Mecklenburg-Vorpommern
Referat 410
Johannes-Stelling-Straße 14
D-19053 Schwerin
Tel.: 0385/588-5410
Fax: 0385/588-5861

Antragstellung: Auf Antragsvordruck vor Auftragserteilung an das Wirtschaftsministerium Mecklenburg-Vorpommern.

Grundlage der Förderung: Richtlinie über die Gewährung von Zuschüssen für die Erstellung von Energiekonzepten der Kommunen des Landes Mecklenburg-Vorpommern (Entwurfsstand: 25.03.1993).

Mecklenburg-Vorpommern

Umweltbildung, -erziehung durch Vereine und Verbände

Für: Vereine; Verbände.

Förderung: Zuschüsse bis zu 50% der förderfähigen Ausgaben für umweltbezogene Projekte im Rahmen von Umweltbildung, -erziehung und -information durch Vereine und Verbände. Dazu gehören insbesondere:

- Projekte und Veranstaltungen, die der Umwelterziehung und -bildung, der Wissens- und Informationsvermittlung, dem Wissensaustausch, der Förderung von Umweltbewußtsein, der Beratung, Aufklärung und Öffentlichkeitsarbeit über Belange von Natur und Umwelt einschließlich einer umweltschonenden Energieerzeugung dienen;
- handlungsorientierte Umwelterziehung und -bildung im Vorschul-, Schul- und Freizeitbereich;
- künstlerische Formen oder deren Nutzung zur Weitergabe von Umweltinformationen und Förderung des Umweltbewußtseins;
- Projekte im Rahmen der Vereins- und Verbändearbeit, die eine nachhaltig positive Auswirkung auf den Zustand der Umwelt haben.

Kumulation: Zuwendungen Dritter werden auf die Landesförderung angerechnet.

Besondere Hinweise: Keine Angabe.

Informationsmaterial: Keine Angabe.

Informations- und Antragstelle(n):

Umweltministerium des Landes
Mecklenburg-Vorpommern
Referat 130
Schloßstraße 6-8
D-19048 Schwerin
Tel.: 0385/588-8180
Fax: 0385/581-3259

Antragstellung: Formlos, in doppelter Ausführung, an das Umweltministerium Mecklenburg-Vorpommern.

Grundlage der Förderung: Richtlinie zur Förderung der Umweltbildung, -erziehung und -information und zur Förderung von umweltschutzbezogenen Projekten von Vereinen und Verbänden. Erlaß der Umweltministerin vom 08.12.1992 - VIII 170a -, veröffentlicht im Amtsblatt für Mecklenburg-Vorpommern, Nr. 2 (1993), S. 200-201.

Niedersachsen

Erneuerbare Energiequellen/Rationelle Energieverwendung

Für: Natürliche und juristische Personen; Körperschaften des öffentlichen Rechts.

Förderung: (Prozentuale Förderhöchstsätze in Klammern)

1. Anwendung und Nutzung neuer und erneuerbarer Energien:
   - Windkraftanlagen und Windparks (25%, Binnenlandstandorte 50%, max. 150.000,- DM); Die Zuschußhöhe wird nach einer Förderformel errechnet, die die Umweltverträglichkeit und die Leistung der Anlage berücksichtigt;
   - Laufwasserkraftanlagen bis 500 kW (bis zu 30%);
   - Solaranlagen zur Warmwasserbereitung (bis zu 20%);
   - Pilot-, Demonstrations-, Entwicklungsvorhaben (bis zu 50%).

2. Energieeinsparung und rationelle Energieverwendung:
   - Kraft-Wärme-Kopplung-Anlagen bis 100 kW_{el} einschließlich des Hauptleitungssystems für Nahwärme (bis zu 30%); für größere Anlagen werden voraussichtlich Darlehensmittel zur Verfügung stehen;
   - Pilot- und Demonstrationsvorhaben der betrieblichen Abwärmenutzung, einschließlich des Hauptleitungssystems für Nahwärme in Gewerbe, Industrie und Landwirtschaft (bis zu 50%).

3. Regionale und kommunale Energieversorgungs- sowie betriebliche Energienutzungskonzepte bis zu 30% Zuschuß, max. 50.000,- DM.

Kumulation: Bis 50%, bei solaren Warmwasseranlagen bis 30% zulässig.

Besondere Hinweise: Ab 1994 sollen auch Photovoltaikanlagen gefördert werden.

Informations- und Antragstelle(n):

Antrags- und Bewilligungsstelle:	Niedersächsisches Ministerium für Wirtschaft, Technologie und Verkehr
Örtlich zuständige Bezirksregierung.	Postfach 101 Friedrichswall 1 D-30001 Hannover Tel.: 0511/120-8886 Fax: 0511/120-6430

Antragstellung: Mit Formular; Maßnahmebeginn nicht vor Bewilligung.

Grundlage der Förderung: Richtlinie Energie über die Gewährung von Zuwendungen des Landes Niedersachsen aus dem Wirtschaftsförderungsfonds - ökologischer Bereich - in der Fassung der Bekanntmachung des Ministeriums für Wirtschaft, Technologie und Verkehr vom 10.07.1992, veröffentlicht im Niedersächsischen MBl., 42 (1992) 36, vom 11.11.1992, S. 1382-1385 sowie Neufassung der Anlage 1 (Windenergie) vom 01.01.1993.

Nordrhein-Westfalen

Modernisierung von Wohnraum

Für: Eigentümer; Verfügungsberechtigte.

Förderung: Maßnahmen zur nachhaltigen Einsparung von Heizenergie, bzw. zur Verbesserung der Wärmedämmung (Fenster, Decken, Außenwände) und der Heiz- und Warmwasseranlagen, Einbau von Wärmerückgewinnungssystemen, Wärmepumpen oder Solaranlagen in Gebäuden, die mindestens 20 Jahre alt sind.

Darlehen von 50% der zuwendungsfähigen Ausgaben im Kostenbereich zwischen 250,- und 1200,- DM/m^2. Bei Einhaltung der Mindestkosten ist eine wiederholte Förderung bis zum Erreichen der Höchstkosten von 1200,- DM/m^2 möglich.

Kumulation: Keine Angabe.

Besondere Hinweise: Diverse Vorrangregelungen bezogen auf Alter, Sanierungsgebiete, Stadtbild, Denkmalseigenschaft, Umstellung auf alternative Energiequellen etc. Mietpreis- und Belegungsbindung: 10 Jahre nach Fertigstellung der Modernisierung.

Informationsmaterial: Keine Angabe.

Informations- und Antragstelle(n):

Ministerium für Stadtentwicklung,
Bauen und Wohnen
Referat IV A
Postfach 11 03
Am Nördlichen Zubringer 5
D-40217 Düsseldorf
Tel.: 0211/9088-0
Fax: 0211/9088-601

Antragstellung: Mit Formular; Maßnahmebeginn nicht vor Bewilligung.

Grundlage der Förderung: Richtlinien über die Gewährung von Zuwendungen zur Modernisierung von Wohnraum (ModR 1990), RdErl. des Ministers für Stadtentwicklung, Bauen und Wohnen in der Fassung vom 25.02.1993 - IV B 3-31-10/93, veröffentlicht im Ministerialblatt für das Land Nordrhein-Westfalen, Nr. 25 vom 08.04.1993, S. 649-652.

Nordrhein-Westfalen

Rationelle Energieverwendung/Nutzung unerschöpflicher Energiequellen

Für: Natürliche und juristische Personen; Gemeinden; Gemeindeverbände; Öffentliche und private Unternehmen; Kirchengemeinden; Stiftungen; Anstalten; Private (auch Mieter); Vereine.

Förderung: Zuschuß (Zuschußquote in Klammern) für folgende Maßnahmen:

1. Messungen und Berechnungen des Potentials an Wind-, Wasser- und Solarenergie (50%).

2. Errichtung, Reaktivierung oder Ausbau von:
- Wärmepumpen (25%);
- Anlagen zur Gewinnung von Energie aus Abwärme, einschließlich entsprechender Einrichtungen in Brennwertkesseln mit einer installierten Leistung > 40 kW_{th} (25%);
- Anlagen zur Energiegewinnung aus Bio-, Deponie- oder Klärgas, Grubengas, Gasentspannung, Biomasse (25%);
- Meß-, Regel- und Speichersysteme, die erheblich zur Verbesserung der Energienutzung beitragen (25%);
- Wasserkraftanlagen (25% der förderfähigen Ausgaben von max. 7.500,- DM/kW_{el} installierter Leistung bei Neuerrichtung bzw. von max. 5.000,- DM/kW_{el} installierter Leistung bei Reaktivierung und Ausbau);
- Windkraftanlagen (25% bei förderfähigen Ausgaben von max. 6.000,- DM/kW_{el} installierter Leistung).

3. Solaranlagen, insbesondere:
- Photovoltaikanlagen < 1 kW_p (25%), 1-5 kW_p (50%), außerhalb dieser Leistungsgrenzen bzw. bei Demonstrationsförderung (bis zu 50%);
- Solarkollektoranlagen, für Röhrenkollektoren 800,- DM/m^2 Kollektorfläche, für Flachkollektoren 450,- DM/m^2 Kollektorfläche;
- sonstige anerkannte solartechnische Komponenten (25%).

4. Solar- und Elektromobile, unter bestimmten Voraussetzungen, 10.000,- DM.

5. Forschungs- und Entwicklungsvorhaben sowie Demonstrationsprojekte: Zuschuß bis zu 50% der im Antrag genannten voraussichtlichen Gesamtausgaben.

Die Bagatellgrenze für Investitionsmaßnahmen beträgt 1.000,- DM (Zuwendungsbetrag).

Kumulation: Kombination mit Mitteln, die nicht aus Programmen des Landes NRW stammen, zulässig.

Nordrhein-Westfalen

Rationelle Energieverwendung/Nutzung unerschöpflicher Energiequellen (Fortsetzung)

Besondere Hinweise: Nachrangige Förderung von Unternehmen mit einem Konzernumsatz ab 1 Mrd. DM sowie von Beteiligungsunternehmen, an deren Grundkapital solche Unternehmen zu 50% oder mehr beteiligt sind. Verbesserung der Umweltbilanz ist Fördervoraussetzung.

Die Breitenförderung nach dieser Richtlinie wurde mit Wirkung vom 05.11.1992 ausgesetzt. Eine Fortschreibung des REN-Programms für 1994 ist jedoch vorgesehen. Der Etat 1993 wurde bereits erheblich aufgestockt. Altanträge werden bei einer Wiederaufnahme der Breitenförderung berücksichtigt werden können.

Informationsmaterial: Keine Angabe.

Informations- und Antragstelle(n):

Landesoberbergamt
Nordrhein-Westfalen
Postfach 10 25 45
Goebenstraße 25-27
D-44025 Dortmund
Tel.: 0231/5410-1, -259
Fax: 0231/52 94 10

Für Land- und Forstwirtschaft:
Zuständige Landwirtschaftskammer.

Für Forschung und Entwicklung:
Ministerium für Wirtschaft,
Mittelstand und Technologie
Referat 522
Postfach 11 44
Haroldstraße 4
D-40002 Düsseldorf
Tel.: 0211/83702
Fax: 0211/837-2249

Demonstrationsvorhaben und Photovoltaik:
Koordinationsstelle für das Land Nordrhein-Westfalen
Rationelle Energieverwendung,
Arbeitsgemeinschaft Solar
KFA/RES-REN
Karl-Heinz-Beckurts-Straße 13
D-52428 Jülich
Tel.: 02461/69 06 05
Fax: 02461/69 06 10

Antragstellung: Formular; Maßnahmebeginn nach Antragseingang bei der zuständigen Stelle.

Grundlage der Förderung: Richtlinien über die Gewährung von Zuwendungen im Rahmen des Programms Rationelle Energieverwendung und Nutzung unerschöpflicher Energiequellen, RdErl. des Ministers für Wirtschaft, Mittelstand und Technologie vom 12.07.1991 - 522-10-00 - 1/91.

Nordrhein-Westfalen

Sonderprogramm Niedrig-Energie-Häuser (im Rahmen des REN-Programms)

Für: Natürliche und juristische Personen; Vereinigungen.

Förderung: Insgesamt sollen regional verteilt und in architektonischer Vielfalt 100 Niedrig-Energie-Häuser bzw. maximal 400 Wohneinheiten im entsprechenden Standard, der in den Richtlinien definiert ist, gefördert werden. Das gesamte Fördervolumen liegt bei 2,5 Mio. DM.

Je Gebäude wird ein Festbetrag in Höhe von 10.000,- DM für die erste Wohneinheit und 5.000,- DM für jede weitere Wohneinheit (WE) gewährt. Bei einer Unterschreitung des in der Richtlinie geforderten QH_{max}-Wertes um mindestens 20% erhöht sich der Zuschuß um 5.000,- auf 15.000,- DM bei Gebäuden mit einer WE, die Erhöhung je weitere WE bleibt bei 5.000,- DM. Darüber hinaus kann ein Zuschuß von 3.000,- DM für den Mehraufwand an Planung, Bauüberwachung und Dokumentation gewährt werden. Der Gesamtförderbetrag je Gebäude ist auf 63.000,- DM begrenzt.

Kumulation: Keine Angabe.

Besondere Hinweise: Keine Angabe.

Informationsmaterial: Keine Angabe.

Informations- und Antragstelle(n):

Antragstelle:
Forschungszentrum Jülich GmbH
Projektträger Rationelle
Energieverwendung
RES-REN
Postfach 19 13
D-52425 Jülich
Tel.: 02461/69 06 05
Fax: 02461/69 06 10

Bewilligungsstelle:
Landesoberbergamt NRW
Postfach 10 25 45
Goebenstraße 25-27
D-44025 Dortmund
Tel.: 0231/5410-01
Fax: 0231/529410

Antragstellung: Beim Projektträger Rationelle Energieverwendung - RES-REN.

Grundlage der Förderung: Sonderprogramm "Niedrig-Energie-Haus-Förderung NRW für den freifinanzierten Wohnungsbau" (im Rahmen des REN-Programms NRW) des Ministeriums für Wirtschaft, Mittelstand und Technologie (MWMT) in Zusammenarbeit mit den Ministerien für Bauen und Wohnen (MBW) und Wissenschaft und Forschung (MWF) des Landes Nordrhein-Westfalen, (Stand: 26.05.1993).

Nordrhein-Westfalen

Technologieprogramm Wirtschaft (TPW)

Für: Kleine und mittlere Unternehmen (bis 500 Beschäftigte); Existenzgründer.

Förderung: Neue Produkte und Verfahren, die u.a. zur Einsparung von Rohstoffen und Energie beitragen.

Der Zuschuß kann bei Unternehmen mit bis zu 150 Beschäftigten bis zu 40%, bei Unternehmen von mehr als 150 bis zu 500 Beschäftigten bis zu 25% der förderfähigen Ausgaben betragen. Er soll einen Betrag von 25.000,- DM nicht unterschreiten und einen Betrag von 500.000,- DM nicht überschreiten.

Kumulation: Kumulation bis zur Höchstgrenze der Fördersätze nach diesem Programm zulässig.

Besondere Hinweise: Die Höhe des Zuschusses hängt vom Grad des technischen und wirtschaftlichen Risikos, vom Schwierigkeitsgrad, vom Neuheitsgehalt, von Art und Umfang des gesamtwirtschaftlichen Nutzens sowie von der Finanzkraft des Unternehmens ab.

Informationsmaterial: Keine Angabe.

Informations- und Antragstelle(n):

Beratung und Projektanzeige:

Zentrum für Innovation und
Technik in Nordrhein-Westfalen GmbH
(ZENIT)
Dohne 54
D-45468 Mühlheim a.d. Ruhr
Tel.: 0208/30 00 40

Antragstellung: Mit Antragsvordruck bei der Hausbank.

Grundlage der Förderung: Programm für die Gewährung von Finanzhilfen des Landes Nordrhein-Westfalen für Projekte zur Entwicklung, Einführung und Verbreitung neuer Technologien (Technologieprogramm Wirtschaft), Runderlaß des Ministeriums für Wirtschaft, Mittelstand und Technologie vom 26.10.1990, - 321-07-06 (SMBl., NW 74).

Nordrhein-Westfalen

Landesprogramm Fernwärme

Für: Unternehmen der Energieversorgung und der Industrie; Natürliche und juristische Personen.

Förderung: Zuwendungen für den Ausbau der Fernwärmeversorgung durch
- Anlagen zur Bereitstellung, Auskopplung und Verteilung von Wärme;
- sonstige Anlagen, die geeignet sind, die Nutzung von Kraftwerkswärme und von anderen Energien aus Anlagen der Industrie und der Müllbeseitigung in vorhandenen und neu zu erschließenden Fernwärmeversorgungsgebieten auszuweiten.

Der Fördersatz beträgt bei Projekten der Fernwärmeverteilung mit einem Investitionsvolumen bis einschließlich 4 Mio. DM 25% der zuwendungsfähigen Ausgaben. Bei allen übrigen Projekten der Fernwärmeversorgung kann der Fördersatz, angepaßt an die Besonderheiten des Einzelfalls, festgelegt werden.

Die Bagatellgrenze beträgt für ein räumlich eng zu begrenzendes Ausbauprojekt 250.000,- DM förderfähige Investitionssumme.

Kumulation: Die Höhe der Zuwendungen ist auf 40% der zuwendungsfähigen Kosten begrenzt.

Besondere Hinweise: Keine Angabe.

Informationsmaterial: Keine Angabe.

Informations- und Antragstelle(n):

Landesoberbergamt
Nordrhein-Westfalen
Dezernat 43
Postfach 10 25 45
Goebenstraße 25-27
D-44025 Dortmund
Tel.: 0231/5410-0
Fax: 0231/529410

Ministerium für Wirtschaft,
Mittelstand und Technologie
des Landes Nordrhein-Westfalen
Referat 523
Postfach 11 44
Haroldstraße 4
D-40002 Düsseldorf
Tel.: 0211/837-02
Fax: 0211/837-2200

Antragstellung: Beim Landesoberbergamt NRW.

Grundlage der Förderung: Hinweise des Ministeriums für Wirtschaft, Mittelstand und Technologie des Landes Nordrhein-Westfalen für die Gewährung von Fördermitteln aus dem Programm Rationelle Energienutzung, Programmbereich "Ausbau der Fernwärmeversorgung auf Basis von Kraft-Wärme-Kopplung, industrieller Abwärme und Müll" (Landesprogramm Fernwärme) vom 01.03.1993.

Nordrhein-Westfalen

Energieversorgungskonzepte

Für: Kommunen, Gemeinden, Gemeindeverbände u.ä.

Förderung: Zuschuß von 40-50% (für Gemeinden mit unterdurchschnittlicher Finanzkraft 60%) der förderfähigen Kosten für die Erstellung eines Energieversorgungskonzeptes für Gemeinden oder Kreise.

    Bagatellgrenze: 10.000,- DM.

Kumulation: Keine Angabe.

Besondere Hinweise: Keine Angabe.

Informationsmaterial: Keine Angabe.

Informations- und Antragstelle(n):

Information:
Ministerium für Wirtschaft,
Mittelstand und Technologie
Referat 517
Postfach 10 11 44
Haroldstraße 4
D-40190 Düsseldorf
Tel.: 0211/837-2232
Fax: 0211/837-2200

Antragstelle:
Zuständiger Regierungspräsident.

Antragstellung: Keine Angabe.

Grundlage der Förderung: Richtlinien über die Gewährung von Zuwendungen zur Förderung der Erstellung von kommunalen und regionalen Energiekonzepten. RdErl. des Ministeriums für Wirtschaft, Mittelstand und Technologie des Landes Nordrhein-Westfalen vom 31.03.1992 - 528 38-05-/92, veröffentlicht im Ministerialblatt für das Land Nordrhein-Westfalen, 45 (1992) 33 vom 10.06.1992, S. 678.

Rheinland-Pfalz

Modernisierung von Mietwohnraum

Für: Eigentümer; Dinglich Verfügungsberechtigte.

Förderung: Verbesserung u.a. der Energieversorgung von Wohnungen als Maßnahme neben Modernisierungsmaßnahmen im engeren Sinne.

Investitionszuschüsse von 30% der förderfähigen Kosten bis 60.000,- DM; mindestens 4.000,- DM förderfähiger Aufwand je Wohnung.

Kumulation: Mehrfachförderung zulässig bis zu den angegebenen Gesamtsummen für verschiedene Maßnahmen.

Besondere Hinweise: Auflagen bezüglich Ausführung sowie Förderungsvoraussetzungen, u.a. Mietbeschränkung, Mindest-Eigenleistung, Instandsetzung der Wohnung allgemein.

Informationsmaterial: Keine Angabe.

Informations- und Antragstelle(n):

Information:

Ministerium der Finanzen des
Landes Rheinland-Pfalz
Postfach 33 20
Kaiser-Friedrich-Straße 1
D-55023 Mainz
Tel.: 06131/16-0
Fax: 06131/16 43 31

Antragstellung: Bei der Stadt- bzw. Kreisverwaltung.

Grundlage der Förderung: Förderung der Modernisierung von Wohnraum, Verwaltungsvorschrift des Ministeriums der Finanzen vom 03.02.1993 (10-16.4/1 - 453).

Rheinland-Pfalz

Erneuerbare Energiequellen/Energieeinsparung/Energieberatung

Für: Natürliche und juristische Personen; Körperschaften des Öffentlichen Rechts; Private; Unternehmen.

Förderung:

1. Zuwendungen bis zu 25% der förderfähigen Kosten für:
   - Windenergieanlagen bis 250 kW, max. 1.000,- DM/kW;
   - Errichtung und Reaktivierung von Laufwasserkraftwerken bis 500 kW; Modernisierungsmaßnahmen können gefördert werden, wenn damit eine Erhöhung der Jahresarbeit von mind. 30% verbunden ist, max. 1.500,- DM/kW;
   - Wärmepumpen, auch in Verbindung mit Lüftungsanlagen, max. 7.500,- DM;
   - Biogasanlagen in der Landwirtschaft, max. 1.500,- DM/kW;
   - Thermische Sonnenenergienutzung, max. 750,- DM/m² Kollektorfläche.

2. Zuwendungen bis zu 40% der förderfähigen Kosten für Photovoltaikanlagen von 1-5 kW_p, max. 10.800,- DM/kW_p installierter Leistung sowie für Pilot- und Demonstrationsprojekte zur Nutzung regenerativer Energien, rationellen Energieverwendung und Energierückgewinnung, insbesondere auch zur energetischen Nutzung von Deponie- und Klärgas.

3. Vor-Ort-Energieberatungen im Wohnbereich durch unabhängige Energieberater im Auftrag der Verbraucherzentrale. Je nach Größe des Gebäudes (max. 12 Wohneinheiten) 40-80% Zuschuß zu den Beratungskosten.

Kumulation: Bis zu 50% der Investitionen zulässig.

Besondere Hinweise: Laufzeit: 1990 bis 1993 (für 1994 mit unveränderten Konditionen verlängert).

Informations- und Antragstelle(n):

Ministerium für Wirtschaft
und Verkehr
Postfach 32 69
Bauhofstraße 4
D-55022 Mainz
Tel.: 06131/16-2110, -2115
Fax: 06131/16-2100

Bei Energieberatungen:
Verbraucherzentrale
Rheinland-Pfalz e.V.
Große Langgasse 16
D-55116 Mainz
Tel.: 06131/2848-0

Antragstellung: Mit Formular; bei Energieberatungen formlos; Maßnahmebeginn nicht vor Bewilligung.

Grundlage der Förderung: Programm zur Förderung erneuerbarer Energien, Verwaltungsvorschrift des Ministeriums für Wirtschaft und Verkehr vom 05.04.1990 (832 - 382902), MinBl. 1990, S. 141, und vom 09.01.1991, MinBl. 1991, S. 35.

Saarland

Markteinführungsprogramm für erneuerbare Energiequellen

Für: Natürliche und juristische Personen (ausgenommen Körperschaften, Anstalten und Stiftungen des öffentlichen Rechts sowie Energieversorgungsunternehmen).

Förderung: Zuschuß bis zu 50% der zuwendungsfähigen Kosten für:

- Solarkollektoren zur Brauchwassererwärmung, für Ein- und Zweifamilienhäuser sowie vergleichbare Bauobjekte max. 3.600,- DM; für Mehrfamilienhäuser oder sonstige Großanlagen 40% Zuschuß, max. 15.000,- DM; bei Eigenmontage wird hierfür ein Zuschuß von 500,- DM gewährt, der Gesamtzuschuß bleibt jedoch auf 4.000,- DM begrenzt.
- Netzgekoppelte Photovoltaikanlagen zur Stromerzeugung mit einer Leistung ab 1 kW, max. 9.000,- DM/kW installierter elektrischer Leistung und max. 45.000,- DM im Einzelfall.
- Biogasanlagen, besonders umweltverträgliche Holzhackschnitzelfeuerungs- und Strohfeuerungs-Anlagen, max. 60.000,- DM im Einzelfall.

Zuschuß bis zu 20% der zuwendungsfähigen Kosten, max. 100.000,- DM im Einzelfall, für Windkraftanlagen:

- Bei 1-25 kW Leistung, max. 1.000,- DM/kW;
- Bei über 25 bis 50 kW Leistung, max. 800,- DM/kW;
- Bei über 50 kW Leistung, max. 600,- DM/kW.

Kumulation: Bis zur Förderhöchstgrenze von 50% zulässig.

Besondere Hinweise: Nur marktfähige Anlagen an der Grenze der Wirtschaftlichkeit, nichtkommerzielle Eigenentwicklungen oder -anlagen in Ausnahmefällen förderungsfähig.

Informations- und Antragstelle(n):

Ministerium für Wirtschaft
des Saarlandes
Referat G 3
Postfach 10 10
Hardenbergstraße 8
D-66010 Saarbrücken
Tel.: 0681/501-4135
Fax: 0681/501-4293

ARGE-Solar e.V.
Altenkesseler Straße 17
D-66115 Saarbrücken
Tel.: 0681/9762470

Antragstellung: Mit Formular über die ARGE-Solar an das Ministerium für Wirtschaft; Maßnahmebeginn nicht vor Bewilligung (Ausnahmegenehmigung ist möglich).

Grundlage der Förderung: Richtlinien für die Gewährung von Zuwendungen zur Förderung der Markteinführung erneuerbarer Energien (Markteinführungsprogramm) des Ministeriums für Wirtschaft vom 01.01.1993.

Saarland

Neue Produkte und Verfahren

Für: Kleinere und mittlere Unternehmen der gewerblichen Wirtschaft.

Förderung: Minderung des hohen Finanzrisikos kleiner und mittlerer Unternehmen bei der Entwicklung technologisch neuer Produkte und Verfahren. Die Förderung erstreckt sich auf die bis einschließlich des Prototyps bzw. der Pilot- oder Demonstrationsanlage anfallenden Kosten, zuzüglich der Kosten der Erprobung und etwa notwendiger technischer Zulassungsprüfungen.

Zuschuß bis 40%, max. 400.000,- DM.

Zuwendungsfähig sind die vorkalkulierten Sachkosten, Fremdleistungen sowie Bruttolöhne und Gehälter, wobei auch Kosten bis zu drei Monaten vor Antragstellung geltend gemacht werden können.

Kumulation: Investitionszulagen, -zuschüsse, Beihilfen u.ä. mindern die zuwendungsfähigen Kosten.

Besondere Hinweise: Keine Angabe.

Informationsmaterial: Keine Angabe.

Informations- und Antragstelle(n):

Ministerium für Wirtschaft
des Saarlandes
Referat Forschungs-, Innovations-
und Technologiepolitik
Postfach 10 24 54
Hardenbergstraße 8
D-66024 Saarbrücken
Tel.: 0681/501-4208
Fax: 0681/501-4293

Antragstellung: Formular; Anträge können auch von mehreren Unternehmen gemeinsam gestellt werden (Kooperation).

Grundlage der Förderung: Richtlinien für die Gewährung von Zuwendungen zur Förderung der Entwicklung technologisch neuer Produkte und Verfahren (Forschungs- und Technologieprogramm - FTP) vom 22.12.1987.

Saarland

Produktionseinführungsprogramm (PEP)

Für: Kleine und mittlere Unternehmen der gewerblichen Wirtschaft, deren Umsatz im Durchschnitt der beiden letzten Jahre 200 Mio. DM nicht übersteigt.

Förderung: Projekte, die der Aufnahme technologisch neuer Produkte in das Produktionsprogramm bzw. der Einführung technologisch neuer Produktionsverfahren dienen. Sie müssen gleichzeitig Neuheitencharakter aufweisen und einen wirtschaftlichen Erfolg versprechen.

Die Höhe der Förderung richtet sich nach dem Risiko des Vorhabens, der finanziellen Situation des antragstellenden Unternehmens und dem öffentlichen Interesse an der Realisierung des Projektes. Sie darf insgesamt 150.000,- DM nicht übersteigen. Sie beträgt im Einzelnen:

- bis zu 10% der Anschaffungskosten für Anlagen, Maschinen und Geräte, die im Rahmen des Einführungsvorhabens für die Produktion erforderlich sind. Diese Zuwendung wird gemindert durch sonstige Investitionszuschüsse bzw. Investitionszulagen und andere Beihilfen;
- bis zu 40% der zuwendungsfähigen Kosten für ggf. erforderliche betriebsspezifische Anpaßentwicklungen;
- bis zu 40% des Bruttolohns/-gehaltes eines ggf. erforderlichen Projektbetreuers, der für die Planung, die Organisation und den Aufbau der Produktion zuständig ist;
- bis zu 40% der in Rechnung gestellten Kosten einer externen Marktanalyse, jedoch nicht mehr als 20.000,- DM.

Kumulation: Bis zu 40% der förderfähigen Kosten zulässig.

Besondere Hinweise: Keine Angabe.

Informationsmaterial: Keine Angabe.

Informations- und Antragstelle(n):

Ministerium für Wirtschaft
des Saarlandes
Hardenbergstraße 8
D-66119 Saarbrücken
Tel.: 0681/501-1
Fax: 0681/501-4293

Antragstellung: Keine Angabe.

Grundlage der Förderung: Richtlinien für die Gewährung von Zuwendungen zur Förderung der Einführung technologisch neuer Produkte und Verfahren (Produktionseinführungsprogramm - PEP) vom 22.01.1992, veröffentlicht im Amtsblatt des Saarlandes vom 27.02.1992, S. 163-165.

Saarland

Betriebliche Energiekonzepte

Für: Unternehmen der gewerblichen Wirtschaft, die im Saarland eine selbständig abrechnende Betriebsstätte unterhalten.

Förderung: Zuschüsse zur Erstellung von betrieblichen Energiekonzepten bis zu 50% der als zuwendungsfähig anerkannten Kosten, max. 60.000,- DM im Einzelfall.

Bagatellgrenze 5.000,- DM.

Kumulation: Keine Angabe.

Besondere Hinweise: Keine Angabe.

Informationsmaterial: Keine Angabe.

Informations- und Antragstelle(n):

Ministerium für Wirtschaft
des Saarlandes
Referat D/3
Hardenbergstraße 8
D-66119 Saarbrücken
Tel.: 0681/501-4125, -4185
Fax: 0681/501-4293

Antragstellung: Formantrag; Maßnahmebeginn nicht vor Antragstellung.

Grundlage der Förderung: Richtlinien des saarländischen Ministeriums für Wirtschaft für die Gewährung von Zuwendungen zur Förderung der Erstellung von betrieblichen Energiekonzepten vom 01.01.1990.

Sachsen

Mietwohnungsprogramm

Für: Bauherren, Eigentümer, sonstige Verfügungsberechtigte von Mietwohnungen.

Förderung:

1. Baumaßnahmen zur Erhaltung und Modernisierung von Mietwohnungen. Dazu gehören folgende Maßnahmen zur Senkung des Heizenergiebedarfs:

- Verbesserung des Wärmeschutzes an Umfassungs- und Dachflächen von Wohngebäuden;
- Realisierung der Forderungen der Verordnung über die verbrauchsabhängige Abrechnung der Heiz- und Wasserkosten;
- Realisierung der Forderungen über energiesparende Anforderungen an heizungstechnische Anlagen und Brauchwasseranlagen (außer Hausanschlußstationen fernbeheizter Gebäude).

Für 12 Jahre zinsverbilligte Baudarlehen bis zu 70% der Baukosten, max. 1.000,- DM/m^2 Wohnfläche.

2. Wiedergewinnung, Aus-, Um- und Neubau von Mietwohnungen.

Zinsgünstige Mietwohnungsbaudarlehen bis zu 1.950,- DM/m^2 Wohnfläche, höchstens aber für eine durchschnittliche Wohnfläche von 75 m^2 je Wohneinheit. Macht der Antragsteller keine Einkommensteuervorteile geltend, so kann das Darlehen bis zu 2.000,- DM/m^2 Wohnfläche betragen. Die Laufzeit der Zinsverbilligung beträgt 12 Jahre, ab dem 13. Jahr gelten Kapitalmarktkonditionen.

Kumulation: Kumulierung mit KfW-Mitteln ist nicht zulässig.

Besondere Hinweise: Es bestehen Mietpreisbindungen. Das Programm ist zur Zeit (September 1993) ausgebucht, neue Mittel sind aber in Aussicht gestellt.

Informationsmaterial: Keine Angabe.

Informations- und Antragstelle(n):

Bewilligungsstelle:
Sächsische Aufbaubank
St. Petersburger Straße 15
D-01069 Dresden
Tel.: 0351/48290, 4873360

Sächsisches Staatsministerium
des Innern
Abteilung 7, Ref. 71
D-Dresden
Tel.: 0351/564-0

Antragstellung: Mit Antragsvordruck der Sächsischen Aufbaubank bei den Bürgermeisterämtern.

Grundlage der Förderung: Mietwohnungsprogramm des Sächsischen Staatsministeriums des Innern (Stand: September 1993).

Sachsen

Heizungsmodernisierung im Gewerbebereich

Für: Unternehmen der gewerblichen Wirtschaft mit bis zu 250 Beschäftigten und einem Vorjahresumsatz von bis zu 40 Mio. DM, sofern sie nicht zu mehr als 25% im Besitz eines oder mehrerer größerer Unternehmen sind.

Förderung: Maßnahmen zur Modernisierung bzw. Umstellung der Gebäudeheizung und Warmwasserbereitung in Verbindung mit Maßnahmen zur Verbesserung des Wärmeschutzes. Zuwendungsfähig sind erfolgversprechende Vorhaben im Sinne der rationellen Energieverwendung bei gleichzeitiger Entlastung der Umwelt:

- Modernisierung bzw. Umstellung von Heiz- bzw. Heizkraftwerken mit einer Gesamtleistung von mehr als 1 MW;
- Maßnahmen der Fernwärmeerzeugung und -verteilung sowie Hausanschlußstationen;
- Maßnahmen, die ausschließlich dem bauseitigen Wärmeschutz dienen;
- Modernisierung bzw. Umstellung von Heizung und Warmwasserbereitung für Wohnräume.

Zuschuß bis zu 20% der förderfähigen Kosten, max. 100.000,- DM je Vorhaben, für Gebäudewärmeschutz bis zu 10% der unmittelbar dem Wärmeschutz dienenden Ausgaben. Für Brennwertanlagen kann eine zusätzliche Zuwendung von pauschal 600,- DM bei einer Kessel-Nennleistung bis 40 kW bzw. von 10% der Kosten bei größeren Kessel-Nennleistungen gewährt werden.

Kumulation: Kumulation mit anderen öffentlichen Zuschüssen bis zur Förderhöchstgrenze von 50% der zuwendungsfähigen Ausgaben zulässig.

Besondere Hinweise: Für Heizungsinvestitionen von mehr als 50.000,- DM sind eine Wärmebedarfsermittlung sowie der Nachweis der Einhaltung der geltenden Wärmeschutzverordnung erforderlich. Um Investitionsentscheidungen noch für 1993 nicht durch Wartezeiten aufgrund der Auslastung des Programms zusätzlich zu belasten, ist die Antragsannahme für 1993 abgeschlossen worden. Für das kommende Jahr können Anträge ab 01.01.1994 wieder eingereicht werden.

Informationsmaterial: Keine Angabe.

Sachsen

Heizungsmodernisierung im Gewerbebereich (Fortsetzung)

Informations- und Antragstelle(n):

    Forschungszentrum Rossendorf e.V.
    Institut für Sicherheitsforschung/FWSE
    Projektträger "Energieförderung" des
    Sächsischen Staatsministeriums für Wirtschaft
    und Arbeit
    Postfach 51 01 19
    Bautzner Landstraße 128
    D-01314 Dresden
    Tel.: 0351/591-3471
    Fax: 0351/591-3486

Antragstellung: Mit Formblatt.

Grundlage der Förderung: Fördermerkblatt des Sächsischen Staatsministeriums für Wirtschaft und Arbeit zum Förderprogramm "Heizungsmodernisierung im Gewerbebereich" vom Juli 1993.

Sachsen

Energieeinsparung/Energieträgerumstellung in der Landwirtschaft

Für: Landwirtschaftliche Betriebe; Familienbetriebe der Land- und Forstwirtschaft sowie der Binnenfischerei im Haupt- und Nebenerwerb; Landwirtschaftliche, forstwirtschaftliche und gärtnerische eingetragene Genossenschaften sowie eingetragene Genossenschaften der Binnenfischerei; Landwirtschaftliche, forstwirtschaftliche, gärtnerische und binnenfischereiwirtschaftliche Kapital- und Personengesellschaften; Juristische Personen, die einen land- und forstwirtschaftlichen Betrieb bewirtschaften und unmittelbar kirchliche, gemeinnützige oder mildtätige Zwecke verfolgen.

Förderung: Maßnahmen zur Energieeinsparung, Energieträgerumstellung, Nutzung umweltverträglicher und kostengünstiger Energiearten, soweit diese zum Schutz und zur Verbesserung der Umwelt beitragen und nicht zu einer Produktionssteigerung führen:

- Investitionen für bauliche und technische Wärmedämmungsmaßnahmen und Regeltechnik in vorhandenen beheizten Ställen, Bruträumen und Fischzuchtanlagen sowie zugehörigen Produktionsnebenräumen, in beheizten Trocknungsanlagen für pflanzliche Erzeugnisse der Landwirtschaft und in beheizten Gewächshäusern und sonstigen beheizten gartenbaulichen Kulturräumen einschließlich der Modernisierung von Heizungsanlagen.
- Wärmerückgewinnungssysteme, Wärmepumpen, Solaranlagen, Biomasseanlagen, Windkraftanlagen sowie die Erneuerung von Kleinwasserkraftanlagen.
- Investitionen zur Umstellung vorhandener Heizungsanlagen von Rohbraunkohle auf umweltverträgliche Energieträger.
- Investitionen zum Einbau von Umweltschutzeinrichtungen z.B. Rauchgasreinigungsanlagen in vorhandenen Energieumwandlungsanlagen.

Von der Förderung ausgeschlossen sind Investitionen nur im Wohnbereich, in der Verarbeitung landwirtschaftlicher Erzeugnisse, für Biogasanlagen und für Biomasseanlagen in der Form von Strohfeuerungsanlagen.

Der Zuschuß beträgt für Solar-, Biomasse- und Windkraftanlagen sowie für die Erneuerung von Kleinwasserkraftanlagen 40%, für alle anderen Maßnahmen bis zu 30% des förderfähigen Investitionsvolumens.

Kumulation: Keine Angabe.

Besondere Hinweise: Ausgeschlossen von der Förderung sind Zuwendungsempfänger, soweit die Kapitalbeteiligung der öffentlichen Hand mehr als 25% des Eigenkapitals des Unternehmens beträgt.

Informationsmaterial: Keine Angabe.

Sachsen

Energieeinsparung/Energieträgerumstellung in der Landwirtschaft (Fortsetzung)

Informations- und Antragstelle:

Bewilligungsstelle:
Landesanstalt für
Landwirtschaft

Antragstelle:
Amt für Landwirtschaft

Information:
Sächsisches Staatsministerium
für Landwirtschaft, Ernährung
und Forsten

Antragstellung: Keine Angabe.

Grundlage der Förderung: Richtlinie des Sächsischen Ministeriums für Landwirtschaft, Ernährung und Forsten über die Förderung der Energieeinsparung und der Energieträgerumstellung.

Sachsen

Maßnahmen zum Immissionsschutz

Für: Juristische Personen des öffentlichen Rechts (Städte, Gemeinden, Landkreise) sowie kirchliche und karitative Einrichtungen (Spitzenverbände der Wohlfahrtspflege).

Förderung: Im energierelevanten Bereich der Luftreinhaltung werden folgende Maßnahmen mit einem Zuschuß von 50% (in Ausnahmefällen 80%) der förderfähigen Kosten gefördert:

1. Energieträgerumstellung bei Feuerungsanlagen von festen auf umweltfreundliche Brennstoffe, wie Erdgas, Flüssiggas oder Heizöl.

2. Pilotvorhaben im Freistaat Sachsen, die durch Einsatz neuartiger Technologien geeignet sind, Umweltbelastungen über den Stand der Technik hinausgehend zu verringern.

3. Sachverständigenleistungen, soweit sie nicht den Maßnahmen nach 1. und 2. zuzurechnen sind, wie Beratungsleistungen zu vorhaben der Emissionsminderung.

Kumulation: Keine Angabe.

Besondere Hinweise: Laufzeit: bis 31.12.1995.

Informationsmaterial: Keine Angabe.

Informations- und Antragstelle(n): Regierungspräsidien.

Antragstellung: Mit Formblatt beim zuständigen Regierungspräsidium.

Grundlage der Förderung: Verwaltungsvorschrift zum Programm "Immissionsschutz" des Sächsischen Staatsministeriums für Umwelt und Landesentwicklung.

Sachsen

Sanierung der Fernwärmeversorgung

Für: Natürliche und juristische Personen des privaten Rechts; Gebietskörperschaften.

Förderung: Sanierung fernwärmetypischer Einrichtungen mit den Schwerpunkten Kraft-Wärme-Kopplung und Hausübergabestationen einschließlich der auf sie bezogenen Meß- und Regeltechnik. Zuschuß bis zu 35%.

Kumulation: I.d.R. nicht zulässig.

Besondere Hinweise: Die "Verwaltungsvorschrift über die Förderung von Investitionen zur Sanierung der Fernwärmeversorgung" vom 19.05.1992 gilt seit dem 31.12.1992 nicht mehr. Die neue Verwaltungsvorschrift ist noch nicht in Kraft. Die Förderung erfolgt aber bereits auf der Grundlage des entsprechenden Merkblattes.

Informationsmaterial: Keine Angabe.

Informations- und Antragstelle(n):

Sächsische Aufbaubank
St. Petersburger Straße 15
D-01069 Dresden
Tel.: 0351/48290, 4873360

Forschungszentrum Rossendorf e.V.
Institut für Sicherheitsforschung/FWSE
Projektträger "Energieförderung"
des Sächsischen Staatsministeriums
für Wirtschaft und Arbeit
Postfach 51 01 19
Bautzner Landstraße 128
D-01314 Dresden
Tel.: 0351/591-3471
Fax: 0351/591-3486

Antragstellung: Mit Vordruck bei der Sächsischen Aufbaubank.

Grundlage der Förderung: Merkblatt des Sächsischen Staatsministeriums für Wirtschaft und Arbeit über die Förderung von Investitionen zur Sanierung der Fernwärmeversorgung vom Juli 1993.

Sachsen

Rationelle Energieverwendung/Erneuerbare Energiequellen

Für: Natürliche und juristische Personen des privaten Rechts; Unternehmen der gewerblichen Wirtschaft mit bis zu 250 Beschäftigten und bis zu 40 Mio. DM Vorjahresumsatz, sofern sie nicht zu mehr als 25% im Besitz eines oder mehrerer größerer Unternehmen sind.

Förderung: Zuschuß bis zu 30% der förderfähigen Kosten, max. 50.000,- DM je Vorhaben für:

- Anlagen zur Gewinnung von Energie aus Abwärme (einschließlich Heizanlagen mit Brennwertnutzung im nicht-gewerblichen Bereich), bei Kesselanlagen bis 40 kW kann ein Zuschuß von pauschal 600,- DM gewährt werden;
- Anlagen zur thermischen Sonnenenergienutzung (max. 4.000,- DM/Anlage für Ein- und Zweifamilienhäuser) und Wärmepumpen;
- Vorhaben zur Energiegewinnung aus Biomasse/Holz sowie die energetische Nutzung von Bio-, Deponie-, Klär- oder Grubengas;
- Neubau von Niedrig-Energie-Häusern, pauschal 5.000,- DM bei Ein- und Zweifamilienhäusern und 2.000,- DM/Wohneinheit im Geschoßwohnungsbau;
- Anlagen nach dem "Bund-Länder-1000-Dächer-Photovoltaik-Programm", 10% Landeszuschuß in Ergänzung zum Bundeszuschuß (Das "1000 Dächer"-Programm ist am 30.06.1993 ausgelaufen, die Landesförderung besteht weiter);
- Vorhaben in Sonderfällen, die als beispielhaft im Sinne der rationellen Energieverwendung bzw. Nutzung erneuerbarer Energiequellen bewertet werden und Marktchancen haben (individuelle Festlegung des Fördersatzes, max. 100.000,- DM).

Kumulation: Eine Kumulation mit anderen öffentlichen Zuschüssen ist bis zur Förderhöchstgrenze von ingesamt 50% zulässig.

Besondere Hinweise: Die Verwaltungsvorschrift vom 02.07.1992 gilt seit dem 31.12.1992 nicht mehr. Die neue Verwaltungsvorschrift ist noch nicht in Kraft. Die Förderung erfolgt aber bereits auf der Grundlage des entsprechenden Merkblattes. Wegen Auslastung des Programms wurde allerdings die Antragsannahme für 1993 abgeschlossen. Für das kommende Jahr können Anträge ab 01.01.1994 wieder eingereicht werden.

Informationsmaterial: Keine Angabe.

Sachsen

Rationelle Energieverwendung/Erneuerbare Energiequellen (Fortsetzung)

Informations- und Antragstelle(n):

Bewilligungsstelle:
Sächsische Aufbaubank
St. Petersburger Straße 15
D-01054 Dresden
Tel.: 0351/48290
Fax: 0351/4873360

Forschungszentrum Rossendorf e.V.
Institut für Sicherheitsforschung/FWSE
Projektträger "Energieförderung"
des Sächsischen Staatsministeriums
für Wirtschaft und Arbeit
Postfach 51 01 19
Bautzner Landstraße 128
D-01314 Dresden
Tel.: 0351/591-3471
Fax: 0351/591-3486

Antragstellung: Mit Formblatt beim Forschungszentrum Rossendorf e.V.

Grundlage der Förderung: Fördermerkblatt des Sächsischen Staatsministeriums für Wirtschaft und Arbeit zum Förderprogramm "Rationelle Energieverwendung und Nutzung erneuerbarer Energiequellen" vom Juli 1993.

Sachsen

Errichtung von Windkraftanlagen

Für: Natürliche und juristische Personen; Unternehmen der gewerblichen Wirtschaft mit bis zu 250 Beschäftigten und bis zu 40 Mio. DM Vorjahresumsatz.

Förderung: Errichtung von Windkraftanlagen (Einzelanlagen und Windparks).

Zuwendung max. 30% der zuwendungsfähigen Ausgaben, jedoch nicht mehr als 60.000,- DM pro Windkraftanlage und nicht mehr als 240.000,- DM je Windpark.

Die Höhe der Zuwendungen für meteorologische Standortuntersuchungen beträgt bis zu 50% der zuwendungsfähigen Ausgaben, max. 800,- DM je Standort.

Kumulation: Kumulation bis zum Förderhöchstsatz von 50% der zuwendungsfähigen Ausgaben zulässig.

Besondere Hinweise: Keine Angabe.

Informationsmaterial: Keine Angabe.

Informations- und Antragstelle(n):

Bewilligungsstelle:
Sächsische Aufbaubank
St. Petersburger Straße 15
D-01054 Dresden
Tel.: 0351/48290
Fax: 0351/4873360

Forschungszentrum Rossendorf e.V.
Institut für Sicherheitsforschung/FWSE
Projektträger "Energieförderung"
des Sächsischen Staatsministeriums
für Wirtschaft und Arbeit
Postfach 51 01 19
Bautzner Landstraße 128
D-01314 Dresden
Tel.: 0351/591-3471, -3486
Fax: 0351/591-3486

Antragstellung: Formblatt.

Grundlage der Förderung: Förderprogramm "Errichtung von Windkraftanalagen" des Sächsischen Staatsministeriums für Wirtschaft und Arbeit. (Entwurfsstand: Januar 1993)

Sachsen

Kleine Wasserkraftanlagen

Für: Natürliche und juristische Personen des privaten Rechts; Unternehmen der gewerblichen Wirtschaft mit bis zu 250 Beschäftigten und 50 Mio. DM Vorjahresumsatz.

Förderung: Errichtung oder Wiederinbetriebnahme sowie Modernisierung von kleinen Wasserkraftanlagen mit einer installierten Leistung bis 500 kW. Zuschuß 20%, max. 200.000,- DM je Vorhaben.

Kumulation: Zulässig bis zur Förderhöchstgrenze von 50%.

Besondere Hinweise: Die Förderung der Wiederinbetriebnahme und Modernisierung hat Vorrang vor der Förderung der Neuerrichtung.

Die "Verwaltungsvorschrift über die Förderung der Errichtung oder Wiederinbetriebnahme sowie Modernisierung kleiner Wasserkraftanlagen" vom 09.06.1992 gilt seit dem 31.12.1992 nicht mehr. Die neue Verwaltungsvorschrift ist noch nicht in Kraft. Die Förderung erfolgt aber bereits auf der Grundlage des entsprechenden Merkblattes.

Informationsmaterial: Keine Angabe.

Informations- und Antragstelle(n):

Bewilligungsstelle:
Sächsische Aufbaubank
St. Petersburger Straße 15
D-01054 Dresden
Tel.: 0351/48290
Fax: 0351/4873360

Forschungszentrum Rossendorf e.V.
Institut für Sicherheitsforschung/FWSE
Projektträger "Energieförderung"
des Sächsischen Staatsministeriums
für Wirtschaft und Arbeit
Postfach 51 01 19
Bautzner Landstraße 128
D-01314 Dresden
Tel.: 0351/591-3471
Fax: 0351/591-3486

Antragstellung: Mit Formblatt.

Grundlage der Förderung: Fördermerkblatt des Sächsischen Staatsministeriums für Wirtschaft und Arbeit über die Förderung der Errichtung oder Wiederinbetriebnahme sowie Modernisierung kleiner Wasserkraftanlagen vom Januar 1993.

Sachsen

Energiekonzepte für Landkreise, Städte und Gemeinden

Für: Landkreise; Städte; Gemeinden.

Förderung: Aufstellung und Fortschreibung von Energiekonzepten, in denen insbesondere die Möglichkeiten der Energieeinsparung, der rationellen Energieerzeugung, -verteilung und -verwendung sowie der Nutzung erneuerbarer Energiequellen systematisch untersucht werden. Zuschuß bis zu 30% der förderfähigen Ausgaben, max. 30.000,- DM je Energiekonzept.

Kumulation: Bis zur Förderhöchstgrenze von 50% zulässig.

Besondere Hinweise: Der Zuwendungsempfänger muß sich mit der Veröffentlichung seines Energiekonzeptes einverstanden erklären und ist über die Umsetzung berichtspflichtig.

Informationsmaterial: Keine Angabe.

Informations- und Antragstelle(n): Zuständiges Regierungspräsidium.

Antragstellung: Beim Regierungspräsidium.

Grundlage der Förderung: Verwaltungsvorschrift des Sächsischen Staatsministeriums für Wirtschaft und Arbeit über die Förderung der Erstellung von Energiekonzepten für Landkreise, Städte und Gemeinden im Freistaat Sachsen (Förderprogramm Energiekonzepte) vom 03.06.1993, veröffentlicht im Sächsischen Amtsblatt Nr. 28 (1993) vom 01.07.1993, S. 848-849.

Sachsen-Anhalt

Modernisierung von Wohnraum

Für: Natürliche und juristische Personen als Eigentümer, Mieter oder sonstige Verfügungsberechtigte von Wohnungen; kommunale Gebietskörperschaften.

Förderung: Zuschuß von 12,5% der förderungsfähigen Ausgaben, max. 100,- DM/m^2 Wohnfläche der modernisierten Wohnung für:

- Bauliche Maßnahmen, durch die der Gebrauchswert der Wohnung nachhaltig erhöht wird, u.a. durch Verbesserung des Wohnungszuschnitts, der sanitären Einrichtungen, der Energieversorgung, der Wasserversorgung und der Entwässerung sowie der Beheizung.
- Bauliche Maßnahmen, durch die eine nachhaltige Einsparung von Heizenergie oder eine CO_2- und SO_2-Minderung bewirkt wird. Die Energieeinsparung darf im Verhältnis zu den Kosten nicht unwesentlich sein. Dazu gehören u.a. die Verbesserung der Wärmedämmung (z.B. Fenster, Außenwände etc.), die Verminderung des Energieverlustes und Energieverbrauchs der zentralen Heizungs- und Warmwasseranlage sowie die Änderung von zentralen Heizungs- und Warmwasseranlagen innerhalb des Gebäudes bzw. der Wohnung für den Anschluß an das Erdgasnetz bzw. für die Umstellung auf umweltfreundliche Energieträger.

Kumulation: Nicht zulässig.

Besondere Hinweise: Gefördert wird nur die Modernisierung von Gebäuden/Wohnungen, die vor dem 01.07.1990 bezugsfertig gewesen sind. Zuwendungen für Modernisierungsvorhaben werden nur gewährt, wenn die Zuwendungssumme mindestens 750,- DM beträgt. 1% der bewilligten Zuwendung wird als Bearbeitungsentgeld bei der Auszahlung des Zuschusses einbehalten.

Informations- und Antragstelle(n):

Ministerium für Raumordnung, Städtebau und
Wohnungswesen des Landes Sachsen-Anhalt
Postfach 36 25
Herrenkrugstraße 66
D-39011 Magdeburg
Tel.: 0391/567-7504, -7500
Fax: 0391/567-7510

Antragstellung: Vor Maßnahmenbeginn bei den Wohnungsförderstellen der Landkreise und kreisfreien Städte.

Grundlage der Förderung: Richtlinie des Ministeriums für Raumordnung, Städtebau und Wohnungswesen des Landes Sachsen-Anhalt über die Gewährung von Zuwendungen zu Modernisierung von Wohnraum in Sachsen-Anhalt 1993 (ModR-LSA 1993) vom 24.02.1993, veröffentlicht im MBl. des Landes Sachsen-Anhalt, Nr. 27 (1993).

Sachsen-Anhalt

Sanierung leerstehender Wohngebäude/Schaffung von Mietwohnraum

Für: Natürliche Personen; Unternehmen; Kommunen; Wohnungsgesellschaften; Wohnungsgenossenschaften.

Förderung: Bauliche Sanierung leerstehender Wohngebäude, die auf Grund ihres baulichen Zustandes für Wohnzwecke nicht nutzbar sind.

1. Aufwendungszuschuß im 1.-4. Jahr von 4,50 DM/m² förderfähiger Wohnfläche/Monat, im 5. Jahr 3,84 DM/m², im 6.-16. Jahr 0,32 DM/m².

2. Zusätzlich wird ein Baudarlehen in Höhe von bis zu 60% der Gesamtausgaben, max. 1.350,- DM/m² förderfähiger Wohnfläche gewährt. Für 15 Jahre ist es zinsfrei und mit 1% jährlich zu tilgen, ab dem 16. Jahr wird es mit 8% p.a. verzinst und mit 2% p.a. getilgt.

Kumulation: Keine Angabe.

Besondere Hinweise: Es bestehen Mietpreisbindungen.

Informationsmaterial: Keine Angabe.

Informations- und Antragstelle(n):

Ministerium für Raumordnung,
Städtebau und Wohnungswesen
Postfach 36 25
Herrenkrugstraße 66
D-Magdeburg
Tel.: 0391/567-7510

Antragstellung: Vor Maßnahmebeginn bei den Wohnungsbauförderungsstellen der kreisfreien Städte und Landkreise.

Grundlage der Förderung: Richtlinien über die Gewährung von Zuwendungen zur Sanierung leerstehender Wohngebäude zur Schaffung von Mietwohnungen in Sachsen-Anhalt (Stand: 31.03.1993).

Sachsen-Anhalt

Umstellung von Heizungsanlagen 100 kW

Für: Natürliche und juristische Personen; Träger öffentlicher Verwaltung für Grund- und Gebäudeeigentum.

Förderung: Vorhaben auf dem Gebiet der Energieträgerumstellung für Heizungsanlagen mit einer Feuerungswärmeleistung von 20 bis 100 kW. Umrüstung bestehender Heizungsanlagen auf solche, die den Wärmebedarf besonders sparsam, rationell und umweltverträglich decken.

- Errichtung von gas- oder ölbefeuerten Warmwasserheizungsanlagen als Austausch für bestehende ineffiziente Altheizungsanlagen von 20-100 kW;
- Einbau neuer Warmwasserheizungsanlagen auf Basis fester Brennstoffe von 50-100 kW;
- Maßnahmen im Heizungsanlagenraum, wie Meß-, Regel- und Steuerungstechnik, Wärmedämmung usf., im Rahmen einer neuen Heizungsanlage.

Zuschuß bis zu 30% der zuwendungsfähigen Kosten, max. 25.000,- DM.

Kumulation: Kombination mit anderen Förderprogrammen des Landes Sachsen-Anhalt ist nicht zulässig. Zulagen nach dem Investitionszulagengesetz vermindern den Zuwendungsbetrag nicht.

Besondere Hinweise: Die Umstellung der Heizungsanlagen darf nicht als Pilot- oder Demonstrationsvorhaben erfolgen. Die Durchführung des Vorhabens darf nicht mehr als sechs Monate in Anspruch nehmen. Das Vorhaben beinhaltet nicht die Energieträgerumstellung zur Beheizung von Wohnraum.

Informations- und Antragstelle(n):

Regierungspräsidium Dessau
Postfach 87
Wolfgangstraße 25
D-06839 Dessau
Tel.: 0340/82 11 16

Regierungspräsidium Halle
Postfach 20 02 56
Willy-Lohmann-Straße 7
D-06003 Halle/Saale
Tel.: 0345/514-1542

Regierungspräsidium Magdeburg
Olvenstedter Straße 1
D-39108 Magdeburg
Tel.: 0391/567-2346
Fax: 0391/567-2695

Antragstellung: Mit Antragsvordruck bei dem zuständigen Regierungspräsidium.

Grundlage der Förderung: Richtlinie des Ministeriums für Wirtschaft, Technologie und Verkehr des Landes Sachsen-Anhalt über die Gewährung von Zuwendungen zur Energieträgerumstellung für Heizungsanlagen bis 100 KW Feuerungswärmeleistung vom 19.09.1991, einschließlich Änderungen aus MBl. LSA, Nr. 21 (1992).

Sachsen-Anhalt
Maßnahmen des Immissionschutzes

Für: Natürliche und juristische Personen des privaten Rechts; Gebietskörperschaften.

Förderung: Vorhaben, die nach dem derzeitigen Stand der Technik wesentlich zur Verminderung der Umweltbelastung beitragen.

1. Maßnahmen zur Luftreinhaltung: Zuschuß bis zu 30%.
   - Senkung der Immissionsbelastungen in Innenstädten durch eine Beschleunigung der Umstellung von Kleinheizungsanlagen (von i.d.R. mehr als 100 kW Feuerungswärmeleistung);
   - Beschleunigung der Nachrüstung/Verbesserung von Abgasreinigungsanlagen;
   - Beschleunigung der Markteinführung von Verfahren oder Anlagen, die die Belastung der Luft über die gesetzlichen Anforderungen hinaus vermindern.
2. Substitution asbesthaltiger Materialien in Innenräumen: Zuschuß bis zu 50%;
3. Lärmschutz: Zuschuß bis zu 50% bei Schallschutzmaßnahmen, bis zu 90% bei Schallimmissionsplänen;
4. Vermeidung oder Verwertung von Reststoffen: Zuschuß bis zu 30%.

Kumulation: Mit Fördermitteln aus anderen Landesprogrammen nicht zulässig.

Besondere Hinweise: Die Umstellung von Heizungsanlagen in Wohnungen fällt nicht unter dieses Programm.

Informations- und Antragstelle(n):

Bewilligungsstelle:
Ministerium für Umwelt
und Naturschutz des Landes
Sachsen-Anhalt
Postfach 37 69
Pfälzer Straße 1
D-39106 Magdeburg
Tel.: 0391/567-0
Fax: 0391/567-3366

Antragstellen:
Regierungspräsidien in Dessau, Halle und Magdeburg (Adressen siehe Seite 192)

Antragstellung: Mit Formular beim zuständigen Regierungspräsidium bzw. für die Förderung von Schallschutzfenstern bei den Umweltämtern der Landkreise und kreisfreien Städte.

Grundlage der Förderung: Richtlinie des Ministeriums für Umwelt und Naturschutz des Landes Sachsen-Anhalt zur Förderung von Maßnahmen des Immissionsschutzes vom 15.06.1992, veröffentlicht im MBl. des Landes Sachsen-Anhalt, Nr. 31 (1992).

Sachsen-Anhalt

Energieeinsparung/Energieträgerumstellung in landwirtschaftlichen Betrieben (Energiesparprogramm)

Für: Landwirtschaftliche Betriebe (Familienbetriebe der Land- und Forstwirtschaft sowie der Binnenfischerei im Haupt- und Nebenerwerb); land-, forst- und binnenfischereiwirtschaftliche sowie gärtnerische Kapital- und Personengesellschaften sowie eingetragene Genossenschaften; juristische Personen, die einen land- und forstwirtschaftlichen Betrieb bewirtschaften und unmittelbar kirchliche, gemeinnützige oder mildtätige Zwecke verfolgen.

Förderung: Projektgebundener Zuschuß bis zu 40%, bei einem Investitionsvolumen von max. 3,5 Mio. DM, für Maßnahemn zur Energieeinsparung, Energieträgerumstellung, Nutzung umweltverträglicher und kostengünstiger Energiearten, soweit diese zum Schutz und zur Verbesserung der Umwelt beitragen und nicht zu einer Produktionssteigerung führen:

- Investitionen für bauliche und technische Wärmedämmungsmaßnahmen und Regeltechnik in beheizten Ställen, Bruträumen, Fischzucht- und Trocknungsanlagen, Gewächshäusern und sonstigen gartenbaulichen Kulturräumen;
- Wärmerückgewinnungssysteme, Wärmepumpen, Solaranlagen, Biomasse, und Windkraftanlagen sowie die Erneuerung von Kleinwasserkraftanlagen;
- Umstellung der Heizungsanlagen von Rohbraunkohle auf umweltverträgliche Energieträger;
- Einbau von Umweltschutzeinrichtungen in vorhandene Energiewandlungsanlagen.

Kumulation: Keine Angabe.

Besondere Hinweise: Keine Angabe.

Informationsmaterial: Keine Angabe.

Informations- und Antragstelle(n):

Ministerium für Ernährung,
Landwirtschaft und Forsten
des Landes Sachsen-Anhalt
Olvenstedter Straße 4
D-39108 Magdeburg
Tel.: 0391/567-1727

Antragstellung: Beim zuständigen Amt für Landwirtschaft und Flurneuordnung.

Grundlage der Förderung: Richtlinie des Ministeriums für Ernährung, Landwirtschaft und Forsten des Landes Sachsen-Anhalt über die Gewährung von Zuwendungen für Maßnahmen zur Energieeinsparung und Energieträgerumstellung an landwirtschaftliche Betriebe (Energiesparprogramm), veröffentlicht im Ministerialblatt des Landes Sachsen-Anhalt, Nr. 49 (1992).

Sachsen-Anhalt

Sanierung der Fernwärmeversorgung

Für: Natürliche und juristische Personen des privaten Rechts; Gebietskörperschaften; Zusammenschlüsse von Gebietskörperschaften in der Rechtsform einer juristischen Person des öffentlichen Rechts.

Förderung: Maßnahmen zur Erhaltung des sanierungsfähigen Bestandes der Fernwärmeversorgung und Einrichtung von Heizkraftwerken als Ersatz für bestehende Anlagen sowie Umbau bestehender Kraft- oder Heizkraftwerke auf Kraft-Wärme-Kopplung.

Zuschuß bis zu 35% der zuwendungsfähigen Ausgaben.

Kumulation: Keine Angabe.

Besondere Hinweise: Keine Angabe.

Informationsmaterial: Keine Angabe.

Informations- und Antragstelle(n):

Ministerium für Wirtschaft,
Technologie und Verkehr
Abteilung 6
Wilhelm-Höpfner-Ring 4
D-39116 Magdeburg
Tel.: 0391/6080-1
Fax: 0391/61 50 72

Antragstellung: Bei der oben genannten Stelle.

Grundlage der Förderung: Richtlinie des Ministeriums für Wirtschaft, Technologie und Verkehr des Landes Sachsen-Anhalt über die Gewährung von Zuwendungen zur Förderung von Investitionsvorhaben zur Sanierung der Fernwärmeversorgung im Land Sachsen-Anhalt, veröffentlicht im Ministerialblatt des Landes Sachsen-Anhalt, Nr. 33, 1993.

Sachsen-Anhalt

Kleinwasserkraftanlagen

Für: Eigentümer von Kleinwasserkraftanlagen; Inhaber der Wassernutzungsrechte.

Förderung: Wiederinbetriebnahme, Erhaltung, Ausbau sowie Neubau von Kleinwasserkraftanlagen mit einer Ausbauleistung bis zu 300 kW, gemessen an den Generatorklemmen.

Zuschuß bis zu 30% der zuwendungsfähigen Kosten von max. 6.000,- DM/kW installierter Ausbauleistung.

Kumulation: Keine Angabe.

Besondere Hinweise: Der Betrieb der Anlage muß für mindestens 20 Jahre gesichert sein.

Informationsmaterial: Keine Angabe.

Informations- und Antragstelle(n):

Regierungspräsidium Dessau
Postfach 87
Wolfgangstraße 25
D-06844 Dessau
Tel.: 0340/82 11 16

Regierungspräsidium Halle
Postfach 20 02 56
Willy-Lohmann-Straße 7
D-06003 Halle/Saale
Tel.: 0345/514-1542

Regierungspräsidium Magdeburg
Olvenstedter Straße 1
D-39108 Magdeburg
Tel.: 0391/567-2346
Fax: 0391/567-2695

Antragstellung: Mit Antragsvordruck beim zuständigen Regierungspräsidium.

Grundlage der Förderung: Richtlinie des Ministeriums für Wirtschaft, Technologie und Verkehr des Landes Sachsen-Anhalt über die Gewährung von Zuwendungen für die Nutzung von Wasserkraft vom 19.09.1991, veröffentlicht im Ministerialblatt des Landes Sachsen-Anhalt, Nr. 39 (1991).

Sachsen-Anhalt

Windenergieanlagen/Ergänzung zu 250 MW Wind

Für: Natürliche und juristische Personen; Personengesellschaften.

Förderung: Errichtung und Inbetriebnahme von Windenergieanlagen mit einer elektrischen Leistung von 1 kW bis 1 Megawatt an geeigneten Standorten des Landes Sachsen-Anhalt als Demonstrationsanlagen.

Zuschuß bis zu 30% der zuwendungsfähigen Kosten, max. 3.000,- DM/kW installierter Leistung.

Kumulation: Für eine einzelne Windenergieanlage, die bereits im Rahmen des Energiesparprogramms des Ministeriums für Ernährung, Landwirtschaft und Forsten des Landes Sachsen-Anhalt gefördert wird, entfällt eine weitere Förderung im Rahmen dieses Programms. Für Windenergieanlagen, die bereits im Rahmen des Programms "250 MW Wind" des Bundes gefördert werden, ist eine Kumulation bis zu 50% der förderungsfähigen Kosten zulässig.

Besondere Hinweise: Der Antragsteller verpflichtet sich zur Teilnahme am wissenschaftlichen Meß- und Evaluierungsprogramm.

Informationsmaterial: Keine Angabe.

Informations- und Antragstelle(n):

Forschungszentrum Jülich GmbH
Projektträger Biologie,
Energie, Ökologie (BEO)
Postfach 19 13
D-52425 Jülich
Tel.: 02461/61-3252
Fax: 02461/61-4437

Ministerium für Wirtschaft,
Technologie und Verkehr
des Landes Sachsen-Anhalt
Referat 64
Wilhelm-Höpfner-Ring 4
D-39116 Magdeburg
Tel.: 0391/6613600-11 oder 3822703

Antragstellung: Anträge sind bis zum 31.12.1995 an die BEO und das Ministerium für Wirtschaft, Technologie und Verkehr des Landes Sachsen-Anhalt zu richten.

Grundlage der Förderung: Richtlinie des Ministeriums für Wirtschaft, Technologie und Verkehr des Landes Sachsen-Anhalt über die Gewährung von Zuwendungen für die Errichtung von Windenergieanlagen vom 19.09.1991, veröffentlicht im Ministerialblatt des Landes Sachsen-Anhalt, Nr. 39 (1991), einschließlich der Änderung im MBL LSA Nr. 22 (1993).

Sachsen-Anhalt

Thermische Sonnenenergienutzung

Für: Natürliche und juristische Personen.

Förderung: Anlagenkomponenten zur aktiven Nutzung der Sonnenenergie zum Zwecke der Warmwasserbereitung.

Zuschuß bis zu 30% der zuwendungsfähigen Kosten, bei Ein- und Zweifamilienhäusern max. 6.000,- DM/Anlage, bei Mehrfamilienhäusern oder bei sonstigen größeren Anlagen max. 60.000,- DM/Anlage.

Kumulation: Keine Angabe.

Besondere Hinweise: Bei Anlagen zur Brauchwassererwärmung muß der energetische Deckungsbeitrag größer als 40% des auf konventionelle Weise gedeckten Bedarfs sein und der Energiegewinn des Kollektors größer als 350 kW/m^2 und Jahr. Außerdem muß der Energiegewinn des Kollektors durch ein Zertifikat eines anerkannten Prüfinstituts nachgewiesen werden. Bei Anlagen zur Wassererwärmung öffentlicher Freibäder muß die energetische Deckung zu 100% aus Sonnenenergie und mit einem Kollektoranteil von max. 80% der solarbeheizten Wasserfläche erfolgen.

Informationsmaterial: Keine Angabe.

Informations- und Antragstelle(n):

Regierungspräsidium Dessau
Postfach 87
Wolfgangstraße 25
D-06844 Dessau
Tel.: 0340/82 11 16

Regierungspräsidium Halle
Postfach 20 02 56
Willy-Lohmann-Straße 7
D-06003 Halle/Saale
Tel.: 0345/514-1542

Regierungspräsidium Magdeburg
Olvenstedter Straße 1
D-39108 Magdeburg
Tel.: 0391/567-2346
Fax: 0391/567-2695

Antragstellung: Mit Antragsvordruck beim zuständigen Regierungspräsidium.

Grundlage der Förderung: Richtlinie des Ministeriums für Wirtschaft, Technologie und Verkehr des Landes Sachsen-Anhalt über die Gewährung von Zuwendungen für die thermische Nutzung von Sonnenenergie vom 19.09.1991, veröffentlicht im Ministerialblatt des Landes Sachsen-Anhalt, Nr. 39 (1991).

Sachsen-Anhalt

Photovoltaische Solaranlagen

Für: Keine Angabe.

Förderung: Anstelle des Ende Juni 1993 ausgelaufenen Bund-Länder-Programms "1000 Dächer" ist für 1994 ein eigenes Landesprogramm zur Förderung von Photovoltaik-Anlagen vorgesehen.

Kumulation: Keine Angabe.

Besondere Hinweise: Keine Angabe.

Informationsmaterial: Keine Angabe.

Informations- und Antragstelle(n):

>Ministerium für Wirtschaft,
>Technologie und Verkehr
>des Landes Sachsen-Anhalt
>Wilhelm-Höpfner-Ring 4
>D-39116 Magdeburg

Antragstellung: Keine Angabe.

Grundlage der Förderung: Keine Angabe.

Sachsen-Anhalt

Gewinnung von energetisch nutzbarem Gas aus Deponien/Kläranlagen

Für: Natürliche und juristische Personen.

Förderung: Anlagenkomponenten zur Gewinnung von energetisch nutzbarem Gas aus Deponien und Kläranlagen, die eine nach dem derzeitigen Stand höchstmöglich wirtschaftlich vertretbare Gewinnung von Gas erwarten lassen.

Zuschuß bis zu 30% der zuwendungsfähigen Kosten (Investitions-, Planungsausgaben, Kosten für entsprechende Meßeinrichtungen).

Kumulation: Keine Angabe.

Besondere Hinweise: Der Antragsteller verpflichtet sich über eine volle Betriebssaison einen Sachbericht zu erstellen.

Informationsmaterial: Keine Angabe.

Informations- und Antragstelle(n):

Regierungspräsidium Dessau
Postfach 87
Wolfgangstraße 25
D-06844 Dessau
Tel.: 0340/82 11 16

Regierungspräsidium Halle
Postfach 20 02 56
Willy-Lohmann-Straße 7
D-06003 Halle/Saale
Tel.: 0345/514-1542

Regierungspräsidium Magdeburg
Olvenstedter Straße 1
D-39108 Magdeburg
Tel.: 0391/567-2346
Fax: 0391/567-2695

Antragstellung: Mit Antragsvordruck beim zuständigen Regierungspräsidium.

Grundlage der Förderung: Richtlinie des Ministeriums für Wirtschaft, Technologie und Verkehr des Landes Sachsen-Anhalt über die Gewährung von Zuwendungen für Anlagen zur Gewinnung von energetisch nutzbarem Gas aus Deponien und Kläranlagen vom 19.09.1991, veröffentlicht im Ministerialblatt des Landes Sachsen-Anhalt, Nr. 39 (1991).

Sachsen-Anhalt

Pilot-/Demonstrationsanlagen im Rahmen des Energieprogramms

Für: Natürliche und juristische Personen.

Förderung: Errichtung von Pilot- und Demonstrationsanlagen im Rahmen des Energieprogramms des Landes Sachsen-Anhalt. Gefördert werden Anlagen zur rationellen Energieverwendung und Energieeinsparung mit den Schwerpunkten:

- Kraft-Wärme-Kopplung;
- Solarenergie;
- Windenergie;
- Wasserstofftechnologie;
- Biomasse-Nutzung.

Zuschuß i.d.R. bis zu 40% der zuwendungsfähigen Ausgaben.

Kumulation: Kombination mit anderen Förderprogrammen nicht grundsätzlich ausgeschlossen.

Besondere Hinweise: Keine Angabe.

Informationsmaterial: Keine Angabe.

Informations- und Antragstelle(n):

Ministerium für Wirtschaft,
Technologie und Verkehr
des Landes Sachsen-Anhalt
Abteilung 6/Referat 64
Wilhelm-Höpfner-Ring 4
D-39116 Magdeburg
Tel.: 0391/6080-421
Fax: 0391/6080-404

Antragstellung: Mit Antragsvordruck.

Grundlage der Förderung: Richtlinie des Ministeriums für Wirtschaft, Technologie und Verkehr des Landes Sachsen-Anhalt über die Gewährung von Zuwendungen zur Förderung von Pilot- und Demonstrationsanlagen im Rahmen des Energieprogramms vom 19.09.1991, veröffentlicht im Ministerialblatt des Landes Sachsen-Anhalt (MBl LSA), Nr. 39 (1991), einschließlich der letzten Änderung, veröffentlicht im MBl LSA, Nr. 22 (1993).

Sachsen-Anhalt

Neue Produkte und Verfahren

Für: Natürliche und juristische Personen des privaten Rechts, insbesondere kleine und mittlere Unternehmen des produzierenden Gewerbes mit bis zu 1000 Mitarbeitern, die ihren Sitz und ihren wirtschaftlichen Schwerpunkt oder eine Fertigungsstelle in Sachsen-Anhalt haben.

Förderung: Entwicklung neuer Produkte und Verfahren von der Detailkonzeption bis zur Fertigungsreife, einschließlich Fertigung der Kleinserie, wenn sie für Feldtests nötig ist; Entwicklungsvorhaben aus dem Software-Bereich, wenn das Ergebnis in technischen Prozessen zum Einsatz kommt oder einer rechnergestützten Programmerstellung bzw. Systementwicklung (Werkzeugcharakter) dient.

Zuschuß von 35% der Kosten des Entwicklungsvorhabens einschließlich der Fertigung des Prototypen. Für Unternehmen mit bis zu 250 Mitarbeitern und bis zu 40 Mio. DM Jahresumsatz sowie einer Beteiligung eines größeren Unternehmens von nicht mehr als 25%, kann der Zuschuß 40% betragen. Hinzu kommt ein Zuschuß von 20% bzw. 25% für o.g. Grupe von Unternehmen für darüber hinausgehende Aufwendungen, wie Patentrecherchen, Zulassungsgebühren, Vorbereitung der Produktionseinrichtung, Feldtests sowie vorhabenspezifische Qualifizierungsmaßnahmen.

Kumulation: Kombination mit Mitteln anderer technologieorientierter Programme des Bundes, der Länder oder der EG nicht zulässig.

Besondere Hinweise: Keine Angabe.

Informations- und Antragstelle(n):

Landestreuhandstelle
für Wirtschaftsförderung
Breiter Weg 193
D-39104 Magdeburg
Tel.: 0391/561 67 45

Bewilligungsstelle:

Ministerium für Wirtschaft, Technologie und Verkehr
des Landes Sachsen-Anhalt
Referat 66
Wilhelm-Höpfner-Ring 4
D-39116 Magdeburg
Tel.: 0391/6080-445
Fax: 0391/6080-404

Antragstellung: Mit Antragsvordruck an die Landestreuhandstelle.

Grundlage der Förderung: Richtlinie des Ministeriums für Wirtschaft, Technologie und Verkehr des Landes Sachsen-Anhalt zur Förderung der Entwicklung neuer Produkte und Verfahren (Innovationsförderung) in kleinen und mittleren Unternehmen, RdErl. des Ministeriums für Wirtschaft, Technologie und Verkehr vom 12.07.1993, veröffentlicht im MBl. des Landes Sachsen-Anhalt, Nr. 50/1993, S. 1940-1942.

Sachsen-Anhalt

Regionale und kommunale Energiekonzepte

Für: Gebietskörperschaften in Sachsen-Anhalt.

Förderung: Aufstellung und Fortschreibung von Energiekonzepten für Gemeinden, Städte und Landkreise, in denen die Möglichkeiten der Energieeinsparung, der rationellen Energieverwendung und der Nutzung erneuerbarer Energiequellen systematisch untersucht werden.

Die Untersuchung soll u.a. auch Alternativrechnungen zur Prüfung der Einsatzmöglichkeiten von Anlagen zur Nutzung erneuerbarer Energiequellen und von Blockheizkraftwerken mit Nahwärmeversorgung vorsehen.

Zuschuß bis zu 30% der förderfähigen Untersuchungsausgaben, max. 50.000,- DM je Untersuchung.

Kumulation: Keine Angabe.

Besondere Hinweise: Keine Angabe.

Informationsmaterial: Keine Angabe.

Informations- und Antragstelle(n):

Ministerium für Wirtschaft,
Technik und Verkehr
des Landes Sachsen-Anhalt
Wilhelm-Höpfner-Ring 4
D-39116 Magdeburg
Tel.: 0391/661 36 00

Regierungspräsidium Dessau
Postfach 87
Wolfgangstraße 25
D-06844 Dessau
Tel.: 0340/82 11 16

Regierungspräsidium Halle
Postfach 20 02 56
Willy-Lohmann-Straße 7
D-06003 Halle/Saale
Tel.: 0345/514-1542

Regierungspräsidium Magdeburg
Olvenstedter Straße 1
D-39108 Magdeburg
Tel.: 0391/567-2346
Fax: 0391/567-2695

Antragstellung: Mit Antragsvordruck beim zuständigen Regierungspräsidium.

Grundlage der Förderung: Richtlinie des Ministeriums für Wirtschaft, Technologie und Verkehr des Landes Sachsen-Anhalt über die Gewährung von Zuwendungen für die Aufstellung regionaler bzw. kommunaler Energiekonzepte vom 19.09.1991, veröffentlicht im Ministerialblatt des Landes Sachsen-Anhalt, Nr. 39 (1991).

Sachsen-Anhalt

Energieberatung

Für: Kleine und mittlere Unternehmen mit bis zu 250 Beschäftigten und bis zu 30 Mio. DM Vorjahresumsatz; Freiberufler; Organisationen der gewerblichen Wirtschaft; Kommunale Gebietskörperschaften; andere fachliche Institutionen, die sich in besonderem Maße mit Fragen der Energieberatung befassen.

Förderung: Gefördert werden folgende Vorhaben der Beratung zu technischen, wirtschaftlichen und organisatorischen Fragen im Zusammenhang mit einer rationellen und umweltverträglichen Energieverwendung:

- Energieberatung für kleine und mittlere Unternehmen: Zuschuß bis zu 50% der förderfähigen Ausgaben, max. 3.000,- DM;
- Aus-, Fort- und Weiterbildungsmaßnahmen sowie Informationsveranstaltungen für Fachkräfte der gewerblichen Wirtschaft und der freien Berufe, mit Energiefragen befaßte Mitarbeiter von Behörden und Organisationen sowie Energieberater: Zuschuß bis zu 60%;
- Einrichtung von nichtkommerziellen Energieberatungsstellen: Zuschuß bis zu 60%, max. 50.000,- DM je Beratungsstelle.

Kumulation: Keine Angabe.

Besondere Hinweise: Keine Angabe.

Informationsmaterial: Keine Angabe.

Informations- und Antragstelle(n):

Landestreuhandstelle Sachsen-Anhalt
Breiter Weg 193
D-39104 Magdeburg
Tel.: 0391/561 67 45

Antragstellung: Mit Antragsformular bei der Landestreuhandstelle.

Grundlage der Förderung: Richtlinie des Ministeriums für Wirtschaft, Technologie und Verkehr des Landes Sachsen-Anhalt über die Gewährung von Zuwendungen für die Förderung von Vorhaben zur Energieberatung. RdErl. des MW vom 29.11.1991, veröffentlicht im Ministerialblatt des Landes Sachsen-Anhalt, Nr. 39 (1991), S. 1065-1071.

Schleswig-Holstein

Ressourcensparendes Bauen

Für: Natürliche und juristische Personen des privaten Rechts; Eigentümer; Verfügungsberechtigte.

Förderung:

1. Programmteil "Niedrig-Energie-Häuser": Planungs- und Bauaufwand bei der Errichtung von Niedrig-Energie-Häusern. Die Bedingungen für die Anerkennung als Niedrig-Energie-Haus sind detailliert in den Richtlinien aufgeführt. Förderfähige Kosten sind die zusätzlichen Kosten, die für die energiesparende Bauweise gegenüber der konventionellen Bauweise entstehen.

2. Programmteil "Ökologische Baumaßnahmen": Dazu gehören u.a. im Zielbereich Energie:

- Thermische und photovoltaische Anlagen zur Nutzung von Sonnenenergie;
- Solare Wandsysteme (z.B. Fassadenluftkollektoren);
- Anschluß an Fern-/Nahwärme aus Kraft-Wärme-Kopplung;
- Wärmeschutzverglasung.

Förderfähige Kosten sind die zusätzlichen Kosten, die durch energiesparende und/oder ressourcensparende Bauart gegenüber der konventionellen Bauart notwendigerweise entstehen.

Die Förderung beträgt im 1. Programmteil 16.500,- DM, im Programmteil 2 bis zu 10.000,- DM, bei Gebäuden mit einer Wohneinheit also insgesamt bis zu 26.500,- DM. Ab der zweiten Wohneinheit können zusätzlich im 1. Programmteil 9.500,- DM, im Programmteil 2 bis zu 6.000,- DM je Wohneinheit gewährt werden.

Der Gesamtförderbetrag je Gebäude ist beschränkt im Programmteil 1 auf 64.000,- DM, im Programmteil 2 auf bis zu 40.000,- DM.

Kumulation: Fördermittel aus anderen Programmen werden angerechnet.

Besondere Hinweise: Bei Förderung im Rahmen des jeweiligen Wohnungsbauprogramms des Landes Schleswig-Holstein können die festgelegten Kostenobergrenzen im Einzelfall um bis zu 20% überschritten werden. Es können Zusatzdarlehen für die Niedrigenergiehaus-Bauweise im Rahmen des Landeswohnungsbauprogramms in Höhe von bis zu 140,- DM/m^2 Wohnfläche gewährt werden (Erlaß des Innenministers vom 16.12.1992 - IV 520a -514.211-13 -) sowie im Rahmen des Sonderprogramms zur Förderung des Wohnungsbaus in Regionen mit erhöhter Wohnungsnachfrage (Erlaß des Innenministers vom 09.12.1992 - IV 520a - 514.536).

Schleswig-Holstein

Ressourcensparendes Bauen (Fortsetzung)

Diese Richtlinie faßt die Richtlinie gleichen Titels vom 05.09.1989 und die Richtlinie zur Förderung der Errichtung von Niedrig-Energie-Häusern in Schleswig-Holstein vom 18.08.1989 zusammen.

Informationsmaterial: Keine Angabe.

Informations- und Antragstelle(n):

Investitionsbank
Schleswig-Holstein
Zentralbereich der Landesbank
Schleswig-Holstein Girozentrale
521 - Wohnungswesen
Postfach 11 28
Fleethörn 29-31
D-24011 Kiel
Tel.: 0431/900-03

Ministerium für Finanzen und Energie
des Landes Schleswig-Holstein
Abteilung Energiewirtschaft
Kronshagener Weg 130a
D-24116 Kiel
Tel.: 0431/16950

Antragstellung: Mit Antragsvordruck bei der Investitionsbank; Maßnahmebeginn nicht vor Bewilligung.

Grundlage der Förderung: Richtlinie zur Förderung der Errichtung von ressourcensparenden Wohnungen in Schleswig-Holstein (Programm ressourcensparendes Bauen und Wohnen), gemeinsamer Erlaß des Ministers für Natur, Umwelt und Landesentwicklung und des Ministers für Soziales, Gesundheit und Energie vom 26.04.1993 - IV 5301-514.527 -, Amtsblatt für Schleswig-Holstein Nr. 20 (1993), S. 438-450.

Schleswig-Holstein

Kraft-Wärme-Kopplung

Für: Eigentümer; Verfügungsberechtigte.

Förderung:

- Errichtung und Erweiterung von Anlagen zur Kraft-Wärme-Kopplung (bis zu 25%) und von gas- oder mineralölbetriebenen Kompressions- und Absorptionswärmepumpen (bis zu 15%);
- Umrüstung zu kombinierten Kraft-Wärme-Kopplungsanlagen (Primärenergieträger Gas, Öl, Kohle oder Müll) (bis zu 25%); zusätzlich Umstellung von Energieträger Öl auf Gas, Kohle oder Müll anläßlich der Umrüstung (bis zu 25%);
- Nah-/Fernwärmenetze (bis zu 33%) für Kraft-Wärme-Kopplungsanlagen.

Investitionszuschüsse bis zu den genannten Sätzen; die Höhe richtet sich nach den Bedingungen des Einzelfalls. Höhere Fördersätze bis zu 50% sind möglich für Demonstrationsanlagen und bei besonders schwieriger Brennstoffversorgung.

Kumulation: Keine Angabe.

Besondere Hinweise: Begründung aus kommunalen oder regionalen Energiekonzepten führt zu vorrangiger Förderung (vgl. die Richtlinie zur Förderung der Erstellung von Energiekonzepten). Die Richtlinie wird z.Z. überarbeitet.

Informationsmaterial: Keine Angabe.

Informations- und Antragstelle(n):

Ministerium für Finanzen
und Energie
Kronshagener Weg 130a
D-24116 Kiel
Tel.: 0431/1695-0, -341
(ehem. Ministerium für Soziales, Gesundheit
und Energie)

Antragstellung: Formular; Antragstellung bis 1. März des Vorjahres; Maßnahmebeginn nicht vor Bewilligung.

Grundlage der Förderung: Richtlinie zur Förderung von energiesparenden und rationellen Energieanlagen (Energieanlagen-Programm), Erlaß des Ministers für Soziales, Gesundheit und Energie vom 29.09.1989 - IX 320a - 604.232.1 -, geändert am 09.11.1989.

Schleswig-Holstein

Umstellung auf Fernwärme

Für: Natürliche und juristische Personen (Eigentümer und Verfügungsberechtigte).

Förderung: Umstellung von Heizungen auf Fernwärme. Vorrang haben Vorhaben, die im Zusammenhang mit der Förderung von Wärmenetzen und Kraft-Wärme-Kopplungsanlagen nach dem Energieanlagen-Programm durch das Land Schleswig-Holstein stehen sowie die Umstellung von festinstallierten elektrischen Widerstandsheizungen (Elektro-Nachtspeicher- und Elektro-Direkt-Heizungen).

Investitionszuschuß bis 33%.

Kumulation: Keine Angabe.

Besondere Hinweise: Die Richtlinie wird zur Zeit überprüft.

Informationsmaterial: Keine Angabe.

Informations- und Antragstelle(n):

Wohnungsbauten:
Investitionsbank
Schleswig-Holstein
Fleethörn 29-31
D-24103 Kiel
Tel.: 0431/902-0

Sonstige Bauten:
Ministerium für Finanzen
und Energie
Kronshagener Weg 130a
D-24116 Kiel
Tel.: 0431/1695-0

Antragstellung: Formular; Maßnahmebeginn nicht vor Bewilligung.

Grundlage der Förderung: Richtlinie zur Förderung der Umstellung auf Fernwärme in Gebäuden (Rationelles Gebäudeheizungs-Programm), Erlaß des Ministers für Soziales, Gesundheit und Energie vom 20.09.1989 - IX 320a - 604.222.1.

Schleswig-Holstein

Stromsparmaßnahmen in öffentlichen Einrichtungen

Für: Träger öffentlicher Einrichtungen.

Förderung: Investitionen zur Stromeinsparung im Bestand der öffentlichen Gebäude und deren Außenanlagen oder sonstigen öffentlichen Einrichtungen (z.B. Kläranlagen, Wasserwerke, Beleuchtung ganzer Straßenzüge). Zinsgünstige Darlehen werden gewährt für das 10-fache der gutachterlich ermittelten jährlichen Stromkosteneinsparung, max. bis zur Höhe der tatsächlichen Investitionskosten.

Grundlage und Voraussetzung der Investitionsförderung ist die Erstellung von gebäude- und einrichtungsbezogenen Stromsparuntersuchungen, die ebenfalls gefördert werden können, Zuschuß 33%.

Kumulation: Keine Angabe.

Besondere Hinweise: Das Programm wird in Zusammenarbeit mit der VEBA durchgeführt und durch Fördermaßnahmen des Landes ergänzt.

Informationsmaterial: Keine Angabe.

Informations- und Antragstelle(n):

Investitionsbank
Schleswig-Holstein
Fleethörn 29-31
D-24103 Kiel
Tel.: 0431/902-0

Ministerium für Finanzen
und Energie
Kronshagener Weg 130a
D-24116 Kiel
Tel.: 0431/1695-0

Antragstellung: Keine Angabe.

Grundlage der Förderung: Energiesparvertrag zwischen dem Land Schleswig-Holstein und der VEBA AG. Richtlinie zur Förderung von umfassenden Maßnahmen zur Einsparung von Primärenergie durch Einsparung und rationelle Verwendung von Elektrizität in öffentlichen Gebäuden und Einrichtungen in Schleswig-Holstein (Energiesparförderrichtlinie für öffentliche Gebäude und Einrichtungen), Bekanntmachung des Ministers für Soziales, Gesundheit und Energie vom 17.09.1991 - IX330-604.225.1.

Schleswig-Holstein

Energieeinsparung in landwirtschaftlichen Betrieben

Für: Landwirtschaftliche Betriebe.

Förderung:
- Technische und bauliche Investitionen, Regeltechnik in beheizten Ställen u.ä., Trocknungsanlagen und Gewächshäusern u.ä.;
- Wärmerückgewinnungsanlagen, Wärmepumpen, Solaranlagen, Biomasseanlagen, Wind- und Wasserkraftanlagen, einschließlich damit zusammenhängender Energiespeicher und Regelungen;
- Umstellung von Heizanlagen von Heizöl auf Fernwärme, Kraft-Wärme-Kopplung, Biomasse, in Sonderfällen Gas-Brennwertkessel.

Zuschüsse bis 20% des förderungsfähigen Investitionsvolumens innerhalb von 6 Jahren bis 143.000,- DM je Arbeitskraft und 250.000,- DM je Unternehmen; Mindestvolumen 5.000,- DM; Antragserleichterung bis 30.000,- DM.

Kumulation: Nicht zu verbinden mit: Investitionsförderungsprogramm des Ministers für Ernährung, Landwirtschaft, Forsten und Fischerei; Agrarkreditprogramm; Bundesvertriebenen- und Flüchtlingsgesetz; Inanspruchnahme von § 51 Abs 1 Nr. 2 Buchstabe q des EStG.

Besondere Hinweise: Keine Angabe.

Informationsmaterial: Keine Angabe.

Informations- und Antragstelle(n): Ämter für Land- und Wasserwirtschaft.

Antragstellung: Formular; Beginn der Maßnahme nicht vor Bewilligung; Maßnahmen bis zu 30.000,- DM förderungsfähige Aufwendungen können nach Antragstellung und Bestätigung des Amtes begonnen werden.

Grundlage der Förderung: Richtlinien für die Gewährung von Investitionen zur Energieeinsparung in landwirtschaftlichen Betrieben als Gemeinschaftsaufgabe Verbesserung der Agrarstruktur und des Küstenschutzes, Bekanntmachung des Ministers für Ernährung, Landwirtschaft, Forsten und Fischerei vom 29.06.1989 - VIII 320a d/5411.7 - in der Fassung der Änderung vom 23.03.1992.

Schleswig-Holstein

Erneuerbare Energien

Für: Natürliche und juristische Personen des privaten Rechts; Private; Unternehmen; Träger öffentlicher Verwaltung.

Förderung: Errichtung insbesondere von:

- Windenergieanlagen: Bei alleiniger Förderung durch das Land: Zuschuß in DM = Nabenhöhe in Meter x Rotorkreisdurchmesser in Meter x 384; max. 24% der förderfähigen Kosten (Seit 01.01.1993 wird der Förderbetrag nach einer speziellen Förderformel errechnet, die die Umweltverträglichkeit und die Leistung der Anlage berücksichtigt). Als Ergänzung im Rahmen des Programms "250 MW Wind" des Bundes gewährt das Land einen Zuschuß, der sich nach der durchschnittlichen Windgeschwindigkeit richtet. Diese ist durch ein Gutachten nachzuweisen. Die Kosten für das Gutachten können gesondert bis max. 800,- DM bezuschußt werden. Der Landeszuschuß richtet sich nach der Wirtschaftlichkeitsgrenze und wird ggf. entsprechend reduziert.
- Photovoltaische Demonstrationsanlagen: Zuschuß bis zu 70% der förderfähigen Kosten.
- Anlagen zur thermischen Sonnenenergienutzung: Zuschuß pauschal 3.500,- DM pro Antragsteller und Objekt.
- Anlagen zur energetischen Biomasse-Nutzung: Zuschuß bis 30% der förderfähigen Kosten; bei besonderem Demonstrationscharakter bis 50%.
- Laufwasserkraftwerke bis 500 kW: Zuschuß bis 30% der förderfähigen Kosten; bei besonderem Demonstrationscharakter im Ausnahmefall bis 50%; bei Wasserkraftanlagen max. 7.000 DM/kW installierter Leistung.

Kumulation: Bis zu 50% der förderfähigen Kosten zulässig, bei Demonstrationsanlagen bis 60%, bei Photovoltaikanlagen bis 70%.

Besondere Hinweise: Betriebsbeginn innerhalb 18 Monaten. Laufzeit: bis 31.12.1994.

Informations- und Antragstelle(n):

Ministerium für Finanzen und Energie
Abteilung Energiewirtschaft
Referat IX 341
Kronshagener Weg 130a
D-24116 Kiel
Tel.: 0431/1695-341, -344

Antragstellung: Formular; Maßnahmebeginn nicht vor Bewilligung.

Grundlage der Förderung: Richtlinie für die Gewährung von Zuwendungen des Landes Schleswig-Holstein zur verstärkten Anwendung und Nutzung neuer und erneuerbarer Energien (Programm Erneuerbare Energien), Erlaß des Ministers für Soziales, Gesundheit und Energie vom 17.01.1991 - IX 341.

Schleswig-Holstein

Erneuerbare Energien - Wind

Für: Natürliche und juristische Personen des privaten Rechts; Träger öffentlicher Verwaltung.

Förderung: Errichtung von Windenergie-Einzelanlagen, Windenergie-Gruppenkonzepten bis zu vier Windenergieanlagen, Windparks oder Teile von diesen, Windenergie-Einzelanlagen oder Windparks zu Demonstrationszwecken.

Die Höhe der Förderung wird auf der Basis der Gesamtinvestition, der Wirtschaftlichkeitsbetrachtung, des gemessenen Leistungswertes, des ermittelten Schallpegels und der zulässigen Netzeinwirkung des Windenergieanlagentyps ermittelt. Die Förderhöhe ist auf 17% je Windenergieanlagentyp begrenzt. Für Windenergieanlagen mit einer Leistung von weniger als 301 kW kann ein zusätzlicher Förderbetrag von 3%-Punkten zu dem ermittelten Betrag gemäß Anlage 1 der Richtlinie gewährt werden, max. 17%.

Bei Gewährung von Zinszuschüssen zu Fremddarlehen wird die Förderung auf 50% der förderfähigen Kosten der Gesamtinvestition begrenzt. Der Zinszuschuß beträgt 2,5% und kann für die Dauer von max. fünf Jahren gewährt werden bezogen auf die jeweils verbleibende zuschußfähige Restdarlehenssumme.

Für Demonstrationsanlagen kann eine investive Förderung bis zu 30% der förderfähigen Kosten gewährt werden. Teilweise können auch Mittel aus dem "250 MW Wind"-Programm des Bundesministeriums für Forschung und Technologie in Anspruch genommen werden.

Kumulation: Zulässig, bei Demonstrationsanlagen bis zum Förderhöchstsatz von 49%.

Besondere Hinweise: Keine Angabe.

Informations- und Antragstelle(n):

Ministerium für Finanzen
und Energie
Abt. Energiewirtschaft
Postfach 20 09
Kronshagener Weg 130a
D-24019 Kiel
Tel.: 0431/1695-0, -344
Fax: 0431/15169

Bewilligungsstelle:

Investitionsbank
Schleswig-Holstein
Organisationsstelle WING
Kronshagener Weg 130a
D-24116 Kiel
Tel.: 0431/1695-341

Antragstellung: Antragsvordruck.

Grundlage der Förderung: Programm Erneuerbare Energien - Wind -. Erlaß des Ministers für Finanzen und Energie des Landes Schleswig-Holstein vom 26. Mai 1993 - IX-341-, veröffentlicht im Amtsblatt für Schleswig-Holstein Nr. 27 (1993), S. 555-559.

Schleswig-Holstein

Energiekonzepte

Für: Gemeinden; Städte; Kreise.

Förderung: Erstellung von Energiekonzepten. Zuschuß von 35% der zuschußfähigen Kosten.

Zuschußfähig sind höchstens die folgenden Kosten:
- bis zu DM 2,-/Einwohner bei Städten und Gemeinden;
- bis zu DM 1,-/Einwohner bei Kreisen.

Der Betrag der zuschußfähigen Kosten wird aufgestockt um einen Sockelbetrag von bis zu 10.000,- DM. Der Gesamtbetrag der zuschußfähigen Kosten darf 5,- DM/Einwohner nicht übersteigen.

Kumulation: Mehrfachförderung zulässig: 1. Gemeinsame Konzepte mehrerer Einheiten; 2. andere öffentliche Förderung bis 50% Gesamtförderung.

Besondere Hinweise: Keine Angabe.

Informationsmaterial: Fragebogen zur Erstellung kommunaler Energiekonzepte.

Informations- und Antragstelle(n):

Ministerium für Finanzen
und Energie
Kronshagener Weg 130a
D-24116 Kiel
Tel.: 0431/1695-0

Antragstellung: Formular; auf dem Dienstweg; Maßnahmebeginn spätestens sechs Monate nach Bewilligung.

Grundlage der Förderung: Richtlinie zur Förderung der Erstellung von Energiekonzepten der Gemeinden, Städte und Kreise des Landes Schleswig-Holstein (Programm Energiekonzepte), Erlaß des Ministers für Soziales, Gesundheit und Energie des Landes Schleswig-Holstein vom 16.08.1989 - IX 330 - 604.251.4 -.

Thüringen

Wohnungsmodernisierung (1. ThürModR)

Für: Natürliche und juristische Personen des privaten und öffentlichen Rechts.

Förderung: Modernisierungs- und Instandsetzungsmaßnahmen zur Verbesserung der
- Energieversorgung;
- Heizungs- und Warmwasserversorgung sowie der Kochmöglichkeiten. Dazu gehören: Umstellung der Heizung auf umweltfreundliche und schadstoffärmere Energien (Öl, Gas, Wärmepumpe, Kollektoren) sowie der Ersatz von Einzelöfen durch Sammelheizungen und der Einbau von Steuerregelungen bei vorhandenen Sammelheizungen;
- Wärmedämmung und Verminderung des Energieverlustes und -verbrauchs.

Die Förderhöhe richtet sich nach dem baulichen Zustand der Wohnungen; sie beträgt i.d.R. max. 40.000,- DM je Wohnung. Förderbeträge bis zu 10.000,- DM werden als Baukostenzuschuß gewährt, bei mehr als 10.000,- DM, werden zwei Drittel als Baudarlehen und ein Drittel als Baukostenzuschuß ausgereicht. Die Modernisierung und Instandsetzung von Eigenheimen und eigengenutzten Eigentumswohnungen wird mit bis zu 30.000,- DM gefördert. Die Baudarlehen werden mit 2% p.a. verzinst und mit 2% p.a. zuzüglich ersparter Zinsen getilgt.

Kumulation: Eine Förderung nach dieser Richtline ist ausgeschlossen, wenn für dasselbe Bauprojekt bereits Fördermittel der Kreditanstalt für Wiederaufbau (KfW) in Anspruch genommen worden sind.

Besondere Hinweise: Diese Richtlinie ersetzt die Richtlinien "Neuschaffung, Modernisierung und Instandsetzung von Mietwohnungen im sozialen Wohnungsbau im Land Thüringen" und "Neuschaffung, Modernisierung und Instandsetzung von Eigenwohnraum im Sozialen Wohnungsbau im Land Thüringen" vom 06.05.1991, in den Fassungen vom 28.08.1991.

Informationsmaterial: Keine Angabe.

Informations- und Antragstelle(n):

Antragsstelle:
Jeweiliges Baudezernat
der Kreisverwaltungsbehörde
(Landratsamt oder kreisfreie Stadt).

Information:
Thüringer Innenministerium
Schillerstraße 27
D-99096 Erfurt
Tel.: 0361/398-0
Fax: 0361/398-2128

Antragstellung: Mit amtlichem Antragsformular.

Grundlage der Förderung: Förderung der Wohnungsmodernisierung im Programmjahr 1993 (1. ThürModR), Bekanntmachung des Thüringer Innenministeriums vom 04.05.1992 und vom 11.01.1993.

Thüringen

Wohnungsmodernisierung/-instandsetzung im Zuge der Energieträgerumstellung (2. ThürModR)

Für: Natürliche und juristische Personen des privaten und öffentlichen Rechts.

Förderung: Modernisierungs- und Instandsetzungsmaßnahmen im Zuge der Energieträgerumstellung und soweit sie der Energieeinsparung und der Reduzierung der Umweltbelastung dienen. Dazu gehören:
- Maßnahmen zur Verbesserung der Heizungs- und Warmwasserversorgung sowie der Kochmöglichkeiten, insbesondere die Umstellung der Heizung auf umweltfreundliche und schadstoffarme Energien (Öl, Gas, Wärmepumpe, Kollektoren);
- die Neuinstallation von umweltfreundlichen Heizungsanlagen mit Bestandteilen Heizkessel, Leitungsnetz im Gebäude, Heizkörper, Regeltechnik, Sanitärinstallation sofern erforderlich; dabei ist vorrangig der Einsatz von Anlagen mit Brennwerttechnik oder vergleichbarer energiesparender und schadstoffarmer Technik zu sichern;
- die mit der Umstellung von Stadt- auf Erdgaseinsatz erforderlichen Veränderungen und Sanierungen der Sanitärinstallation;
- Heizenergiesparende Maßnahmen, insbesondere Maßnahmen zur Verbesserung der Wärmedämmung und zur Verringerung des Energieverbrauchs.

Die Modernisierung und Instandsetzung wird durch Zinsverbilligung von Kapitalmarktdarlehen der Bayerischen Landesbodenkreditanstalt gefördert. Bei der Förderung von Mietwohnungen soll der Darlehensbetrag je Wohnung in der Regel 30.000,- DM nicht übersteigen. Bei der Förderung von Eigenheimen und eigengenutzten Eigentumswohnungen wird das Darlehen in einer Höhe bis zu 30.000,- DM gewährt. Maßnahmen werden dann nicht gefördert, wenn sich aufgrund der Höhe der förderfähigen Gesamtkosten ein Darlehensbetrag von weniger als 20.000,- DM bei Mietwohnungen bzw. 10.000,- DM bei Eigenheimen und eigengenutzten Eigentumswohnungen errechnet.

Das bis zum 30.11.1999 zinsverbilligte Kapitalmarktdarlehen der Bayerischen Landesbodenkreditanstalt ist vom Tage der Auszahlung an bis zum 10.11.1995 mit jährlich 3,5%, vom 01.12.1995 bis zum 30.11.1997 mit jährlich 5%, vom 01.12.1997 bis zum 30.11.1999 mit jährlich 6,5% und vom 01.12.1999 bis zum 31.05.2002 mit jährlich 8,5% zu verzinsen. Die Differenz zum unverbilligten Kapitalmarktzins von jährlich 8,5% trägt das Land Thüringen. Das Darlehen ist bis zum 30.11.1994 tilgungsfrei. Danach ist es bis zum 30.11.1996 mit jährlich 1% zuzüglich ersparter Zinsen und ab 01.12.1996 mit jährlich 2% zuzüglich ersparter Zinsen zu tilgen.

Kumulation: Keine Angabe.

Besondere Hinweise: Keine Angabe.

Thüringen

Wohnungsmodernisierung/-instandsetzung im Zuge der Energieträgerumstellung (2. ThürModR)
(Fortsetzung)

Informationsmaterial: Keine Angabe.

Informations- und Antragstelle(n):

    Thüringer Innenministerium
    Schillerstraße 27
    D-99096 Erfurt
    Tel.: 0361/398-0
    Fax: 0361/398-2128

Antragstellung: Formular.

Grundlage der Förderung: Richtlinie für die Förderung von Wohnungsmodernisierungs- und Instandsetzungsmaßnahmen im Zuge der Energieträgerumstellung im Programmjahr 1992 (2. ThürModR), Bekanntmachung des Thüringer Innenministeriums vom 11.05.1992 und vom 11.01.1993.

Thüringen

Modernisierung/Instandsetzung von Wohnraum (3. ThürModR)

Für: Natürliche und juristische Personen des privaten und öffentlichen Rechts als Eigentümer von Wohnungen.

Förderung: Förderung der Modernisierung und Instandsetzung von Mietwohnungen und eigengenutzten Eigentumswohnungen durch zinsverbilligte Kapitalmarktdarlehen der Bayerischen Landesbodenkreditanstalt.

Bei der Förderung von Mietwohnungen soll die Höhe des Darlehens in der Regel 30.000,- DM je Wohnung nicht überschreiten.

Bei der Förderung von Eigenheimen und eigengenutzten Eigentumswohnugnen wird das Darlehen in einer Höhe bis zu 30.000,- DM gewährt.

Maßnahmen werden dann nicht gefördert, wenn sich aufgrund der Höhe der förderfähigen Gesamtkosten je Antrag ein Darlehensbetrag von weniger als 20.000,- DM bei Mietwohnungen bzw. 10.000,- DM bei Eigenheimen und eigengenutzten Eigentumswohnugnen errechnet.

Das bis zum 30.11.2003 zinsverbilligte Kapitalmarktdarlehen ist vom Tage der Auszahlung an bis zum 30.11.2003 mit jährlich 4% zu verzinsen. Auszahlung 99%. Ab 01.06.1998 ist zur Tilgung des Darlehens ein Zuschlag von jährlich 2% zu entrichten.

Kumulation: Keine Angabe.

Besondere Hinweise: Es bestehen Einkommensbeschränkungen.

Informationsmaterial: Keine Angabe.

Informations- und Antragstelle(n):

Thüringer Innenministerium
Schillerstraße 27
D-99096 Erfurt
Tel.: 0361/398-0
Fax: 0361/398-2128

Antragstellung: Mit Formular.

Grundlage der Förderung: Förderungsrichtlinie für das Landesprogramm zur Modernisierung und Instandsetzung von Wohnraum im Programmjahr 1993 (3. ThürModR), Bekanntmachung des Thüringer Innenministeriums vom 15.01.1993.

Thüringen

Energieeinsparung/Energieträgerumstellung in der Landwirtschaft

Für: Landwirtschaftliche Betriebe (Familienbetriebe der Land- und Forstwirtschaft); Land- und forstwirtschaftliche sowie gärtnerische eingetragene Genossenschaften; Juristische Personen, die einen land- und forstwirtschaftlichen Betrieb bewirtschaften und unmittelbar kirchliche, gemeinnützige oder mildtätige Zwecke verfolgen; Familienbetriebe der Binnenfischerei.

Förderung: Investitionen zur Energieeinsparung und Energieträgerumstellung:

- Bauliche und technische Wärmedämmung, Regeltechnik sowie Modernisierung der Heizung in beheizten Ställen, Bruträumen, Fischzuchtanlagen, einschließlich zugehöriger Produktionsnebengebäude, in beheizten Trocknungsanlagen für pflanzliche Erzeugnisse der Landwirtschaft, Gewächshäusern und sonstigen beheizten gartenbaulichen Kulturräumen;
- Wärmepumpen, Wärmerückgewinnungs-, Solar-, Biomasse-, und Windkraftanlagen, Erneuerung von Kleinwasserkraftanlagen;
- Umstellung von Heizanlagen von Rohbraunkohle auf umweltverträgliche Energieträger;
- Umweltschutzeinrichtungen in vorhandene Energieumwandlungsanlagen.

Zuschuß bis zu 40% der förderfähigen Investitionen von max. 3,5 Mio. DM für Solar-, Biomasse-, Windkraft- und Wasserkraftanlagen, für alle anderen Maßnahmen bis zu 30%.

Kumulation: Keine Angabe.

Besondere Hinweise: Die baren und unbaren Eigenleistungen müssen mindestens 10% des förderungsfähigen Investitionsvolumens betragen.

Informationsmaterial: Keine Angabe.

Informations- und Antragstelle(n):

Antragstelle:
Amt für Landwirtschaft.

Information:
Thüringer Ministerium für
Landwirtschaft und Forsten
Hallesche Straße 16
D-99085 Erfurt
Tel.: 0361/529-0
Fax: 0361/642 16 57

Antragstellung: Mit Vordruck beim Amt für Landwirtschaft.

Grundlage der Förderung: Förderung von Investitionen in landwirtschaftlichen Betrieben. Verwaltungsvorschrift des Thüringer Ministeriums für Landwirtschaft und Forsten vom 03.02.1992 - Az.: 304-6000 -, veröffentlicht im Thüringer StAnz., Nr. 29 vom 20.07.1992, S. 968-983.

Thüringen

Maßnahmen zur Emissionssenkung

Für: Gemeinden; Gemeindeverbände; Kirchliche Einrichtungen; Körperschaften des öffentlichen Rechts; Unternehmen (mit einem Vorjahresumsatz bis 30 Mio. DM und bis zu 150 Beschäftigten).

Förderung: Maßnahmen, zu denen die Zuwendungsempfänger nicht gesetzlich verpflichtet sind bzw. die über die gesetzlichen Anforderungen hinausgehen.

Gefördert werden können:

- Umstellung von Heizanlagen von festen Brennstoffen auf hochkalorische umweltfreundliche Energieträger;
- Installation emissionsmindernder Umweltschutztechnik.

Zuschuß bis zu 20%.

Kumulation: Nicht zulässig.

Besondere Hinweise: Keine Angabe.

Informationsmaterial: Keine Angabe.

Informations- und Antragstelle(n):

Thüringer Ministerium
für Umwelt und Landesplanung
Abt. Immissions- und Strahlenschutz, Bergbau
Referat 4.1
Postfach 722
Richard-Breslau-Straße 11 A
D-99014 Erfurt
Tel.: 0361/6575-0
Fax: 0361/657 52 81

Antragstellung: Mit Antragsvordruck jeweils bis zum 30.09 eines Jahres.

Grundlage der Förderung: Richtlinie des Thüringer Ministeriums für Umwelt und Landesplanung für die Bewilligung, Verwendung und den Nachweis von Zuwendungen zur Förderung von Maßnahmen zur Emissionssenkung 09.06.1992, veröffentlicht im Thüringer Staatsanzeiger, Nr. 27 (1992), S. 905 f.

Thüringen

Energieförderprogramm

Für: Private; Wohnungseigentümer; Kleine und mittlere Unternehmen; Gemeinden und Gemeindeverbände; Kirchengemeinden.

Förderung:

- Energieberatung für kleine und mittlere Unternehmen, kommunale und kirchliche Einrichtungen: Zuschuß 500,- DM je Tagewerk bei max. 3 Tagewerken à 600,- DM;
- Energieberatung für Wohngebäude: Zuschuß bemißt sich nach Größe des Objekts, z.B. Ein- und Zweifamilienhaus 525,- DM;
- Investitionsmaßnahmen zur Energieeinsparung in Gebäuden und an Heizungsanlagen durch energieeinsparende Steuerungs- und Regeltechnik sowie durch umfassenden Wärmeschutz: Zuschuß von bis zu 20% der förderfähigen Kosten, max. 20.000,- DM;
- In Ergänzung zum 250 MW Wind Programm des Bundes Zuschuß 20% von max. 3.000,- DM/kW förderfähige Kosten. Gesamtförderquote mit Bundesförderung max. 50%;
- Wasserkraftanlagen, Neubau oder Reaktivierung bis zu 300 kW Leistung, Zuschuß 20% von max. 5.000,- DM/kW förderfähige Kosten;
- Energiekonzepte, Zuschuß 30%, max. 30.000,- DM;
- Solarthermische Anlagen, Zuschuß 20%, max. 10.000,- DM;
- Energieberatungsstellen und Hilfsmittel zur Energieberatung von nichtkommerziellen Energieberatungsstellen, Zuschuß bis zu 40%, max. 10.000,- DM;
- Informations- und Schulungsveranstaltungen, Zuschuß bis zu 40%, max. 10.000,- DM;
- Anlagen zur Erzeugung und Nutzung von Biomasse, Bio-, Klär-, Deponiegas mit den zugehörigen Transport- und Verteilungssystemen: Zuschuß von 20% (in Ausnahmefällen 30%), max. 300.000,- DM je Anlage;
- Blockheizkraftwerke und Anlagen zur Nutzung von Abwärme: Zuschuß von 20% (in Ausnahmefällen 30%), max. 300.000,- DM;
- Pilot- und Demonstrationsvorhaben im Energiebereich: Zuschuß für Maßnahmen im Schwerpunkt Rationelle Energieverwendung/Energieeinsparung 35-50%, photovoltaische Solarenergienutzung 70%, thermische Solarenergienutzung 35%, Wasserkraftnutzung 35%, Windenergienutzung 35%, Biomassenutzung 35%, max. 500.000,- DM je Vorhaben.

Kumulation: Keine Angabe.

Besondere Hinweise: Die Richtlinie wird zur Zeit überarbeitet, Anträge können aber weiterhin gestellt werden.

Informationsmaterial: Keine Angabe.

Thüringen

Energieförderprogramm (Fortsetzung)

Informations- und Antragstelle(n):

> Thüringer Ministerium
> für Wirtschaft und Verkehr
> Abteilung Energie und Technologie
> Postfach 242
> J.-S.-Bach-Straße 1
> D-99005 Erfurt
> Tel.: 0361/427-8548

Antragstellung: Mit Antragsvordruck.

Grundlage der Förderung: Richtlinie für die Fördermaßnahmen im Energiebereich des Ministeriums für Wirtschaft und Verkehr des Landes Thüringen vom 27.11.1991, veröffentlicht im Thüringer Staatsanzeiger, Nr. 37/1991 vom 06.12.1991, mit Ergänzung vom 12.11.1992, veröffentlicht im Thüringer Staatsanzeiger Nr. 48 (1992) vom 30.11.1992.

5. Kommunen

Immer häufiger stellen auch Städte und Gemeinden eigene Fördermittel für die rationelle Energieverwendung und den Einsatz erneuerbarer Energiequellen zur Verfügung. Die folgenden Seiten geben einen Überblick über die vielfältigen Ansätze. Dabei sind nur die Förderprogramme ausführlich dargestellt, deren vollständige Richtlinien der Redaktion vorlagen. Weitere Kommunen sind am Ende in Kurzform alphabetisch aufgelistet. Hinweise auf zusätzliche oder neue kommunale Förderprogramme nimmt die Redaktion gerne entgegen.

Für interessierte Städte und Gemeinden hat der Arbeitskreis der Energiebeauftragten und Energieberater in Ostwestfalen-Lippe ein "Kommunales Muster-Förderprogramm für regenerative Energien, rationale Energienutzung und Maßnahmen zur Energieeinsparung in Gebäuden" erarbeitet, das bei folgenden Stellen angefordert werden kann:

Verbraucherzentrale Bielefeld
Energieberatung
Herr Brieden-Segler
Herforder Str. 33
33602 Bielefeld
Tel.: 0521/138478

Energie- und Umweltzentrum
der Stadt Lemgo
Herr Uwe Franzmeyer
Postfach 708
32657 Lemgo
Tel.: 05261/5656

Stadt Detmold
Der Energiebeauftragte
Herr Michael
Postfach 27 61
32754 Detmold
Tel.: 05231/977-640

Aßlar, Stadt (Hessen)
Nutzung von Sonnenenergie

Für: Eigentümer von Gebäuden.

Förderung: Errichtung von Anlagen zur Nutzung von Sonnenenergie in Gebäuden, welche im Bereich der Stadt Aßlar liegen.

Die Höhe der Zuwendung beträgt:
- für Einfamilienhäuser 30% der entstandenen Kosten (Material- und Lohnkosten), höchstens jedoch 4.000,- DM, wobei Eigenleistung mit 40% des Unternehmerlohnes und die nachgewiesenen Materialkosten mit 30% bezuschußt werden.
- für alle übrigen Gebäude 30%, höchstens 10.000,- DM, bezogen auf die entstandenen Gesamtkosten.

Kumulation: Keine Angabe.

Besondere Hinweise: Keine Angabe.

Informationsmaterial: Keine Angabe.

Informations- und Antragstelle(n):

Stadt Aßlar
Der Magistrat
- Umweltberatung -
Postfach 11 80
Mühlgrabenstraße 1
D-35607 Aßlar
Tel.: 06441/803-18
Fax: 06441/803-28

Antragstellung: Formlos; vor Beginn der Maßnahme.

Grundlage der Förderung: Richtlinien für die Förderung von Anlagen zur Nutzung von Sonnenenergie der Stadt Aßlar vom 11.02.1991, Aßlarer Nachrichten mit den amtlichen Bekanntmachungen der Stadt Aßlar, 14 (1991) 8, 22.02.1991.

Bad Oldesloe, Stadt (Schleswig-Holst.)

Nutzung regenerativer Energiequellen

Für: Natürliche und juristische Personen (außer kommunale Gebietskörperschaften); Grundstückseigentümer; Dinglich Verfügungsberechtigte.

Förderung: Bei Eigenmontage werden die Materialkosten nach den vorliegenden Rechnungen und die Eigenleistung mit 60% des ortsüblichen Stundenlohnes gefördert.

1. Zuschuß bis zu 50% der Baukosten, max. 7.500,- DM pro Maßnahme für

- Solarkollektoranlagen für Heizung und Warmwasser ohne Wärmepumpensysteme (Solarkollektoren für Schwimmbäder sind ausgeschlossen);
- photovoltaische Solarzellenanlagen zur Stromerzeugung;
- Biogasanlagen, einschließlich daran angeschlossener Blockheizkraftwerke;
- Windenergieanlagen zur Stromerzeugung;
- Kleinwasserkraftanlagen zur Stromerzeugung.

2. Errichtung von Regenwassernutzungsanlagen, mit denen das vom Dach abfließende Niederschlagswasser über Fallrohre in einen Sammelbehälter geleitet und bei Bedarf durch eine Pumpanlage den Verbrauchsstellen zugeführt wird. Zuschuß bis zu 50% der Baukosten, max. 3.000,- DM pro Maßnahme.

3. Dachbegrünung, Zuschuß bis zu 15% der Kosten, max. 3.000,- DM pro Maßnahme.

Kumulation: Zuschüsse oder Darlehen des Bundes, des Landes oder ihrer Finanzierungsinstitute werden angerechnet.

Besondere Hinweise: Spätestens drei Monate nach Erteilung des Bewilligungsbescheides ist mit den Bauarbeiten zu beginnen. Die Auszahlungsbedingungen müssen spätestens ein Jahr nach Zuschußzusage erfüllt sein.

Informationsmaterial: Keine Angabe.

Informations- und Antragstelle(n):

Stadt Bad Oldesloe
Bauamt
Markt 5
D-23843 Bad Oldesloe
Tel.: 04531/504-0, -145
Fax: 04531/504121

Antragstellung: Antragsvordruck.

Grundlage der Förderung: Richtlinie der Stadt Bad Oldesloe über die Gewährung von Zuschüssen für ökologische Maßnahmen vom 16.07.1991.

Beckum, Stadt (Nordrhein-Westfalen)
Energiesparende Maßnahmen/Solaranlagen/Regenwassernutzung

Für: Natürliche und juristische Personen.

Förderung:

1. Maßnahmen zur wärmetechnischen Verbesserung bestehender Gebäude
- Außendämmung: Förderbeträge zwischen 7,- DM/m^2 und 27,- DM/m^2 Dämmfläche, in Abhängigkeit von der Dämmstoffdicke;
- nachträgliche Kerndämmung von zweischaligem Mauerwerk: 8,- DM/m^2 Dämmfläche;
- nachträglicher Einbau von Wärmeschutzverglasung bei Halbierung des gesetzlich vorgeschriebenen k-Wertes: 25,- DM/m^2.

Die gesamte Förderungshöhe beträgt max. 5.000,- DM je Gebäude.

2. Wärmetechnisch verbesserte Ausführung von Neubauobjekten: Gefördert wird der wärmetechnisch verbesserte Neubau von Ein- und Zweifamilienhäusern mit einer beheizten Wohnfläche von mindestens 80 m^2 und höchstens 140 m^2 je Wohnung, wenn der Wärmeleistungsbedarf höchstens 48 W/m^2 beheizter Wohnfläche beträgt. Die Förderung beträgt pauschal 20,- DM/m^2 beheizter Wohnfläche, max. 5.000,- DM je Gebäude.

3. Errichtung von Niedrig-Energie-Häusern: Förderungsfähig sind die Mehrkosten für eine gegenüber den gesetzlichen Mindestanforderungen verbesserte Bauausführung. Die Zuwendungshöhe beträgt 25% der entstandenen Mehrkosten, max. 10.000,- DM je Gebäude.

4. Maßnahmen zur erstmaligen Errichtung von Solaranlagen zur Brauchwassererwärmung: Vorausgesetzte Dimensionierung der Solaranlage: Mindestens 0,75 m^2 Kollektorfläche pro Person, die in dem zu versorgenden Haushalt lebt. Das Speichervolumen für den Solarspeicher muß mindestens 75 Liter pro Person betragen.

Der Zuschuß beträgt pauschal je Anlage: 1.500,- DM bei Neubauten, 2.000,- DM bei Altbauten.

Über die Förderung anderer Solaranlagen (Heizung, Photovoltaik) wird im Einzelfall entschieden.

5. Maßnahmen zur erstmaligen Errichtung von Regenwassernutzungsanlagen, mit Speicher (Mindestvolumen 3 m^3), Anschluß von mindestens 50 m^2 Dachfläche, Brauchwasserleitungssystem, Druckerhöhungsanlage und Wasserzähler.

Der Zuschuß beträgt pauschal je Anlage: 1.500,- DM bei Neubauten, 2.000,- DM bei Altbauten.

Beckum, Stadt (Nordrhein-Westfalen)

Energiesparende Maßnahmen/Solaranlagen/Regenwassernutzung (Fortsetzung)

Von dieser Zuschußhöhe kann in begründeten Fällen abgewichen werden. Dann entscheidet der Ausschuß für Umwelt und Energie über die Zuwendungshöhe.

Kumulation: Bis zur Förderhöchstgrenze von 50% zulässig.

Besondere Hinweise: Der Zuschußempfänger muß sich bereit erklären, daß anlagenspezifische Daten veröffentlicht werden. Für die energiesparenden Maßnahmen an Wohngebäuden bestehen technische Auflagen, die der Richtlinie zu entnehmen sind.

Informationsmaterial: Keine Angabe.

Informations- und Antragstelle(n):

Stadt Beckum
Amt für Umweltschutz
Weststraße 46
D-59269 Beckum
Tel.: 02521/29309

Antragstellung: Mit Formular beim Amt für Umweltschutz.

Grundlage der Förderung: Richtlinien der Stadt Beckum über die Gewährung von Zuwendungen für die Durchführung energiesparender Maßnahmen bei Wohngebäuden (Stand 07.04.1993).

Richtlinien der Stadt Beckum über die Gewährung von Zuwendungen für den Bau von Solaranlagen vom 26.03.1993.

Richtlinien der Stadt Beckum über die Gewährung von Zuschüssen für den Bau von Regenwassernutzungsanlagen vom 26.03.1993.

Detmold, Stadt (Nordrhein-Westfalen)

Nachträgliche Wärmedämmung bestehender Gebäude

Für: Öffentliche, gewerbliche, private Eigentümer von Gebäuden; Mieter mit Zustimmung des Vermieters; Pächter mit Zustimmung des Verpächters.

Förderung: Zuschüsse für nachträgliche Wärmedämmung an Dach, Außenwand und Kellerdecke gemäß folgender Tabelle:

Bauteil	Mindestdämmstoffdicke	Fördergrundbetrag	je cm Zusatzdämmung	Förderhöchstbetrag
Dach	12 cm	10,- DM/m^2	0,5 DM/m^2	14,- DM/m^2
Außenwand	8 cm	20,- DM/m^2	1,- DM/m^2	27,- DM/m^2
Kellerdecke	6 cm	7,- DM/m^2	0,5 DM/m^2	9,- DM/m^2

Eine nachträgliche Dämmung von zweischaligem Luftschichtmauerwerk wird mit 8,- DM/m^2 gefördert, sofern eine vollflächige Dämmwirkung erreicht werden kann.

Eine Erneuerung von Fenstern wird mit 25,- DM/m^2 gefördert, sofern eine Halbierung der gesetzlich für neue Fenster vorgeschriebenen Dämmwerte erreicht wird.

Kumulation: Stehen Fördermittel aus anderen Förderprogrammen zur Verfügung, sind diese vorrangig zu nutzen. Eine Kumulierung mit anderen Fördermitteln bis zu einer Gesamtförderhöhe von 50% der tatsächlichen Kosten ist zulässig.

Besondere Hinweise: Voraussetzung für eine Bezuschussung ist, daß zuvor im Rahmen einer qualifizierten und produktneutralen Energieberatung der Nutzen von geplanten Wärmedämmungsmaßnahmen ermittelt wird.

Informationsmaterial: Keine Angabe.

Informations- und Antragstelle(n):

Stadt Detmold
- Energiebeauftragter -
Postfach 27 61
Marktplatz 5
D-32754 Detmold
Tel.: 05231/977-640
Fax: 05231/977-799

Antragstellung: Mit Antragsformular an den Energiebeauftragten der Stadt Detmold.

Grundlage der Förderung: Detmolder Förderprogramm für nachträgliche Wärmedämmung bestehender Gebäude (Stand: 04.05.1993).

Detmold, Stadt (Nordrhein-Westfalen)

Erneuerbare Energiequellen/Regenwassernutzung

Für: Eigentümer von Gebäuden oder Grundstücken in Detmold.

Förderung:

1. Bau von Anlagen zur Nutzung regenerativer Energien:
- Solarkollektoranlagen zur Brauch- und Badewassererwärmung;
- Photovoltaikanlagen zur Stromerzeugung;
- Windenergieanlagen;
- Wasserkraftanlagen;
- Biogasanlagen.
- Weitere Anlagen zur Nutzung regenerativer Energien im Einzelfall.

Solaranlagen mit nicht-evakuierten Kollektoren erhalten einen Zuschuß von 360,- DM/m^2, Anlagen mit evakuierten Kollektoren 640,- DM/m^2.

Die Förderung für alle anderen Anlagen erfolgt in Form einer Anteilsfinanzierung. Der Zuschuß beträgt 20% der förderfähigen Kosten.

2. Der Bau von Anlagen zur Nutzung von Regenwasser als Brauchwasser. Als solche gelten insbesondere Anlagen zur Regenwassernutzung für die Toilettenspülung. Weitere Regenwassernutzungs-Anlagen können im Einzelfall mit Zustimmung des Umweltausschusses gefördert werden.

Zuschuß bis zu 25% der förderfähigen Kosten, i.d.R. max. 2.500,- DM.

Kumulation: Bis zu einer Höchstgrenze von 50% erlaubt, Fördermittel der Länder oder des Bundes sind vorrangig zu nutzen.

Besondere Hinweise: Die Antragsteller müssen damit einverstanden sein, daß ihre Anlage öffentlich bekannt gemacht wird und nach Fertigstellung auch zumindest einmal von einer organisierten Besuchergruppe besichtigt werden kann.

Informations- und Antragstelle(n):

Stadt Detmold
- Energiebeauftragter -
Postfach 27 61
Marktplatz 5
D-32754 Detmold

Antragstellung: Formular; Maßnahmebeginn nicht vor Antragseingang.

Grundlage der Förderung: Detmolder Förderprogramm für regenerative Energien. Detmolder Förderprogramm für Regenwassernutzungs-Anlagen.

Duisburg, Stadt (Nordrhein-Westfalen)

Wärmedämmung

Für: Private Haus- und Wohnungseigentümer oder deren Verfügungsberechtigte.

Förderung:

1. Beseitigung emissionsträchtiger Heizungsanlagen durch
   - die Vermeidung von Einzelfeuerstellen (Kohleöfen) zugunsten leitungsgebundener Brennstoffanlagen,
   - die wesentliche Verminderung des Energieverlustes und des Energieverbrauchs durch Umstellung vorhandener Heizquellen (Feuerstellen/Sonstiges) zugunsten moderner Anlagen (z.B. Verringerung der Nennwärme-Leistung von mehr als 20%).
2. Einbau von (isolierverglasten) Fenstern.
3. Wärmedämmung an Fassaden, Giebeln und Dächern.

Zuschuß bis zu 60% für bauliche Maßnahmen mit einem Kostenvolumen von mindestens 1.000,- DM.

Kumulation: Zulässig.

Besondere Hinweise: Schwerpunktbereich dieser Fördermaßnahmen ist der Duisburger Norden mit dem Stadtbezirk Hamborn und den Randbereichen der angrenzenden Stadtbezirke Walsum und Meiderich.

Informationsmaterial: Keine Angabe.

Informations- und Antragstelle(n):

Stadt Duisburg
Amt für Wohnungwesen
Oberstraße 5 u. 9
D-47049 Duisburg
Tel.: 0203/9299-245

Antragstellung: Beim Amt für Wohnungswesen.

Grundlage der Förderung: Richtlinien "Umwelt-Entlastungs-Fonds Hausbrand" vom 20.07.1992 auf der Grundlage des Stadtratsbeschlusses "Duisburg 2000: Umwelt-Entlastungs-Konzept für den Duisburger Norden" vom 04.11.1991.

Frankfurt am Main, Stadt (Hessen)

Einspeisevergütung für Strom aus Kraft-Wärme-Kopplung/Sonnenenergienutzung

Für: Private; Unternehmen (bei 1.).

Förderung:

1. Die Vergütung für Strom aus Kraft-Wärme-Kopplungsanlagen beträgt mindestens 75% des Durchschnittserlöses je Kilowattstunde aus der Stromabgabe von sämtlichen Elektrizitätsversorgungsunternehmen im Bundesgebiet an alle Letztverbraucher gemäß § 3 des Gesetzes über die Einspeisung von Strom aus erneuerbaren Energien in das öffentliche Netz. (1993: 13,81 Pf/kWh$_{el}$).

2. Zuschuß von 10% (bis zu 1.000,- DM bzw. 500.,- DM pro Wohneinheit) für Thermische Solaranlagen ergänzend zum Zuschuß des Landes Hessen von 30%.

3. Photovoltaikanlagen bis 100 Watt in Kleingartenanlagen. Zuschuß von 60% für eine Photovoltaik-Anlage und 30% für sparsame Anwendungstechnik (z.B. Kühlschrank, Wechselrichter, Sparlampen), max. 2.000,- DM.

Kumulation: Keine Angabe.

Besondere Hinweise: Keine Angabe.

Informationsmaterial: Keine Angabe.

Informations- und Antragstelle(n):

Stadt Frankfurt am Main
Stadtverwaltung
Amt 79/A Energiereferat
D-60486 Frankfurt am Main
Tel.: 069/212-39197 (für 1.)
      -39439 (für 2. u. 3.)

Antragstellung: Keine Angabe.

Grundlage der Förderung: Einspeisevergütung für Strom aus Kraft-Wärme-Kopplung (KWK), Beschluß der Stadtverordnetenversammlung der Stadt Frankfurt am Main, § 10828 vom 17.09.1992.

Freising, Stadt (Bayern)
Erneuerbare Energiequellen

Für: Private.

Förderung:
- Thermische Solaranlagen: Zuschuß von 10%, max. 2.000,- DM;
- Nicht elektrisch betriebene Wärmepumpen: Zuschuß 10,- DM/m^2 Wohnfläche, max. 1.500,- DM;
- Windkraftanlagen: Zuschuß 100,- DM je 100 W installierte Leistung, max. 1.500,- DM (Voraussetzung: eine windreiche Lage muß nachgewiesen werden);
- Biogasanlagen (für Landwirte mit Großtierhaltung): Zuschuß 10% des Anlagenpreises, max. 10.000,- DM;
- Netzgekoppelte Solargeneratoranlagen (Photovoltaik): Zuschuß 500,- DM je 100 W_p installierte Leistung, max. 4.000,- DM.

Für die Einspeisung von Solarstrom ins öffentliche Netz hat der Stadtrat von Freising am 08.07.1993 die Einführung der kostendeckenden Vergütung auf 10 Jahre beschlossen.

Kumulation: Keine Angabe.

Besondere Hinweise: Laufzeit ab 17.06.1991.

Informationsmaterial: Keine Angabe.

Informations- und Antragstelle(n):

Stadt Freising
Postfach 18 43
Obere Hauptstraße 2
D-85318 Freising
Tel.: 08161/54-215

Antragstellung: Keine Angabe.

Grundlage der Förderung: Förderprogramm der Stadt Freising zur Unterstützung regenerativer Energien vom 17.06.1991.

Greven, Stadt (Nordrhein-Westfalen)

Nutzung von Solarenergie

Für: Natürliche und juristische Personen.

Förderung: Anlagen zur thermischen Nutzung der Sonnenenergie.

Zuschuß von 400,- DM/m^2 für Röhrenkollektoranlagen bzw. 225,- DM für Flachkollektoranlagen.

Weitere Arten von Anlagen zur Nutzung regenerativer Energien können im Einzelfall mit Zustimmung des Planungs- und Umweltausschusses gefördert werden.

Kumulation: Kumulation bis zur Förderhöchstgrenze von 50% zulässig.

Besondere Hinweise: Stehen Fördermittel aus anderen Förderprogrammen des Landes oder des Bundes zur Verfügung, so sind diese vorrangig zu nutzen.

Informationsmaterial: Keine Angabe.

Informations- und Antragstelle(n):

Stadt Greven
Umweltamt
Postfach 16 64
Rathausstraße 6
D-48255 Greven
Tel.: 02571/14-319, -309
Fax: 02571/14-320

Antragstellung: Antragsformular.

Grundlage der Förderung: Richtlinien der Stadt Greven über die Gewährung von Zuschüssen für den Bau von Anlagen zur Nutzung von Solarenergie vom 04.11.1992.

Gronau, Stadt (Nordrhein-Westfalen)

Niedrig-Energie-Häuser/Erneuerbare Energiequellen

Für: Private; Unternehmen (nur 1); Öffentliche Antragsteller (nur 1); Haus-/Wohnungseigentümer.

Förderung:

1. Niedrig-Energie-Häuser: Errichtung von Niedrig-Energie-Häusern mit mindestens 80 m² beheizter Nutzfläche. Zuschuß pauschal 10.000,- DM.

2. Erneuerbare Energiequellen:
- Solarthermische Anlagen, Zuschuß bei Anlagen mit nichtevakuierten Kollektoren 360,- DM/m², bei Anlagen mit evakuierten Kollektoren 640,- DM/m² Kollektorfläche;
- Photovoltaische Anlagen (Mindestleistung 40 Watt) Zuschuß 2,- DM/Watt installierte Leistung;
- Andere Anlagen zur Nutzung erneuerbarer Energiequellen (Windenergieanlagen, Wasserkraftanlagen, Biogasanlagen), Zuschuß 20% der förderfähigen Kosten.

Kumulation: Bis max. 50% (bei Niedrig-Energie-Häusern bis zu max. 20.000,- DM) zulässig; Fördermittel aus Förderprogrammen des Bundes oder des Landes sind vorrangig zu nutzen.

Besondere Hinweise: Die Antragsteller müssen sich einverstanden erklären, daß die Daten und Kosten der Anlage öffentlich bekannt gemacht werden und daß die fertige Anlage mindestens ein Mal von einer organisierten Besuchergruppe besichtigt werden kann. Die Anlage zur Nutzung erneuerbarer Energiequellen muß mindestens fünf Jahre in Betrieb bleiben. Das Niedrig-Energie-Haus muß einem Standard genügen, der den Richtlinien zu entnehmen ist.

Informationsmaterial: Keine Angabe.

Informations- und Antragstelle(n):

Stadt Gronau
Postfach 18 48
D-48596 Gronau
Tel.: 02562/12-285

Antragstellung: Formular.

Grundlage der Förderung: Förderprogramm für regenerative Energien der Stadt Gronau. Förderprogramm für Niedrigenergie-Häuser der Stadt Gronau.

Guxhagen, Gemeinde (Hessen)

Nutzung regenerativer Energien

Für: Eigentümer.

Förderung: Es werden nur Projekte gefördert, deren Gesamtkosten mindestens 5.000,- DM betragen.

- Energieberatung bis zu 50% der Kosten, max. 500,- DM, zu energie- und kostensparenden Maßnahmen im Wohnbereich nach Maßgabe der Richtlinien des Hessischen Ministeriums für Wirtschaft und Technik für die Förderung von Programmen zur Energieberatung.
- Solaranlagen (Kollektorflächen) bis zu 20% der Kosten, max. 2.000,- DM je versorgtem Gebäude.
- Photovoltaische Anlagen bis zu 25% der Kosten, max. 2.000,- DM je versorgtem Gebäude.
- Wasser-, Wind-, Kraft-Wärme-Kopplungs-Anlagen bis zu 20% der Kosten, max. 2.000,- DM je versorgtem Gebäude.
- Elektro-PKWs mit 300,- DM/kW, max. 3.000,- DM. Unabhängig von der kommunalen Förderung sieht das bereits verabschiedete Steueränderungsgesetz 1992 vor, daß Elektrofahrzeuge für die Dauer von fünf Jahren von der KfZ-Steuer befreit werden. Bisher galt diese Regelung nur für Fahrzeuge, die vor dem 01.08.1991 zugelassen wurden.
- Biogasanlagen und besondere Biomassenutzung bis 100,- DM/kW, max. 1.000,- DM je versorgtem Gebäude.

Kumulation: Kombination mit anderen Förderprogrammen bis zu einer Gesamtförderung von max. 60% zulässig.

Besondere Hinweise: Keine Angabe.

Informationsmaterial: Keine Angabe.

Informations- und Antragstelle(n):

Gemeinde Guxhagen
Haupt- und Finanzabteilung
D-34302 Guxhagen

Antragstellung: Formlos; vor Beginn der Maßnahme.

Grundlage der Förderung: Förderprogramm der Gemeinde Guxhagen zur Nutzung regenerativer Energien vom 01.01.1991.

Hamm, Stadt (Nordrhein-Westfalen)

Erneuerbare Energiequellen

Für: Eigentümer von Gebäuden oder Grundstücken, auf denen die Anlage errichtet werden soll, mit Ausnahme von Gewerbebetrieben, die Anlagen zur Erzeugung erneuerbarer Energien vertreiben.

Förderung:
- Solarkollektoren zur Brauch- oder Badewassererwärmung aus Sonnenenergie;
- Photovoltaikanlagen zur Stromerzeugung aus Sonnenenergie;
- Windkraftanlagen;
- Wasserkraftanlagen;
- Biogasanlagen;
- Biomasseanlagen;
- Erdwärmeanlagen.

Weitere Anlagen zur Nutzung regenerativer Energien können im Einzelfall mit Zustimmung des Bauausschusses und des Umweltausschusses genehmigt werden.

Die Förderung in Form von Zuschüssen beträgt max. 20% der förderfähigen Kosten.

Kumulation: Bis zur Förderhöchstgrenze von 50% der förderfähigen Kosten zulässig.

Besondere Hinweise: Fördermittel aus anderen Förderprogrammen des Landes oder des Bundes sind vorrangig zu nutzen.

Informationsmaterial: Keine Angabe.

Informations- und Antragstelle(n):

Stadt Hamm
Hochbauamt
Postfach 24 49
Alter Grenzweg 2
D-59061 Hamm
Tel.: 02381/8 97 61
Fax: 02381/8 61 67

Antragstellung: Schriftlich an das Hochbauamt der Stadt Hamm.

Grundlage der Förderung: Hammer Förderprogramm für die Nutzung regenerativer Energien (Stand: Oktober 1993).

Krefeld, Stadt (Nordrhein-Westfalen)
Solaranlagen

Für: Bürger der Stadt Krefeld; Eigentümer von Häusern in Krefeld.

Förderung: Anlagen zur aktiven thermischen Nutzung der Sonnenenergie (Raumheizung, Warmwasserbereitung).

Zuschuß von 25% der zuschußfähigen Kosten.

Ein Änderungsentwurf für diese Richtlinie sieht künftig eine Zuschußpauschale von 450,- DM/m^2 für Flachkollektoren bzw. 800,- DM/m^2 für Vakuumkollektoren vor. Dies entspricht in etwa 25% der durchschnittlichen Anlagenkosten.

Kumulation: Parallele Förderung durch das NRW-Programm Rationelle Energieverwendung und Nutzung unerschöpflicher Energiequellen möglich.

Besondere Hinweise: Die Förderung durch die Stadt Krefeld ist innerhalb von fünf Jahren auf max. 15.000,- DM pro Antragsteller beschränkt. Da die Förderung der Stadt Krefeld parallel durch das NRW-Programm Rationelle Energieverwendung und Nutzung unerschöpflicher Energiequellen abgedeckt ist, gilt der Antrag an das Landesoberbergamt gleichzeitig auch für das Förderprogramm der Stadt Krefeld.

Zwar ist das Programm noch in Kraft, doch ist der Etat erschöpft. Eine Neustrukturierung der städtischen Förderung zusammen mit der Förderung durch das EVU wird erwogen, ist aber noch nicht entschieden.

Informationsmaterial: Keine Angabe.

Informations- und Antragstelle(n):

Umweltamt der Stadt Krefeld
Steckendorfer Straße 17-19
D-47799 Krefeld
Tel.: 02151/86-3177

Antragstellung: Kopie des Antrags an das Landesoberbergamt.

Grundlage der Förderung: Richtlinien zur Förderung von Solaranlagen in Krefeld vom 02.05.1991 sowie Änderungsentwurf vom 30.09.1991.

Leipzig, Stadt (Sachsen)

Energiediagnosen für Gebäude/Energiesparende und umweltentlastende Heizungsanlagen

Für: Private Eigentümer; Gebäudenutzer.

Förderung:

1. Energiediagnosen für Gebäude, die überwiegend zu Wohn-, Verwaltungs- und Dienstleistungszwecken genutzt werden. Die Energiediagnose muß von dafür qualifizierten Fachleuten erstellt werden und einem bestimmten Anforderungskatalog genügen.

Zuschuß 50-90% der Beratungskosten in Abhängigkeit vom Objekttyp und der Wohn- bzw. Nutzfläche.

2. Energiesparende und umweltentlastende Heizungsanlagen. Gefördert wird die Errichtung von

- witterungsgeführten Heizungsanlagen mit Brennwertgeräten zur Raumbeheizung (auch gekoppelt mit Brauchwassererwärmung);
- Solaranlagen zur Brauchwassererwärmung mit/ohne Heizungseinbindung;
- Fern- und Nahwärmeheizungen mit oder ohne Brauchwassererwärmung;
- Blockheizkraftwerksanlagen, in deren Versorgungsbereich vorrangig Wohnungen eingebunden sind.

Zuschuß von 20% der Investitionssumme, max. 3.600,- DM, für Fern- und Nahwärmeheizungen max. 2.800,- DM pro anerkannter abgeschlossener Wohneinheit von mindestens 35 m² Wohnfläche.

Kumulation: Nicht zulässig.

Besondere Hinweise: Keine Angabe.

Informations- und Antragstelle(n):

Stadt Leipzig
Dezernat Umweltschutz und Sport
Referat Energie
Postfach 10 07 80
D-04007 Leipzig
Tel.: 0341/123-6078, -6014

Antragstellung: Antragsformular.

Grundlage der Förderung: Förderprogramm der Stadt Leipzig zur Reduzierung der Luftverschmutzung vom 05.07.1993. Teil A: Energiesparende und umweltlastende Heizungsanlagen, Teil B: Energiediagnose.

Melsungen, Stadt (Hessen)

Alternative Energien/Wasserschutzmaßnahmen

Für: Private; Eigentümer.

Förderung:

1. Unabhängige und öffentlich anerkannte Energieberatung für energie- und kostensparende Maßnahmen im Wohnbereich nach Maßgabe des Hessischen Ministeriums für Wirtschaft und Technik für die Förderung von Programmen zur Energieeinsparung: Zuschuß bis zu 50% der Kosten, max. 500,- DM.

2. Zuschuß von 20%, max. 2.000,- DM/Gebäude für Thermische Solaranlagen.

3. Sonstige umweltschonende Stromerzeugungsanlagen (Wasserkraft, Windkraft, Kraft-Wärme-Kopplung): Zuschuß bis zu 20% der Kosten, max. 2.000,- DM/Gebäude.

4. Elektro-PKWs: Zuschuß von 300,- DM/kWh, max. 3.000,- DM.

5. Biogasanlagen und besondere Biomassenutzung: Zuschuß bis 100,- DM/kW, max. 1.000,- DM/Gebäude.

6. Regenwassernutzungsanlagen für Toilettenspülung oder Gartenbewässerung: Zuschuß von 200,- DM je Anlage.

7. Regenwassersammelanlagen: Zuschuß von 30,- DM/m^2 Dachfläche, max. 1.000,- DM.

Kumulation: Zulässig bis 60% Gesamtförderung.

Besondere Hinweise: Laufzeit bis 31.12.1994

Informationsmaterial: Keine Angabe.

Informations- und Antragstelle(n):

Magistrat der Stadt Melsungen
D-34212 Melsungen
Tel.: 05661/780

Antragstellung: Formlos.

Grundlage der Förderung: Programm des Magistrats der Stadt Melsungen für die Förderung alternativer Energien und Wassernutzungsmaßnahmen vom 01.07.1991.

München, Stadt (Bayern)

Energieeinsparung im Wohnungsbereich

Für: Eigentümer.

Förderung:

1. Heizungstechnische Maßnahmen

- Einbau oder Ersatz von regel- und steuerungstechnischen Einrichtungen, die über die gesetzlich geforderten Maßnahmen hinausgehen. Mindestenergieeinsparung 10%. Zuschuß von 15% der förderfähigen Kosten.
- Einbau von Brennwertkesseln in Neubauten, als Ersatz von Einzelheizungen und von mindestens 12 Jahre alten Heizkesseln. Der Einbau von Gas-Brennwertkesseln wird nur gefördert, wenn die Umstellung auf Fernwärme, der von Öl-Brennwertkesseln nur, wenn die Umstellung auf Gas nicht möglich ist.

Förderhöhe in Abhängigkeit von der installierten Kesselgröße (Nennwärmebelastung in kW) 2.500-10.000,- DM (für Neubauten von 1.000-6.000,- DM)

- Kraft-Wärme-Kopplung: Gasmotorisch betriebene Blockheizkraftwerke. Zuschuß bis zu 30%, max. 60.000,- DM pro Maßnahme.

2. Wärmedämmung an Wohngebäuden (nur Altbauten)

- Außenwände und Fenster: Zuschuß von 4.000,- DM/Wohneinheit, ab vier Wohneinheiten bzw. für Reihenhäuser max. 25,- DM pro m² Außenwand;
- Dachflächen: Bei Flachdächern und Dachgeschoßböden 5,- DM/m², bei bereits ausgebautem Dachgeschoß für die Innendämmung 7,- DM/m² und für die Außendämmung 10,- DM/m² (max. 80 m² pro Wohneinheit).

3. Niedrigenergiehäuser Zuschuß bis zu 12.000,- DM pro Einfamilienhaus bzw. 5.000,- DM pro Wohneinheit bei Mehrfamilienhäusern.

Kumulation: Nicht zulässig.

Besondere Hinweise: Keine Angabe.

Informations- und Antragstelle(n):

Stadtwerke München
Energiesparberatung
Kapellenweg 4-6
D-81371 München
Tel.: 089/2361-4444

Referat für Stadtplanung und Bauordnung
Blumenstraße 31
D-80331 München
Tel.: 089/233-8784

Antragstellung: Formular; Maßnahmebeginn nicht vor Bewilligung.

Grundlage der Förderung: Richtlinien für das Förderprogramm "Energieeinsparung" der Landeshauptstadt München vom 01.07.1993.

Radolfzell, Stadt (Baden-Württemberg)

Erneuerbare Energiequellen/Niedrig-Energie-Häuser

Für: Private.

Förderung:

1. Radolfzeller Förderprogramm für regenerative Energien

Zuschuß bis zu 50% für:

- Solarkollektoranlagen zur Brauch- oder Badewassererwärmung aus Sonnenenergie, bei zuschußfähigen Höchstkosten von 15.000,- DM;
- Photovoltaikanlagen zur Stromerzeugung aus Sonnenenergie, bei zuschußfähigen Höchstkosten von 50.000,- DM.

2. Radolfzeller Förderprogramm für Niedrigenergie-Häuser

Die Stadt Radolfzell fördert die Mehrkosten für den Neubau von Niedrig-Energie-Häusern, die einem in der Richtlinie definierten Niedrig-Energie-Haus-Standard genügen müssen.

Zuschuß von 50%, max. 10.000,- DM für mindestens 80 m^2 beheizte Nutzfläche.

Kumulation: Beim Programm "Regenerative Energien" darf die gesamte öffentliche Förderung 50% nicht überschreiten. Fördermittel aus anderen Programmen des Landes oder des Bundes sind vorrangig zu nutzen. Beim Programm "Niedrig-Energie-Haus" darf die gesamte öffentliche Förderung 20.000,- DM nicht überschreiten.

Besondere Hinweise: Keine Angabe.

Informationsmaterial: Keine Angabe.

Informations- und Antragstelle(n):

Stadt Radolfzell am Bodensee
Umweltamt
Obertorstraße 10
D-78315 Radolfzell
Tel.: 07732/81-394

Antragstellung: Formular.

Grundlage der Förderung: 1. Radolfzeller Programm für regenerative Energien vom 01.04.1993. 2. Radolfzeller Programm für Niedrigenergie-Häuser vom 01.04.1993.

Saarbrücken, Stadt/Saarbrücker Stadtwerke (Saarland)

Energie- und Wassersparen/1.000 kW Sonnenstrom von Saarbrücker Dächern

Für: Private.

Förderung:

1. Energie- und Wassersparen:
   - Heizungsumstellung auf Fern- oder Gaswärme; Modernisierung von Gasheizungen: Prämien von 400,- bis 2.000,- DM;
   - Energie- und wassersparende Investitionen: Zinsverbilligte Darlehen bis zu 20.000,- DM (3 Jahre fest, bis 20 Jahre Laufzeit);
   - Leasing-Finanzierung für Heizungsanlagen/Gas- oder Fernwärme.

2. 1000 kW Sonnenstrom von Saarbrücker Dächern:
   - Abnahme von Strom aus Photovoltaik-Anlagen zum Preis von 0,25DM/kWh; kostenlose Unterstützung bei Planung, Beschaffung, Bau und Inbetriebnahme einschließlich Weitergabe von Rabatten aus Sammelbestellungen.
   - Darlehen zinsverbilligt bis 20.000,- DM.

Kumulation: Zusätzliche Förderung nach dem saarländischen Markteinführungsprogramm erneuerbare Energien möglich.

Besondere Hinweise: Keine Angabe.

Informationsmaterial: Broschüren "Das Saarbrücker Mitmach-Programm" und "1.000 kW Sonnenstrom von Saarbrücker Dächern"; Die Saarbrücker Mitmach-Schecks (Gutscheine für Info-Broschüren zu Einzelthemen).

Informations- und Antragstelle(n):

INFO-CENTER E
Gerberstraße 3
D-66111 Saarbrücken
Tel.: 0681/3 90 51 55

Antragstellung: Keine Angabe.

Grundlage der Förderung: Saarbrücker Mitmach-Programm vom April 1992.

Solingen, Stadt (Nordrhein-Westfalen)

Rationelle Energieverwendung/Erneuerbare Energiequellen

Für: Natürliche und juristische Personen als Eigentümer von Gebäuden und Wohnungen.

Förderung:

1. Nutzung erneuerbarer Energiequellen

- Solaranlagen zur Brauchwassererwärmung: Zuschuß bis 300,- DM/m² Kollektorfläche bei nicht evakuierten Kollektoren bzw. 600,- DM/m² Kollektorfläche bei evakuierten Kollektoren;
- Photovoltaikanlagen mit einer Mindestleistung von 80 Watt: Zuschuß von 2,- DM/Watt;
- Andere Anlagen zur Nutzung erneuerbarer Energiequellen werden nach Einzelfallentscheid bezuschußt.

2. Nachträgliche Wärmedämmung: Zuschuß zwischen 5,- DM/m² und 18,- DM/m², je nach Dämmbereich und Dämmstoffdicke.

3. Wärmedämmung an Neubauten: Diese Förderung entfällt bei Inkrafttreten einer neuen Wärmeschutzverordnung.

4. Niedrigenergiehäuser: In Solingen werden pro Jahr max. fünf Niedrigenergiehäuser mit je 8.000,- DM für ein freistehendes Einfamilienhaus bezuschußt (für andere Gebäudearten wird der Zuschuß im Einzelfall festgelegt).

Kumulation: Stehen Fördermittel aus anderen Förderprogrammen zur Verfügung, so sind diese vorrangig zu nutzen. Eine Kumulation von Fördermitteln ist bis zum Förderhöchstsatz von 50% (bei Photovoltaikanlagen 80%) zulässig.

Besondere Hinweise: Keine Angabe.

Informationsmaterial: Keine Angabe.

Informations- und Antragstelle(n):

Stadtverwaltung Solingen
Amt für Umweltschutz
Postfach 10 01 65
D-42648 Solingen
Tel.: 0212/290-4454

Antragstellung: Schriftlich jeweils bis zum 31. Oktober eines Jahres (für 1993 bis zum 31. Dezember) an das Amt für Umweltschutz.

Grundlage der Förderung: Förderprogramm für Maßnahmen zur rationellen Energieverwendung und Nutzung regenerativer Energiequellen der Stadt Solingen vom Juni 1993.

Sundern, Stadt (Nordrhein-Westfalen)

Rationelle Energieverwendung/Erneuerbare Energiequellen

Für: Natürliche und juristische Personen als Eigentümer von Gebäuden und Wohnungen; Mieter von Wohnungen mit schriftlicher Zustimmung des Eigentümers.

Förderung: Vorhaben, die möglichst effizient zu Energieeinsparungen führen.

- Niedrigenergiehäuser, die einem den Richtlinien beigefügten detaillierten Niedrighausstandard genügen: Zuschuß bis zu 10.000,- DM;
- Wärmedämmung an bestehenden Gebäuden: Zuschuß in Abhängigkeit von der Dämmart und m² Dämmfläche;
- Solare Brauchwassererwärmung: Zuschuß von 360,- DM/m² Kollektorfläche bei Flachkollektoren bzw. 640,- DM/m² bei Vakuumkollektoren;
- Biogasanlagen: Zuschuß von 0,05 DM pro genutzter kW/h für die ersten fünf Betriebsjahre.

Die Bagatellgrenze für jede Maßnahme beträgt 1.000,- DM. Maximale Förderung 5.000,- DM (bei Niedrig-Energie-Häusern 10.000,- DM) je Gebäude und Jahr.

Kumulation: Eventuelle Fördermittel aus anderen Förderprogrammen des Landes, des Bundes oder der EG sind vorrangig zu nutzen. Die Höhe der gesamten öffentlichen Förderung darf 50% der für die energieeinsparenden erforderlichen Investitionsmehrkosten nicht überschreiten.

Besondere Hinweise: Keine Angabe.

Informationsmaterial: Keine Angabe.

Informations- und Antragstelle(n):

Amt für Umweltschutz und
Bauverwaltung der Stadt Sundern
Postfach 14 80
Mescheder Straße 20
D-59844 Sundern
Tel.: 02933/81-209
Fax: 02933/81-111

Antragstellung: Formlos oder mit Antragsformular, zusammen mit prüffähigen Unterlagen (Angebotsunterlagen, Baupläne, etc.), möglichst bis zum 15. November des Vorjahres an oben genannte Adresse; später eingehende Anträge werden nachrangig berücksichtigt.

Grundlage der Förderung: Richtlinien über die Gewährung von Zuschüssen für Maßnahmen zur rationellen Energieverwendung und Nutzung unerschöpflicher (regenerativer) Energiequellen in der Stadt Sundern (Sauerland) vom 29.10.1991, veröffentlicht im Mitteilungsblatt der Stadt Sundern am 13.11.1991, in der geänderten Fassung vom 22.04.1993.

Ulm, Stadt (Bayern)

Erneuerbare Energiequellen/Rationelle Energieverwendung

Für: Natürliche und juristische Personen des privaten Rechts als Eigentümer.

Förderung:

1. Energiediagnose: Zuschuß von 350,- DM für Ein- und Zweifamilienhäuser (EFH/ZFH) bzw. 140,- DM/Wohneinheit für Mehrfamilienhäuser (MFH). Auf der Grundlage der Energiediagnose erfolgt eine kostenlose Energieberatung vor Ort durch die Stadtwerke Ulm;

2. Energieeinsparung im Wohnungsbestand:
- Fenster: Zuschuß von bis zu 70% der Mehrkosten von Isolierverglasung zu Wärmeschutzverglasung;
- Außenwand- und Dachisolierung: in Abhängigkeit vom Wärmedurchgangskoeffizienten maximale Zuschüsse zwischen 1.000,- und 5.000,- DM;
- Reduzierung des Heizenergiebedarfs bei Neubauten über geltende Vorschriften hinaus (Niedrig-Energie-Haus), Zuschuß von bis zu 10.000,- für EFH/ZFH bzw. 2.000,- DM/Wohneinheit für MFH;
- Zuschuß für Brennwertkessel bis zu 40 kW 2.000,- DM, über 40 kW 25% der Differenzkosten zu einem konventionellen Heizkessel;
- Einbau einer kontrollierten Wohnungsbelüftung: Zuschuß bis zu 25%, max. 2.000,- DM bei EFH/ZFH bzw. 500,- DM/Wohneinheit bei MFH;

3. Erneuerbare Energiequellen:
- Thermische Solaranlagen: Zuschuß bis zu 40%, max. 4.000,- DM bei EFH/ZFH bzw. 2.000,- DM/Wohneinheit bei MFH;
- Photovoltaikanlagen: Zuschuß bis zu 20% der förderfähigen Kosten des Aufwandes, max. 4.000,- DM/kW;
- Demonstrationsanlagen: Zuschuß in Abhängigkeit vom Einzelfall.

Kumulation: Landeszuschüsse können auf die Förderung angerechnet werden.

Besondere Hinweise: Keine Angabe.

Informations- und Antragstelle(n):

Stadtverwaltung Ulm
D-89070 Ulm
Tel.: 0731/161-6084

Antragstellung: Keine Angabe.

Grundlage der Förderung: Förderrichtlinien der Stadt Ulm zur rationellen Energieanwendung und zum Einsatz erneuerbarer Energien (Stand: Februar 1992).

Uttenreuth, Verwaltungsgem. (Bayern) (Buckenhof/Spardorf/Uttenreuth)

Nutzung regenerativer Energiequellen

Für: Natürliche und juristische Personen des privaten Rechts (Eigentümer; Mieter mit Zustimmung des Vermieters).

Förderung:

1. Die Gemeinde Buckenhof gewährt einen Zuschuß von 30% der förderfähigen Kosten für photovoltaische Anlagen zur Stromerzeugung (einschließlich Batterien mit einer Speicherkapazität von mindestens 5 kW), max. 5.000,- DM sowie für Sonnenkollektoranlagen zur Gebäudebeheizung oder Brauchwassererwärmung, max. 3.000,- DM.

2. Die Gemeinde Uttenreuth fördert Photovoltaikanlagen zur Stromerzeugung, einschließlich Batterien mit einer Speicherkapazität von mindestens 5 kWh sowie Sonnenkollektoren zur Gebäudebeheizung oder Brauchwassererwärmung. Zuschuß von 30% der zuschußfähigen Kosten, max. 5.000,- DM bei photovoltaischen Anlagen bzw. 3.000,- DM bei Sonnenkollektoranlagen.

3. Die Gemeinde Spardorf fördert zu den gleichen Konditionen wie die Gemeinde Buckenhof photovoltaische und thermische Solaranlagen.

Kumulation: Nicht zulässig.

Besondere Hinweise: Umlegung der durch die Zuschüsse abgedeckten Kosten auf die Mieten nicht zulässig.

Informationsmaterial: Keine Angabe.

Informations- und Antragstelle(n):

Verwaltungsgemeinschaft Uttenreuth
Hauptverwaltung
Erlanger Straße 40
D-91080 Uttenreuth
Tel.: 09131/5069-23

Antragstellung: Formular; Maßnahmebeginn nicht vor Bewilligung.

Grundlage der Förderung: Richtlinien der Gemeinde Uttenreuth zur Gewährung von Zuschüssen zur Nutzung regenerativer Energiequellen vom 01.05.1991; Richtlinien der Gemeinde Buckenhof zur Gewährung von Zuschüssen zur Nutzung regenerativer Energiequellen vom 01.07.1991; Richtlinien der Gemeinde Spardorf zur Gewährung von Zuschüssen zur Nutzung regenerativer Energiequellen vom 01.06.1991.

Vogelsbergkreis (Hessen)

Investitionsprogramm Energieeinsparung

Für: Private; Natürliche Personen.

Förderung:

1. Verbesserung der Gebäudewärmedämmung: Festbeträge, je nach Maßnahme zwischen 1,50 DM und 60,- DM pro m² Dämmfläche.

2. Wärmeerzeuger für Heizung und Warmwasser:
- Umstellung des Wärmeerzeugers auf einen emissionsärmeren Energieträger: Zuschuß pauschal 500,- DM;
- Austausch von Einzelofenheizungen durch Einbau einer Warmwasser-Niedertemperaturheizung: Zuschuß 20%, max. 4.000,- DM;
- Einbau von Brennwertgeräten für Niedertemperaturheizbetrieb bei Energieträger Gas: Zuschuß pauschal 500,- DM;
- Austausch des Heizkessels durch Einbau eines Niedertemperaturkessels oder Vergleichbarem: Zuschuß pauschal 500,- DM.

3. Regenerative Energienutzung:
- Nutzung thermischer Solarenergie: Zuschuß 1.000,- DM;
- Photovoltaik: Zuschuß 1.000,- DM;
- Biogas, Erdwärme, Wind-, Wasserkraft: Zuschuß 10% der Investitionskosten, max. 1.000,- DM.

Kumulation: Zulässig; Förderung aus anderen Programmen wird entsprechend angerechnet.

Besondere Hinweise: Keine Angabe.

Informationsmaterial: Keine Angabe.

Informations- und Antragstelle(n):

Kreisausschuß Vogelsbergkreis
Abteilung Arbeit und Umwelt
Sachgebiet Energie
Goldheg 20
D-36341 Lauterbach
Tel.: 06641/85-210, -408

Antragstellung: Keine Angabe.

Grundlage der Förderung: Förderrichtlinien zum "Investitionsprogramm Energieeinsparung" des Vogelsbergkreises vom 01.04.1993.

Kommunen

Kurzdarstellung von Programmen in alphabetischer Reihenfolge

Bad Zwesten, Gemeinde (Hessen): Förderung: Zuschuß von 100,- DM/m² Kollektorfläche für thermische Solaranlagen, max. 1.000,- DM/Wohnung. Information: Gemeinde Bad Zwesten, 34596 Bad Zwesten, Tel.: 05626/771.

Bergisch-Gladbach, Stadt (NRW): Regenwassernutzung. Das Programm ist in Vorbereitung, die Förderhöhe ist noch offen (Stand: Oktober 1993). Information: Stadt Bergisch-Gladbach, Postfach 20 09 20, Konrad-Adenauer-Platz 1, D-51439 Bergisch-Gladbach, Tel.: 02202/14-0, -1308, Fax: 02202/142810.

Biebertal, Gemeinde (Hessen): Zuschuß bis 30% für thermische Solaranlagen. Information: Gemeinde Biebertal, Postfach 1220, Mühlbergstraße 9, D-35442 Biebertal, Tel.: 06409/69-0.

Diepholz, Stadt (Nordrhein-Westfalen): Zuschuß bis 20%, max. 3.500,- DM für thermische Solaranlagen; Zuschuß von 100,- DM/kW für Windkraftanlagen; Biogasanlagen, Zuschuß wird im Einzelfall festgelegt. Information: Stadt Diepholz, Bauamt, Postfach 16 20, D-49356 Diepholz, Tel.: 05441/9090.

Dietzenbach, Stadt (Hessen): Zuschuß bis 50% für thermische Solaranlagen. Information: Stadt Dietzenbach, Stadtplanungs- und Hochbauamt, Offenbacher Straße 11, D-63128 Dietzenbach, Tel.: 06074/301-220.

Dreieich, Stadt (Hessen): Zuschuß bis 50% für thermische Solaranlagen. Laut Mitteilung des Umweltamtes Dreieich sind die Fördermittel für 1993 voraussichtlich bereits im Juni/Juli 1993 aufgebraucht sein. Information: Stadt Dreieich, Umweltamt, Hauptstraße 15-17, D-63303 Dreieich, Tel.: 06103/601-352.

Kirtorf, Stadt (Hessen): Zuschuß von 10% der förderungsfähigen Kosten, max. 1.000,- DM für die Errichtung von Solaranlagen zur Brauchwassererwärmung. Es stehen 37.000,- DM aus dem Energiesparprogramm des Landes Hessen zur Verfügung, mit denen 10 Anlagen in Kirtorf gefördert werden sollen. Die Gemeinde und der Kreis steuern zusätzlich jeweils 1.000,- DM pro Anlage bei. Information: Stadt Kirtorf, Magistrat, D-36320 Kirtorf, Tel.: 06635/212.

Langenhagen, Stadt (Niedersachsen): Zuschuß bis zu einem Drittel der förderfähigen Kosten, max. 6.666,- DM für die Nutzung erneuerbarer Energiequellen. Information: Stadt Langenhagen, Marktplatz 1, D-30836 Langenhagen, Tel.: 0511/7307-271.

Lauben (Bayern): Zuschuß von 15%, max. 1.000,- DM für thermische Solaranlagen. Information: Gemeindeverwaltung Lauben, Dorfstraße 2, D-87493 Lauben (Oberallgäu), Tel.: 08374/5822-0.

Markt Wiggensbach (Bayern): Zuschuß von 1.000,- DM für thermische Solaranlagen. Information: Markt Wiggensbach, Marktplatz 3, D-87487 Wiggensbach, Tel.: 08370/1011.

Regensburg, Stadt (Bayern): Sonnenkollektoren : Zuschuß bis zu 30%, in Abhängigkeit vom Einkommen des Antragstellers. Information: Stadt Regensburg, Postfach 11 06 43, Rathausplatz 1, D-93019 Regensburg, Tel.: 0941/507-0.

Schwalm-Eder-Kreis (Hessen): Zuschuß von 5% der förderungsfähigen Kosten für thermische Solaranlagen, max. 500,- DM bei Einfamilienhäusern, 250,- DM/Wohneinheit bei Mehrfamilienhäusern. Information: Kreisausschuß des Schwalm-Eder-Kreises, Amt für Wirtschaftsförderung, Parkstraße 6, D-34576 Homberg (Efze), Tel.: 05681/775-0.

Schwalmtal, Gemeinde (Hessen): Zuschuß von 10%, max. 1.500,- DM für thermische Solaranlagen. Information: Gemeinde Schwalmtal, An der B 254 7, D-36318 Schwalmtal, Tel.: 06638/1275.

Stein, Stadt (Bayern): Thermische Solaranlagen: Zuschuß von 30% der förderungsfähigen Kosten, max. 3000,- DM. Information: Stadt Stein, Bauamt, D-90547 Stein, Tel.: 0911/680144.

Villingen-Schwenningen, Stadt (Baden-Württemberg): Thermische Solaranlagen: Zuschuß bis 25%, max. 2.000,- DM/Anlage; Photovoltaische Anlagen: Zuschuß bis 25%, max. 2.000,- DM/kWh. Information: Stadt Villingen-Schwenningen, Hochbauamt, Postfach 12 60, D-78002 Villingen-Schwenningen, Tel.: 07721/820.

Waltenhofen, Gemeinde (Bayern): Zuschuß von 20%, max. 2.5000,- DM für thermische Solaranlagen. Information: Gemeinde Waltenhofen, Immenstädter Straße 7, D-87448 Waltenhofen, Tel.: 08303/79-24.

Wardenburg, Gemeinde (Niedersachs.): Bau von Regenwassersammelanlagen, Zuschuß 500,- DM/Anlage. Information: Gemeindeverwaltung Wardenburg, Postfach 11 63, Friedrichstraße 16, D-26203 Wardenburg, Tel.: 04407/73-0, Fax: 04407/73100.

Wettenberg, Gemeinde (Baden-Württemberg): Zuschuß von 10%, max. 1.000,- DM für thermische Solaranlagen. Information: Gemeindevorstand Wettenberg, Postfach 1146, D-35435 Wettenberg, Tel.: 0641/804-54.

6. Energieversorgungs-unternehmen

Die nachstehende Tabelle erfaßt Fördermaßnahmen von Energieversorgungsunternehmen (EVU) im Bereich Rationelle Energieverwendung und Erneuerbare Energiequellen. Die näheren Bestimmungen können aus Platzgründen leider nicht aufgenommen werden, sie sind bei den jeweiligen Unternehmen zu erfragen.

Die Angaben in dieser Tabelle beruhen im wesentlichen auf einer Fragebogenerhebung vom Juli 1993. Der Erhebungsbogen zur **Förderfibel Energie** konnte mit freundlicher Genehmigung einer umfassenden Umfrage der "Arbeitsgemeinschaft kommunaler Versorgungsunternehmen zur Förderung rationeller, sparsamer und umweltschonender Energieverwendung und rationeller Wasserverwendung" (ASEW) beigelegt werden. Bei den Energieversorgungsunternehmen der Verbundstufe sowie den Regionalversorgern wurde ebenfalls im Juli 1993 eine eigene Umfrage der Redaktion durchgeführt.

Fördermaßnahmen von Energieversorgungsunternehmen

Unternehmen	1 Wärmedämmung	2 Energiesparlampen	3 Energiesparende Haushaltsgeräte	4 Gasheizkessel	5 Brennwertkessel	6 Warmwasserspeicher	7 Fernwärmeanschluß	8 Solarkollektoren	9 Photovoltaik	10 Windenergienutzung	11 Wasserkraftnutzung	12 Sonstiges	13 Darlehen	14 Zuschuß	15 Sonstiges
Amberg, Stadtwerke								x							
Ansbach, Fränkisches Überlandwerk AG				x					x		x		x		
Ansbach, Stadtwerke				x	x			x	x		x			x	
Augsburg, Lech-Elektrizitätswerke AG									x			1)			a) b)
Bad Brückenau, Stadtwerke				x	x										
Bad Oldesloe, Stadtwerke				x	x									x	
Bad Salzuflen, Stadtwerke GmbH						x						2)		x	
Bayreuth, Energieversorgung Oberfranken AG												1)	x	x	
Bensheim, GGEW			x		x			x	x			3) 4)			
Bernburg, Stadtwerke GmbH		x		x	x			x	x				x	x	
Bielefeld, Stadtwerke GmbH				x	x			x	x		x		x	x	
Bordesholm, Gemeindewerke			x	x	x				x	x			x		
Bremen, Stadtwerke AG					x								x	x	
Bremen, Überlandwerk Nord-Hannover AG			x	x	x							1) 5)	x		

Unternehmen	1	2	3	4	5	6	7	8	9	10	11	12	13	14	15
Buchholz in der Nordheide, Stadtwerke GmbH		x			x							6)	x	x	
Celle, Stadtwerke GmbH					x									x	
Chemnitz, Energieversorgung Südsachsen AG												1)			c)
Crailsheim, Stadtwerke				x	x			x	x				x	x	d)
Cuxhaven, Stadtwerke GmbH					x				x					x	
Dachau, Stadt								x						x	
Darmstadt, HEAG Versorgungs-AG		x							x	x	x	7) 8) 9) 10) 11)		x	
Dortmund, VEW AG	x			x	x	x						1) 5)	x	x	
Dortmund, Stadtwerke AG				x	x	x	x						x		x
Dortmund, Westfälische Ferngas-AG					x									x	
Dresden, Energieversorgung Sachsen Ost AG												9)			c)
Düsseldorf, Stadtwerke AG							x	x	x						
Eckernförde, Stadtwerke GmbH			x		x									x	
Ellwangen, Stadtwerke					x									x	
Elmshorn, Stadtwerke			x	x									x	x	
Erlanger Stadtwerke AG				x	x			x				2)		x	
Essen, RWE Energie AG	x			x	x		x	x	x	x	x	1)	x	x	b) e)
Esslingen a.N., Stadtwerke GmbH				x	x									x	x
Ettlingen, Stadtwerke					x			x	x			1) 11)		x	
Frankenthal, Stadtwerke GmbH				x	x				x				x	x	
Frankfurt a.M.,Maingas AG												6) 12)		x	

Anmerkungen am Ende der Tabelle

Maßnahmen		Frankfurt a.M., Main Kraftwerke AG	Freiburg, FEW AG	Friedberg/H., Oberhessische Gasversorgung GmbH	Friedberg/H., Oberhessische Versorgungsbetriebe AG	Fröndenberg, Stadtwerke	Fulda, Überlandwerk AG	Gelsenkirchen, Stadtwerke GmbH	Gevelsberg, AVU	Gießen, Stadtwerke	Goch, Stadtwerke GmbH	Haan, Stadtwerke	Hamburgische Electricitäts-Werke AG	Hamm, Stadtwerke GmbH	Hanau, Stadtwerke GmbH	Hannover, HASTRA
Wärmedämmung	1								x							
Energiesparlampen	2						x						x			
Energiesparende Haushaltsgeräte	3	x					x	x		x			x			
Gasheizkessel	4			x								x				
Brennwertkessel	5	x		x		x			x		x			x		
Warmwasserspeicher	6															
Fernwärmeanschluß	7							x								
Solarkollektoren	8				x		x		x				x	x		
Photovoltaik	9		x		x		x		x	x			x	x		
Windenergienutzung	10	x			x		x		x				x			
Wasserkraftnutzung	11	x			x		x		x							
Sonstiges	12	1)11)					8) 9) 11)							11)		
Darlehen	13		x	x					x				x	x		
Zuschuß	14	x	x	x			x	x	x	x	x		x	x	x	x
Sonstiges	15															

Förderfibel Energie, 3. Aufl. 1993

Unternehmen	1	2	3	4	5	6	7	8	9	10	11	12	13	14	15
Hannover, Stadtwerke AG	x		x	x	x	x		x	x	x		11)13)	x	x	d) f)
Haßfurt, Stadtwerke												2)		x	
Hattingen, Stadtwerke GmbH				x										x	
Hechingen, Stadtwerke					x									x	
Heide, Stadtwerke				x	x								x		
Heidelberg, Stadtwerke AG					x	x	x							x	
Helmstedt, Überland-Zentrale AG									x						a) g)
Herford, Elektrizitätswerk Minden-Ravensberg GmbH							x		x			1) 14)		x	
Herford, Stadtwerke GmbH					x									x	
Herne, Stadtwerke AG			x	x	x			x					x	x	
Herten, Stadtwerke GmbH			x	x	x	x		x	x			11)	x	x	
Hockenheim, Stadtwerke					x	x									
Hof, Stadtwerke				x	x									x	
Homburg, Stadtwerke GmbH					x			x	x			7)		x	
Ingolstadt, Stadt				x	x		x							x	
Iserlohn, Stadtwerke			x		x									x	
Kahl am Main, Gemeindewerke												2)		x	
Kamen, Stadtwerke GmbH				x	x			x	x				x	x	
Karlsruhe, Stadtwerke					x									x	
Kassel, EAM								x	x		x			x	
Kassel, Städtische Werke AG			x		x		x		x					x	f)
Kempen, Stadtwerke GmbH					x		x		x					x	h)
Kiel, Stadtwerke AG		x	x	x	x	x						13)	x	x	

Anmerkungen am Ende der Tabelle

Maßnahmen	Nr.	Kitzingen, Licht-, Kraft- und Wasserwerke GmbH	Koblenz, Energieversorgung Mittelrhein GmbH	Köln, Gas-, Elektrizitäts- und Wasserwerke AG	Kronshagen, Versorgungsbetriebe	Lahr, Stadtwerke	Landstuhl, Stadtwerke	Langen, Stadtwerke GmbH	Langenfeld, Stadtwerke	Lemgo, Stadtwerke GmbH	Leverkusen, Energieversorgung GmbH	Limburg, Energieversorgung GmbH	Lörrach, Badische Gas- und Elektrizitätsversorgung AG	Ludwigshafen, Pfalzwerke AG	Ludwigshafen, Technische Werke	Lübeck, Stadtwerke
Wärmedämmung	1					x				x						
Energiesparlampen	2															
Energiesparende Haushaltsgeräte	3				x			x				x			x	
Gasheizkessel	4		x									x	x	x		
Brennwertkessel	5	x	x	x		x	x	x	x	x	x	x	x	x	x	
Warmwasserspeicher	6															
Fernwärmeanschluß	7			x										x		
Solarkollektoren	8					x				x				x		
Photovoltaik	9					x				x						
Windenergienutzung	10													x		
Wasserkraftnutzung	11															
Sonstiges	12	x		15)		x	x			11)						
Darlehen	13			x										x		x
Zuschuß	14		x	x		x	x	x	x	x	x	x	x		x	x
Sonstiges	15															

Unternehmen	1	2	3	4	5	6	7	8	9	10	11	12	13	14	15
Lüdenscheid, Stadtwerke GmbH					x									x	
Lüneburg, HASTRA				x										x	
Maintal Werke GmbH								x				2)		x	
Mannheimer Versorgungs- und Verkehrsges. mbH							x								c)
Merzig, Stadtwerke GmbH			x	x	x									x	
Mönchengladbach, Niederrheinische Licht- und Kraftwerke AG														x	
München, Bayernwerk AG									x					x	i)
München, Isar-Amperwerke AG												1)	x		
München, Stadtwerke	x		x		x							16)		x	
Münster, Stadtwerke GmbH								x	x					x	
Nettetal, Stadtwerke GmbH			x		x									x	
Neuwied, Kraftversorgung Rhein-Wied AG	x	x	x		x	x		x	x	x	x				k)
Norden, Stadtwerke GmbH			x	x	x									x	
Nordhorn, NVB GmbH				x	x							6)		x	
Nürnberg, EWAG				x	x	x								x	
Oberkirch, Stadtwerke					x								x		
Oerlinghausen, Stadt								x	x	x	x	8)		x	
Offenbach, Energieversorgung AG			x											x	
Offenburg, Gasfernversorgung Mittelbaden				x										x	
Oldenburg, EWE AG			x	x									x		
Osnabrück, Stadtwerke AG					x			x		x	x			x	d)
Osterode, Westharzer Kraftwerke GmbH				x	x									x	

Anmerkungen am Ende der Tabelle

Unternehmen	1 Wärmedämmung	2 Energiesparlampen	3 Energiesparende Haushaltsgeräte	4 Gasheizkessel	5 Brennwertkessel	6 Warmwasserspeicher	7 Fernwärmeanschluß	8 Solarkollektoren	9 Photovoltaik	10 Windenergienutzung	11 Wasserkraftnutzung	12 Sonstiges	13 Darlehen	14 Zuschuß	15 Sonstiges
Paderborn, Stadtwerke GmbH					×							11)	×	×	
Pirmasens, Stadtwerke				×	×		×		×				×	×	
Regensburg, REWAG					×							6)		×	
Remscheid, Stadtwerke GmbH		×		×											
Rendsburg, SCHLESWAG			×	×	×								×		
Rendsburg, Stadtwerke				×	×								×	×	
Saarbrücken, Vereinigte Saar-Elektrizitäts-AG				×	×		×		×			6)	×	×	
Scheeßel, Gemeindewerke GmbH			×	×		×								×	
Schütthof, Stadtwerke GmbH				×	×									×	
Soltau, Stadtwerke GmbH				×	×	×	×							×	
Straubing, Stadtwerke		×		×										×	
Telgte, Stadtwerke GmbH				×										×	
Troisdorf, Stadtwerke GmbH					×									×	
Tübingen, Stadtwerke GmbH			×	×					×	×				×	
Tuttlingen, Stadtwerke GmbH					×										
Velbert, Stadtwerke GmbH														×	×

Unternehmen	1	2	3	4	5	6	7	8	9	10	11	12	13	14	15
Viernheim, Stadtwerke	x						x	x	x			11)		x	
Völklingen, Stadtwerke				x										x	
Wedel, Stadtwerke					x									x	
Weinheim, Stadtwerke				x	x	x								x	
Werl, Stadtwerke GmbH					x									x	
Wermelskirchen, Stadtwerke GmbH					x									x	
Wertheim, Stadtwerke GmbH und Stadtverwaltung					x			x	x			2) 17)		x	
Wiesbaden, Stadtwerke					x									x	
Witten, Stadtwerke GmbH	x				x			x				6)		x	l)
Wolfenbüttel, SWW GmbH				x	x	x							x		
Würzburger Versorgungs- und Verkehrs-GmbH												13)			m)
Wuppertaler Stadtwerke AG					x			x	x	x				x	

Sonstige Fördergegenstände: 1) Wärmepumpen; 2) Regenwassernutzung; 3) Umrüstung/Neuanschluß von Gasherden; 4) Kommunale Energieversorgungskonzepte; 5) Wohnungslüftung mit Wärmerückgewinnung; 6) Umstellung auf Erdgas; 7) Elektromobile; 8) Biogasanlagen; 9) Thermographie; 10) Kostenloser Verleih von Meßgeräten; 11) Niedrig-Energie-Häuser; 12) Modernisierungshilfen; 13) Stromsparendes Verhalten; 14) Kaltwasser-Nahwärmeversorgung; 15) Umstellung von Direktstromheizungen auf Fernwärme/Erdgas; 16) Ausschreibung eines Förderpreises für Diplomarbeiten; 17) Fassadenbegrünung.

Sonstige Förderarten: a) Verzicht auf Zählermiete; b) Sonderstrompreis; c) Preisnachlaß; d) Einspeisevergütung; e) Garantieverlängerung; f) Bonus; g) Kostenloser Zählereinbau; h) Einzelförderung bei Photovoltaik; i) Beratung, Übernahme von Abwicklung, Betriebsführung, Wartung; k) Beratung; Wartungsschecks zu DM 500,-/Gerät; m) Prämie in Form einer Energiesparlampe.

7. Register

Abkürzungen:

Die im Schlagwortregister benutzten Abkürzungen für den Geltungsbereich haben folgende Bedeutung:

EG	=	Europäische Gemeinschaften
Bund	=	Bundesrepublik Deutschland
BaWü	=	Baden-Württemberg
Bay	=	Bayern
Bln	=	Land Berlin
Bran	=	Brandenburg
Bre	=	Land Bremen
Hbg	=	Land Hamburg
Hess	=	Hessen
MeVo	=	Mecklenburg-Vorpommern
NiSa	=	Niedersachsen
NRW	=	Nordrhein-Westfalen
RhPf	=	Rheinland-Pfalz
SaAn	=	Sachsen-Anhalt
Saar	=	Saarland
Sachs	=	Sachsen
SchHo	=	Schleswig-Holstein
Thür	=	Thüringen
Kom	=	Kommunen

Antragsberechtigte

Anstalten NRW 166

Bauherren BaWü 84, Hbg 141, Sachs 178

Betreiber von Stromerzeugungsanlagen Bund 67

Betreiber von Wasserkraftanlagen BaWü 87, SaAn 196

Betreiber von Windkraftanlagen Bund 61

Eigengesellschaften kommunaler Gebietskörperschaften Bund 40, 44

Eigentümer Bay 91, 99, Bln 106, 113, Bran 116, 119, Bre 123, 124, 125, 127, 128, Hbg 136, 138, 140, 142, 143, Hess 150, MeVo 152, 153, 155, NRW 165, RhPf 172, Sachs 178, SchHo 205, 207, Kom 226, 236, 238, 239, 240, 241, 247

Eigentümer öffentlicher Liegenschaften Bund 65

Eigentümer von Grundstücken Kom 226, 230, 237

Einzelhandelsunternehmen Bay 104

Energieberater Bund 69, 73, SaAn 204

Erbbauberechtigte Bran 116, MeVo 152, 155

Existenzgründer Bund 37, 72, NRW 169

Forschungseinrichtungen EG 19ff., 22, 28, 32, Bund 60, 64, 65, Bay 94, Hess 147, MeVo 160

Freiberufler Bund 41, 47, 48, 49, 76, 77, Bay 101, 103, MeVo 160, SaAn 204

Freie und öffentliche Träger der Jugendhilfe MeVo 157

Gartenbauunternehmen Bund 50, 51, MeVo 156, Sachs 181

Gebietskörperschaften EG 33, Hess 150, Sachs 184, SaAn 193, 195, 203

Gemeinden EG 26, 33, Bund 40, 41, 44, 46, 56, BaWü 89, Bay 98, 100, 102, Bran 119, 121, MeVo 154, 158, 162, NRW 166, 171, Sachs 189, SaAn 191, SchHo 213, Thür 219, 220

Gemeindeverbände Bund 40, 41, 44, 46, 56, Bran 119, 121, MeVo 158, NRW 166, 171, Thür 219, 220

Genossenschaften Bund 53, Hbg 144, Sachs 181, SaAn 194, Thür 218

Großhandelsunternehmen Bay 104

Halböffentliche Körperschaften EG 26

Handelsmakler Bay 104

Handelsvertreter Bay 104

Handwerksbetriebe Bund 71, 79

Haus-/Wohnungseigentümer BaWü 83, Bran 119, Hbg 131, 132, 133, 134, 135, 141, Hess 146, Thür 220, Kom 25, 230, 235, 237, 238

Hersteller Bund 62, 63

Ingenieurbüros Bund 69, Bay 94, Bre 129

Inhaber der Wassernutzungsrechte SaAn 196

Institutionen EG 19ff.

Kirchengemeinden NRW 166, 220

Kirchliche Einrichtungen BaWü 85, Thür 219

Kleine und mittlere Unternehmen EG 28, 31, Bund 38, 41, 43, 78, BaWü 86, 90, Bay 92, 94, Bln 111, 114, 115, Hbg 143, MeVo 160, NRW 169, Saar 175, Saar 176, Sachs 179, SaAn 204, Thür 220

Kommunale Arbeitsgemeinschaften Bran 119

Kommunale Körperschaften Bay 102, MeVo 162

Kommunale Wirtschaftsunternehmen Bund 41

Kommunen
=> siehe Gemeinden

Körperschaften und Anstalten des öffentlichen Rechts EG 33,

Förderfibel Energie, 3. Aufl. 1993

Bund 40, 44, 46, Bre 126, NiSa 164, NRW 167, RhPf 173, Thür 219

Körperschaften des öffentlichen und privaten Rechts Hess 147

Körperschaften und Anstalten des öffentlichen Rechts EG 19ff., 26, 30, Bund 41, 57, Bln 112, Kom 235

Land- und forstwirtschaftliche Betriebe Bund 50, 51, 52, 53, BaWü 88, Bay 96, 97, MeVo 156, Sachs 181, SaAn 194, SchHo 210, Thür 218

Landkreise Bund 40, 44, 46, Bay 102, MeVo 162, Sachs 189, SchHo 213

Mieter Bln 106, 108, 113, Bran 118, Bre 123, 124, 125, 128, Hbg 137, Hess 146, NRW 166, Kom 229, 239, 245, 247

Natürliche und juristische Personen des öffentlichen Rechts Bran 119

Natürliche und juristische Personen des privaten Rechts Bund 44, BaWü 85, Bre 127, Sachs 184, 185, 188, SaAn 193, 195, 202, SchHo 205, 211, 212, Kom 46, 247

Natürliche und juristische Personen des privaten und öffentlichen Rechts Bund 53, 55, 58, 61, 62, 63, BaWü 87, 90 Bay 98, Bran 116, 117, 121, Bre

126, Hbg 133, Hess 147, NiSa 164, NRW 166, 168, 170, RhPf 173, Saar 174, Sachs 181, 187, SaAn 190, 192, 194, 195, 197, 198, 200, 201, SchHo 208, Thür 214, 215, 217, 218, Kom 26, 227, 234, 244, 245

Nichtöffentliche Investoren Hbg 139

Nichtstaatliche Träger Bay 100

Öffentliche und kommunale Einrichtungen und Unternehmen EG 24, 26, Bran 121, NRW 166, 170, Kom 29

Organisationen der gewerblichen Wirtschaft Hess 147, SaAn 204

Organisationen des privaten Rechts Hbg 144

Pächter Bre 123, Kom 24, 125, 128, 229

Personengesellschaften Bund 62, 63, 126, SaAn 197

Private EG 19, 30, Bund 46, 57, BaWü 85, Bay 98, 100, Bln 109, Bran 121, Bre 129, Hbg 143, 145, Hess 147, 150, 151, NRW 166, RhPf 173, SaAn 191, SchHo 211, Thür 220, Kom 32, 233, 235, 239, 240, 242, 243, 248

Private Einrichtungen Bln 112

Regionalbehördliche Stellen EG 26

Städte EG 26, MeVo 162, Sachs 189, SchHo 213

Städteverbund EG 26

Städtische Energiewirtschaftsunternehmen EG 26

Städtische Verkehrsunternehmen EG 26

Steuerpflichtige im Sinne des Einkommens- und Körperschaftssteuergesetzes Bund 77

Stiftungen NRW 166

Technologietransfereinrichtungen der Wirtschaft MeVo 160

Träger öffentlicher Einrichtungen SchHo 209

Träger öffentlicher Verwaltung SaAn 192, SchHo 212

Universitäten/Hochschulen EG 22, 28, Bund 60, 64, 65, 68, Hess 147

Unternehmen EG 19ff., 22, Bund 46, 57, 60, 64, 65, 72, 79, BaWü 85, Bay 98, 101, 105, Bln 109, Bre 124, 125, 128, 129, Hbg 145, Hess 147, 150, NRW 170, RhPf 173, SaAn 191, SchHo 211, Thür 219, Kom 32, 235

Unternehmen der gewerblichen Wirtschaft EG 28, 33, Bund 39, 44, 47, 48, 49, 68, 74, 76, 77, Bay 93, 95, 100, 103, Bln 110, 139, Hbg 144, MeVo 158, Saar 177, Sachs 179, 185, 187, 188

Unternehmen der Treuhandanstalt Bund 47, 48, 49, 74

Unternehmen der Wohnungswirtschaft **Hbg** 139, 143, 144

Verbände **Hbg** 144, **MeVo** 163

Vereine **Hbg** 144, **MeVo** 163, **NRW** 166

Vereinigungen **NRW** 168

Verfügungsberechtigte **Bay** 91, **Bln** 106, 113, **Bran** 116, 119, **Bre** 123, 124, 125, 128, **Hbg** 131, 132, 133, 135, 136, 140, **NRW** 165, **RhPf** 172, **Sachs** 178, **SchHo** 205, 207, **Kom** 26, 231

Wohnungsgenossenschaften **MeVo** 154, **SaAn** 191

Wohnungsgesellschaften **MeVo** 154, **SaAn** 191

Zweckverbände **EG** 33, **Bund** 40, 44, 46

Fördergegenstand

Abfallbeseitigung
  Bund 39, 40, 41f., 48

Abfallvermeidung
  Bund 39, 40, 41f.

Abfallverminderung
  Bund 40, 41f.

Abfallverwertung
  => Energetische Abfallverwertung

Abgasanlagen
  => Luftreinhaltung

Biobrennstoffe EG 22f., 28f., BaWü 88, Kom 226

Biogas EG 28f., 34, Bund 67, BaWü 88, Bran 119f., 121, Hess 147ff., MeVo 158f., 160f., NRW 166f., RhPf 173, Saar 174, Sachs 181f., 185f., SaAn 200, 220f., Kom 226, 230, 233, 235, 236, 237, 240, 244, 245, 248, 249

Biomasse EG 19ff., 22f., 28f., 32, Bund 52, 53f., 60, BaWü 88, Bay 98, Bran 119f., 121, Hess 147ff., MeVo 156, 158f., 160f., NRW 166f., RhPf 173, Saar 174, Sachs 181f., 185f., SaAn 194, 201, SchHo 210, 211, Thür 218, 220f., Kom 236, 237, 240

Blockheizkraftwerke
  => Kraft-Wärme-Kopplung

Brauchwassererwärmung
  => Thermische Sonnenenergienutzung

Brennwertkessel BaWü 85, Bln 106f., Bran 121, Bre 122, 124, MeVo 158f., NiSa 164, NRW 166f., Sachs 185f., SchHo 210, Thür 15f., Kom 239, 241, 246, 248

CO_2-Minderung
  => Schadstoffreduzierung

Dachbegrünung Kom 226

Datenbankrecherchen
  Bund 78, 79

Demonstrationsprojekte EG 19ff., 25, Bund 45, 61, 62, 63, 65f., BaWü 90, Bay 94, 100, Bln 109, Bran 119f., Bre 129f., Hbg 144, Hess 147ff., MeVo 158f., NiSa 164, NRW 166f., RhPf 173, Saar 175, SaAn 201, 202, SchHo 211, Thür 20f., Kom 246

Deponiegas Bund 67, Bran 119f., 121, Hess 147ff., NRW 166f., RhPf 173, Sachs 185f., SaAn 200, Thür 20f.

Dezentrale Energieerzeugung EG 26f., Bln 109

Dorferneuerung
  => Stadt- und Dorferneuerung

Einspeisevergütung Kom 232, 233, 243

Einzelofen Bln 106f., Bran 116, 121, Hbg 136, 138

Elektro-Speicherheizungen Hbg 136, 138, SchHo 208

Elektrofahrzeuge Bran 121, Hess 151, NRW 166f., Kom 236, 240

Energetische Abfallverwertung EG 19ff., 26f., Bund 39, 40, 41f., 45, BaWü 88

Energieberatung Bund 69f., 71, 72, 73, Bay 103, 104, 105, Bln 109, 113, 114, 115, Bran 121, Hess 147ff., RhPf 173, SaAn 204, Thür 220f., Kom 236, 239, 240, 246

Energiediagnose
  => Energieberatung

Energieeinsparung EG 22f., 25, 26f., 28f., 31, Bund 37, 38, 40, 41f., 46, 50, 52, 57, 68, 69f., 71, 72, 73, 77, BaWü 83, 88, 90, Bay 91, 92, 96, 97, 100, 101, 102, 103, Bln 109, 111, Bran 116, 118, 121, Hbg 132, 133, 144, Hess 147ff., MeVo 156, NiSa 164, NRW 165, 166f., RhPf 172, 173, Sachs 181f., SaAn 192, 194, 201, 202, 203, SchHo 209, 210, Thür 218, 220f., Kom 241, 243, 245, 246

Energiekonzepte BaWü 89, Bay 102, 119f., Bran 121, Hess 147ff., MeVo 162, NiSa 164, NRW 171, Saar 177,

Sachs 189, SaAn 203, SchHo 213, Thür 220f.

Energiemanagement
=> Energieplanung

Energieplanung EG 26f., 28f.

Energiespeicher EG 22f., Bund 60, 64, NRW 166f., SchHo 210

Energieumwandlung EG 22f., Bund 64, Bre 129f.

Erdgas EG 19ff., 34, BaWü 88, Hbg 136, MeVo 155

Erdöl EG 34

Erneuerbare Energiequellen EG 19ff., 22f., 28f., 32, 34, Bund 38, 41f., 45, 48, 49, 53f., 55, 57, 60, 61, 62, 63, 64, 65f., 67, 69f., 74f., 76, 77, 78, 79, BaWü 84, 85, 86, 87, 89, 90, Bay 94, 98, 99, 102, Bln 106f., 113, 114, 115, Bran 116, 119f., 121, Bre 122, 128, 129f., Hbg 131, 132, 133, 142, 143, 144, 145, Hess 147ff., 150, 151, MeVo 156, 158f., 160f., 162, 163, NiSa 164, NRW 165, 166f., 169, 171, RhPf 173, Saar 174, 176, 177, Sachs 181f., 185f., 187, 188, 189, SaAn 190, 194, 196, 197, 198, 199, 200, 201, 202, 203, 204, SchHo 205f., 210, 211, 212, 213, Thür 214, 215f., 218, 220f., Kom 225, 226, 228, 230, 232, 233, 234, 235, 236, 237, 238, 239, 240, 241, 242, 243, 244,
245, 246, 247, 248, 249, 250

Fenster
=> Isolierverglaste Fenster

Fern-/Nahwärme Bund 52, 58f., 60, BaWü 88, Bln 106f., 108, Bran 121, Hbg 138, NRW 170, Sachs 179f., 184, SaAn 195, 203, SchHo 205f., 207, 208, 210, Kom 239, 243

Flachkollektoren
=> Thermische Sonnenenergienutzung

Forschung und Entwicklung EG 22f., 32, Bund 49, 60, 61, 64, 68, Bln 109, Bre 129f., Hess 147ff., NRW 166f.

Geothermie EG 19ff., 22f., 28f., 34, Bund 60, Bran 121, MeVo 160f., Kom 237, 248

Gewächshäuser SchHo 210

Gezeitenenergie EG 22f.

Grubengas Sachs 185f.

Hausmodernisierung
=> Wohnungsmodernisierung

Heizkraftwerke Hess 147ff.

Heizöl EG 19ff., BaWü 88

Heizungsmodernisierung Bund 46, 52, 53f., 57, 69f., BaWü 83, 88, Bay 93, Bln 108, Bran 117, 118, Hbg 131, 133, 134, 135, 136, 137, 138, 139, Hess 146, MeVo 152, 153, 155, 156, 157, NRW 165, Sachs 178, 179f.,
181f., 183, SaAn 190, 192, 193, 194, SchHo 208, 210, Thür 214, 215f., 218, 219, 220f., Kom 231, 243, 246, 248

Holzgas
=> Biomasse

Holzhackschnitzelfeuerungs-Anlagen
=> Biomasse

Hybridsysteme MeVo 158f.

Information und Schulung EG 25, 28f., Bund 73, Hess 147ff., MeVo 163, Thür 220f.

Isolierverglaste Fenster Bund 57, Bln 108, Hbg 131, 133, Hess 146, SaAn 190, SchHo 205f., Kom 228, 231, 246

Klärgas Bund 67, Bran 119f., 121, Hess 147ff., NRW 166f., RhPf 173, Sachs 185f., SaAn 200, Thür 220f.

Kohle EG 19ff.

Kraft-Wärme-Kopplung Bund 58f., Bln 106f., 111, 112, Bran 119f., 121, Bre 122, 125, Hbg 139, Hess 147ff., MeVo 158f., NiSa 164, NRW 170, Sachs 184, SaAn 195, 201, 203, SchHo 207, 208, 210, Thür 220f., Kom 226, 232, 236, 239, 240, 241

Least Cost Planning EG 25

Luftreinhaltung Bund 45, 48, 53f., BaWü 88, Bay 93, Bran 119f., MeVo 156, 158f., SaAn 193, Thür 219

Lüftungsanlagen RhPf 173, Kom 246

Marketing EG 19ff., 28f., Bre 129f., Saar 174

Müll(heiz)kraftwerke
=> Energetische Abfallverwertung

Nachtspeicherheizungen
=> Elektro-Speicherheizungen

Nahwärme
=> Fern-/Nahwärme

Neue Produkte und Verfahren EG 19ff., Bund 41f., 43, 49, 60, 68, BaWü 86, Bay 101, Bre 129f., MeVo 160f., NRW 169, Saar 175, 176, SaAn 202

Niedrig-Energie-Häuser BaWü 85, Bre 122, 126, 127, Hbg 141, NiSa 164, NRW 168, Sachs 185f., SchHo 205f., Kom 228, 235, 241, 242, 244, 245, 246

Photochemie Bund 64

Photoelektrische Komponenten Bund 64

Photovoltaik EG 19ff., 22f., 34, Bund 53f., 60, 63, 64, 67, BaWü 85, 88, Bay 98, Bln 106f., Bran 116, 119f., 121, Bre 129f., Hbg 143, Hess 151, MeVo 156, NiSa 164, NRW 166f., RhPf 173, Saar 174, Sachs 181f., 185f., SaAn 194, 199, 201, SchHo 205f., 210, 211, Thür 218, 220f., Kom 225, 226, 228, 230, 232, 233, 235, 236, 237, 241, 242, 243,

244, 245, 246, 247, 248, 250

Prozeßleitsysteme
=> Regelungstechnik

Rationelle Energieverwendung EG 19ff., 22f., 25, 26f., 30, 31, 34, Bund 37, 38, 40, 41f., 45, 46, 47, 48, 49, 50, 51, 52, 53f., 55, 57, 58f., 60, 68, 69f., 71, 72, 74f., 76, 77, 78, 79, BaWü 83, 84, 85, 86, 88, 89, 90, Bay 91, 92, 93, 94, 95, 96, 97, 100, 101, 102, 103, 104, 105, Bln 106f., 108, 109, 110, 111, 112, 113, 114, 115, Bran 116, 117, 118, 119f., 121, Bre 122, 123, 124, 125, 126, 127, 129f., Hbg 131, 132, 133, 134, 135, 136, 137, 138, 139, 140, 141, 144, Hess 146, 147ff., MeVo 152, 153, 154, 155, 156, 157, 158f., 162, 163, NiSa 164, NRW 165, 166f., 168, 169, 170, 171, RhPf 172, 173, Saar 175, 176, 177, Sachs 178, 179f., 181f., 183, 184, 185f., 189, SaAn 190, 191, 192, 193, 194, 195, 201, 202, 203, 204, SchHo 205f., 207, 208, 209, 210, 213, Thür 214, 215f., 217, 218, 219, 220f., Kom 228, 229, 231, 232, 239, 240, 241, 242, 243, 244, 245, 246, 248

Recycling EG 34, Bund 41f.

Regelungstechnik Bund 52, 53f., BaWü 88, Bran 116, 118, 121, Hbg 132, 133, NRW 166f., SaAn 192, 194, SchHo 210, Thür 215f., 218, 220f., Kom 241

Regenerative Energiequellen
=> Erneuerbare Energiequellen

Regenwasser-Nutzungsanlagen Hbg 140, Kom 226, 230, 240, 249, 250

Sammelheizung
=> Zentralheizung

Schadstoffreduzierung EG 19ff., 22f., 25, Bund 41f., 45, 48, Bln 110, Bran 119f., MeVo 156, 158f., SaAn 193, Thür 219

Solarhäuser EG 22f.

Solarkollektoren
=> Thermische Sonnenenergienutzung

Solarstromerzeugung
=> Photovoltaik

Solarzellen
=> Photovoltaik

Sonnenenergienutzung
=> Thermische Sonnenenergienutzung
=> Photovoltaik

Stadt- und Dorferneuerung Bund 40, 56, BaWü 84, Bln 112

Stadtökologie Bund 40, 56

Steuervergünstigungen Bund 56, 76, 77

Strohfeuerungsanlagen
=> Biomasse

Thermische Sonnenenergienutzung EG 19ff., 22f., 28f., 34, Bund 53f., 60, 65f., BaWü 85, 88, Bay 98, Bln 106f., Bran 116, 119f., 121, Bre 122, 128, Hbg 131, 132, 133, 142, Hess 147ff., 150, MeVo 156, 158f., NiSa 164, NRW 165, 166f., RhPf 173, Saar 174, Sachs 181f., 185f., SaAn 194, 198, 201, SchHo 205f., 210, 211, Thür 214, 215f., 218, 220f., Kom 225, 226, 228, 230, 232, 233, 234, 235, 236, 237, 238, 239, 240, 241, 242, 244, 245, 246, 247, 248, 249, 250

Trocknungsanlagen SchHo 210

Umweltschutz EG 25, 34, Bund 39, 40, 41f., 43, 45, 48, 50, 51, 55, 56, 68, 72, Bln 110, 111, 112, 115, Bran 119f., 121, Bre 129f., MeVo 156, 158f., 163, Sachs 181f., 183, SaAn 193, SchHo 202, Kom 230

Vakuumkollektoren
=> Thermische Sonnenenergienutzung

Verkehr EG 19ff., 22f., 25, 26f., 30, 34

Wärmedämmung Bund 46, 52, 53f., 57, 69f., BaWü 88, Bay 91, Bln 106f., 108, 110, 111, Bran 116, 118, 119f., 121, Bre 122, 123, 125, 126, 127, Hbg 131, 132, 133, 134, 135, 144, Hess 146, 147ff., MeVo 152, 153, 156, 157, NRW 165, Sachs 178, 179f., SaAn 190, 192, 194, Thür 214, 215f., 218, 220f., Kom 228, 229, 231, 241, 244, 245, 246, 248

Wärmeerzeugungsanlagen Bund 58f.

Wärmenetze
=> Fern-/Nahwärme

Wärmepumpen Bund 53f., BaWü 88, Bay 98, Bln 106f., Bran 116, 121, Bre 125, Hess 147ff., MeVo 156, 158f., NRW 165, 166f., RhPf 173, Sachs 181f., 185f., SaAn 194, SchHo 207, 210, Thür 218, Kom 233

Wärmerückgewinnung Bund 52, 53f., Hess 147ff., MeVo 156, NiSa 164, NRW 165, 166f., Sachs 185f., SaAn 194, SchHo 210, Thür 218

Warmwasserspeicher Hbg 142

Wasserkraftanlagen EG 19ff., 34, Bund 53f., 67, BaWü 7, 88, Bay 99, Bran 119f., 121, Hess 147ff., MeVo 156, 158f., 160f., NiSa 164, NRW 166f., RhPf 173, Sachs 181f., 188, SaAn 194, 196, SchHo 210, 211, Thür 218, 220f., Kom 226, 230, 235, 236, 237, 240, 244, 248

Wasserstofftechnologie Bund 60, Hess 147ff., SaAn 201

Wellenenergie EG 22f.

Windkraftanlagen EG 19ff., 22f., 34, Bund 53f., 60, 61, 62, 67, BaWü 88, Bay 98, Bran 119f., 121, Bre 129f., Hbg 145, Hess 147ff., MeVo 156, 158f., 160f., NiSa 164, NRW 166f., RhPf 173, Saar 174, Sachs 181f., 185f., 187, SaAn 194, 197, 201, SchHo 210, 211, 212, Thür 218, 220f., Kom 226, 230, 233, 235, 236, 237, 240, 244, 248, 249

Wohnungsmodernisierung EG 25, Bund 46, 56, 57, 69f., BaWü 83, 84, Bay 91, Bln 106f., 108, Bran 116, 117, 118, Hbg 131, 132, 133, 134, 135, 136, Hess 146, MeVo 152, 153, 154, 157, NRW 165, RhPf 172, Sachs 178, SaAn 190, 191, Thür 214, 215f., 217

Zentralheizung Bln 106f., Bran 116, 121, Hbg 136, 137, 138

Notizen

Notizen

So sparen Sie jetzt bis zu 50% Energiekosten

Kennen Sie eigentlich Ihre Energiekosten? Sind Sie sicher, nicht unnötig Geld zum Kamin herauszuwerfen? Gerade in einer wirtschaftlich schwierigen Lage bietet der rationelle Energieeinsatz zahlreiche Möglichkeiten, Kosten zu sparen. Die konkreten Informationen dazu liefert die neue Loseblattzeitschrift

Der Energie-Berater

Handbuch für rationelle und umweltfreundliche Energienutzung unter Berücksichtigung der Nutzung erneuerbarer Energien

Loseblattwerk mit vier bis sechs Ergänzungen jährlich, Grundwerk ca. 500 Seiten in 1 Ordner, Preis: 148 DM, ISBN 3-87156-130-4, Erscheinungstermin: Ende 1993.

Ob es um Heizkosten geht, das Nutzen von Abwärme, den sinnvollen Einsatz erneuerbarer Energien oder die Beurteilung einer neuen Technologie – **Der Energie-Berater** informiert Sie praxisnah und umfassend.

So erfahren Sie

- worauf Sie bei der Organisation des Energiemanagements achten müssen, wie Sie Verträge mit Versorgungsunternehmen schließen und ein wirkungsvolles Controlling einrichten;
- welche Vor- und Nachteile die einzelnen Energietechniken und -angebote haben, mit welchen Kosten diese verbunden sind, und wie Sie die für Ihr Unternehmen genau analysieren können;
- wie Sie gezielt und langfristig Kosten in den energietechnischen Anwendungsbereichen sparen können;
- wie Sie ein zukunftsträchtiges Energiekonzept entwickeln;
- welche Fördermittel des Bundes, der Länder und Gemeinden Sie in Anspruch nehmen können;
- ob und wann sich welche erneuerbaren Energien lohnen und vieles mehr.

Damit unterstützt Sie **Der Energie-Berater** beim rationellen Energieeinsatz, erleichtert Investitionsentscheidungen und erspart Ihnen teures Lehrgeld. Gleichzeitig stellt er sicher, daß Sie die geplanten gesetzlichen Anforderungen jederzeit erfüllen und rechtssicher handeln können.

Mehr als 20 Energieexperten bringen ihr Know-how in das neue Handbuch ein. Das Forum für Zukunftsenergien als Herausgeber bürgt für Qualität. Profitieren Sie davon. Bestellen Sie das neue Handbuch noch heute mit 14tägigem Rückgaberecht unter der Nummer 5194 bei der

Verlagsgruppe
Deutscher Wirtschaftsdienst

Marienburger Straße 22 · 50968 Köln (Marienburg)
Telefon (02 21) 3 76 95-0 · Fax (02 21) 3 76 95 17